Holzbau kompakt

Nach DIN 1052 *neu*

BBB Bauwerk-Basis-Bibliothek

Prof. Dr.-Ing. Günter Steck
Prof. Dipl.-Ing. Nikolaus Nebgen

Holzbau kompakt

Nach DIN 1052 *neu*

Bibliografische Information Der Deutschen Bibliothek
Die Deutsche Bibliothek verzeichnet diese Publikation in der Deutschen Nationalbibliografie; detaillierte bibliografische Daten sind im Internet über http://dnb.ddb.de abrufbar.

Steck / Nebgen
Holzbau kompakt

1. Aufl. Berlin: Bauwerk, 2006

ISBN 3-89932-050-6

www.bauwerk-verlag.de
info@bauwerk-verlag.de

Druck und Bindung:
Bercker Graphischer Betrieb GmbH & Co. KG

Vorwort

Das vorliegende Buch wendet sich sowohl an Praktiker als auch an Studierende. Dabei erhebt es nicht den Anspruch auf Vollständigkeit, daher „kompakt". Der Inhalt beschränkt sich nicht auf reine Holzbauaufgaben, sondern setzt sich, wenn für den Zusammenhang wichtig, auch mit der Tragwerkslehre auseinander.

Mit der neuen DIN 1052:2004 ist das bisherige Bemessungsverfahren mit zulässigen Spannungen der Bauteile und zulässigen Belastungen der Verbindungen durch die Bemessung nach Grenzzuständen der Tragfähigkeit und der Gebrauchstauglichkeit nach einem semiprobabilistischen Konzept ersetzt worden, und es sind außerdem zahlreiche neue Erkenntnisse aus Forschung und praxisnaher Entwicklung eingebracht worden.

Nach einer knappen Darstellung der Grundlagen der Bemessung, der Baustoffe, der Dauerhaftigkeit und des Brandschutzes, wird das Konstruieren mit Holz und Holzwerkstoffen zusammen mit den sehr ausführlichen Beispielen Wohnhaus und Hallentragwerk erstmals in einem Holzbaufachbuch ausführlich behandelt. Anhand der Leistungsphasen nach der HOAI wird der Planungsablauf erläutert und mit Beispielen vertieft. Damit wird Praktikern und Studierenden das Vorgehen beim Erstellen der Tragwerksplanung, d. h. der Berechnungen und der Pläne, nach der neuen Norm näher gebracht.

Die holzbauspezifischen Arbeitshilfen für Bemessung und Konstruktion findet der Tragwerksplaner in den Abschnitten über Schnittgrößen, verschiedene Bauteile und Verbindungen. Die Beurteilung der Gebrauchstauglichkeit legt die neue DIN 1052 in den Entscheidungsbereich des Ingenieurs. Berechnungshilfen dafür liefert der Abschnitt Gebrauchstauglichkeit.

Das vorangestellte Verzeichnis der Formelzeichen und Abkürzungen sowie das bewusst knapp gehaltene Literaturverzeichnis vervollständigen das neu konzipierte Holzfachbuch in der gebotenen Dichte und der erforderlichen Themenauswahl, um dem Titel Holzbau-Kompakt gerecht zu werden.

Die Autoren danken Herrn Prof. Frithjof Berger und Herrn Prof. Kurt Schwaner für die hilfreichen Anregungen.

Dem Bauwerk Verlag gebührt Dank für die vertrauensvolle Zusammenarbeit an der angenehm „langen Leine".

Über Anregungen aus dem Leserkreis für die Weiterentwicklung von Holzbau-Kompakt würden sich die Autoren freuen.

München, Hildesheim im Dezember 2005

Günter Steck

Nikolaus Nebgen

Inhaltsübersicht

Formelzeichen

Hauptzeiger

A	Querschnittsfläche
C	Federsteifigkeit
E	Elastizitätsmodul
F	Kraft; Einzellast
G	Schubmodul
I	Flächenmoment 2.Grades
K	Verschiebungsmodul
M	Biegemoment
N	Normalkraft
R	Tragfähigkeit von VM
T	Schubkraft
V	Querkraft
a	Abstand
b	Breite
d	Durchmesser
e	Ausmitte, Abstand
f	Festigkeit (eines Baustoffes)
h	Höhe
i	Trägheitsradius
k	Beiwert
ℓ	Länge
n	Anzahl
r	Radius allgemein
t	Dicke
u	Verformung
w	Durchbiegung
α	Winkel; Verhältnis
β	Winkel; Knicklängenbeiwert
γ	Winkel; Abminderungsbeiwert
γ	Teilsicherheitsbeiwert
γ_G	für ständige Einwirkungen
γ_M	für Baustoffeigenschaften
γ_Q	für veränderliche Einwirkungen
η	Ausnutzungsgrad
λ	Schlankheitsgrad
ρ	Rohdichte
σ	Normalspannung
τ	Schubspannung
ψ	Kombinationsbeiwert
ψ_0	Kombinationsbeiwert
ψ_2	Kombinationsbeiwert

Fußzeiger

ad	geklebt (adhesive)
ap	First (apex)
ax	axial
c	Druck (compression)
c	Dübel (connector)
d	Bemessungswert (design value)
def	Verformung (deformation)
dis	Verteilung (distribution)
ef	wirksam
f	Gurt, Flansch (flange)
fin	End- (final)
G	ständige Einwirkung
h	Lochleibung
inst	Anfangs- (instantantaneous)
in	innerer
j	Verbindungseinheit
k	charakteristisch
m	Biegung (moment)
M	Material
mean	Mittelwert (mean value)
mod	Modifikation
n	netto
Q	veränderliche Einwirkung
R	Rollschub (rolling shear)
req	Erforderlich (required)
s	Auflager (support)
ser	Gebrauchstauglichkeit (serviceability)
t	Zug (tension)
v	Schub-, Scher- (shear)
V	Querkraft
w	Steg (web)
y	Fließ- (yield)
α	Winkel zwischen Kraft- (oder Spannungs-) und Faserrichtung
0 ; 90	Entsprechende Richtungen in Bezug zur Faserrichtung
05	5%-Quantil eines charaktristischen Wertes

Beispiele für zusammengesetzte Formelzeichen

$E_{0,mean}$	mittlerer Elastizitätsmodul in Faserrichtung
F_k	charakteristischer Wert einer Einwirkung
$F_{t,90,d}$	Bemessungswert einer Zugkraft rechtwinklig zur Faserrichtung
$G_{k,sup}$	oberer charakteristischer Wert einer ständigen Einwirkung
K_{ser}	Verschiebungsmodul für den Gebrauchstauglichkeitsnachweis
$M_{y,k}$	charakteristisches Fließmoment eines Verbindungsmittels
b_{ef}	wirksame Beplankungsbreite
$f_{c,90,d}$	Bemessungswert der Druckfestigkeit rechtwinklig zur Faserrichtung
$f_{h,k}$	charakteristische Lochleibungsfestigkeit
h_{ap}	Querschnittshöhe am First
k_{def}	Rechenwert für die Verformungsbeiwerte
k_{mod}	Rechenwert für die Modifikationsbeiwerte
$t_{i,max,d}$	Bemessungswert des größten Schubflusses im i-ten Quer-schnittsteil
t_{req}	erforderliche Mindestdicke
$w_{net,fin}$	gesamte resultierende Enddurchbiegung
γ_M	Teilsicherheitsbeiwert für eine Baustoffeigenschaft
$\lambda_{rel,m}$	bezogener Kippschlankheitsgrad
$\sigma_{c,\alpha,d}$	Bemessungswert der Druckspannung unter Winkel α zur Faserrichtung
$\sigma_{m,z,d}$	Bemessungswert der Biegespannung um die z-Achse

Abkürzungen

BZ	Bauaufsichtliche Zulassung
BASH	Balkenschichtholz
Bo	Bolzen
BSH	Brettschichtholz, BS-Holz
BSPH	Brettsperrholz
c	kombiniert
C	Coniferous Tree (Nadelbaum)
D	Deciduous Tree (Laubbaum)
DIBt	Deutsches Institut für Bautechnik
Dü	Dübel besonderer Bauart
FSH	Furnierschichtholz
g	Lastfall ständige Lasten
GL	Glulam (glued laminated timber)
h	homogen
HW	Holzwerkstoff
KI	Kiefer
KLED	Klasse der Lasteinwirkungsdauer
KVH	Konstruktionsvollholz
LF	Lastfall
LH	Laubholz
LK	Lastfallkombination
Na	Nagel
NH	Nadelholz
NKL	Nutzungsklasse
OSB	Oriented Strand Board
PB	Passbolzen
RNa	Rillennagel
s	Lastfall Schnee
SDü	Stabdübel
SoNa	Sondernagel
SPH	Sperrholz
Sr	Holzschranbe
vb	vorgebohrt
VH	Vollholz
VM	Verbindungsmittel
w	Lastfall Wind

1 Einführung

Warum Holzbau?

Das Holz verfügt über eine Reihe von Eigenschaften, die in technischer Hinsicht, aber auch aufgrund übergeordneter Sichtweisen, das Holz als sehr geeigneten Baustoff für viele Bauaufgaben empfehlenswert machen. Holzbauwerke, die seit Jahrhunderten ihren Zweck erfüllen, beweisen zudem die Dauerhaftigkeit des Materials bei richtiger Verwendung und Instandhaltung. Sind diese historischen Bauten der Zimmermannsbauweise zuzuordnen, so hat sich der Holzbau inzwischen zu einer Ingenieurdisziplin entwickelt, die mit den modernen Hilfsmitteln der Planung, der Berechnung, der Fertigung, des Transports und der Montage für heutige Bauaufgaben technisch und wirtschaftlich den anderen Bauweisen gleichgesetzt werden kann.

Die Festigkeiten und Steifigkeiten sind wichtige technische Eigenschaften eines Baustoffes. Bei Holz und Holzwerkstoffen sind diese u. a. von der Rohdichte abhängig und trotz zum Teil starker Streuungen sehr groß.

Als einziger Baustoff verfügt das Holz, auch in Form von daraus entwickelten Holzwerkstoffen, über zusätzliche ökologische Vorteile, die zurzeit noch nicht in Geldwert zu Buche schlagen, in Zukunft aber sicherlich noch an Bedeutung zunehmen werden.

Wird mit Holz gebaut, handelt man nach dem Grundsatz der Nachhaltigkeit, denn man nutzt einen nachwachsenden Baustoff. Es werden keine Ressourcen verbraucht, die auch für kommende Generationen zur Verfügung stehen sollten. Der Begriff der Nachhaltigkeit stammt aus der Forstwirtschaft, d. h. aus der Produktion des Baustoffes Holz. Aber auch in der weiteren Wertschöpfungskette weist das Holz eine sehr gute Energie- und Ökobilanz auf, siehe [1] bis [3].

Die Nutzung des Holzes als Baustoff bedeutet eine langfristige Speicherung von CO_2 in den Gebäuden. Zum Aufbau von einem m^3 Holzmasse entzieht der Baum der Atmosphäre 0,8 Tonnen CO_2. Somit kann man folgenden Vergleich anstellen:

Der Einbau von 5 m^3 Holz in einem Gebäude bedeutet die Speicherung von 4 t CO_2, die vorher der Atmosphäre entzogen worden sind. Im Gegensatz dazu werden von einem Pkw, der 15 000 km zurückgelegt hat, ca. 4 t CO_2 in die Atmosphäre geblasen.

Die allgemein als vorteilhaft und angenehm eingestuften Eigenschaften des Holzes wie Geruch, Oberflächenbeschaffenheit, Aussehen, Wärmedämmung und Feuchteaustausch mit der Raumluft kann man zu einem „Wohlfühlfaktor“ zusammenfassen, der in vielen Fällen den Ausschlag für die Wahl des Holzes als Baustoff gibt.

Wie Holzbau?

Entwurf

Hat sich der Bauherr für das Bauen mit Holz und Holzwerkstoffen entschieden, dann ist es für das Gelingen des Holzbauwerkes von entscheidender Bedeutung, dass der mit der Tragwerksplanung betraute Ingenieur und das ausführende Unternehmen das Bauen mit Holz beherrschen. Grundlegende Schritte beim Konstruieren mit Holz und Holzwerkstoffen und ausführliche Beispiele sind deshalb in den nachfolgenden Abschnitten dargestellt.

Bemessung

Für die Bemessung, als Kernaufgabe des Tragwerksplaners, ist die DIN 1052 ein wesentliches Hilfsmittel. Das vorliegende Buch Holzbau-Kompakt soll eine schnelle und überschaubare Einführung in die neue DIN 1052 ermöglichen, mit der nun auch im Holzbau das Bemessungskonzept mit Teilsicherheitsbeiwerten gilt. Gleichzeitig wurde auch ein neues allgemeines Tragmodell für stiftförmige Verbindungsmittel eingeführt und eine Reihe weiterer Neuerungen in diese Norm übernommen. Mit den genormten Regelungen hat man einerseits viele Alltagsaufgaben wirklichkeitsnäher erfasst, andererseits auch Sonderfälle abgedeckt. Damit ist ein größerer Umfang an detaillierteren Berechnungen und konstruktiven Vorgaben unvermeidlich geworden. Im vorliegenden Buch wird deshalb zur einfacheren Erledigung der Alltagsaufgaben ein Standardfall festgelegt, für den vorberechnete Beiwerte in Tabellen zusammengestellt sind.

Fertigung

Der moderne Holzbau setzt einen hohen Vorfertigungsgrad voraus. Dieser ist in zweierlei Hinsicht wichtig. Die Fertigung im Betrieb kann wesentlich wirtschaftlicher und mit leistungsfähigeren Verbindungsmitteln als auf der Baustelle erfolgen. Außerdem ist es nur mit einem hohen Vorfertigungsgrad denkbar, das Holzwerk in kurzer Zeit so weit zu vollenden, dass ein wirksamer Witterungsschutz gewährleistet ist.

Die Verbindungen, die auf der Baustelle hergestellt werden, sollten sich auf möglichst wenige und sehr einfache Mittel beschränken. In der Werkstatt wird durchaus kleinen Verbindungsmitteln, die in der Regel leistungsfähiger sind als große, dafür aber in hohen Stückzahlen erforderlich werden, der Vorzug gegeben.

Transport und Montage

Die Aufgabenbereiche Transport und Montage sind für einen erfolgreichen Holzbau ebenfalls von großer Bedeutung, können aber im Rahmen dieses Buches nicht behandelt werden.

Der Tragwerksplaner ist dennoch verpflichtet, Fertigung, Transport und Montage so weit vorzudenken, dass überall die optimalen Verfahren und Mittel eingesetzt werden. Dazu gehören auch Entscheidungen über die Größe vorgefertigter Einheiten.

2 Grundlagen der Bemessung

2.1 Einwirkungen

Die Grundlagen der Tragwerksplanung, das Sicherheitskonzept und die Bemessungsregeln der DIN 1052 basieren auf DIN 1055-100. Für die Nachweise der Tragfähigkeit werden aus den charakteristischen Einwirkungen (Index k) durch Multiplikation mit den Teilsicherheitsbeiwerten nach Tabelle 2.1 die Bemessungswerte der Einwirkungen (Index d) ermittelt. Die nachfolgenden Kombinationsregeln gelten nur für ständige und vorübergehende und nicht für außergewöhnliche Bemessungssituationen.

Kombinationsregeln für Tragfähigkeitsnachweise

Die Lastfallkombinationen (LK) werden ermittelt entweder nach DIN 1055-100 mit

– $$E_d = E\left\{\sum_{j\geq 1} \gamma_{G,j} \cdot G_{k,j} \oplus \gamma_{Q,1} \cdot Q_{k,1} \oplus \sum_{i>1} \gamma_{Q,i} \cdot \psi_{0,i} \cdot Q_{k,i}\right\}$$

oder nach DIN 1052, 5.2 unter Berücksichtigung

– nur der ungünstigsten veränderlichen Einwirkung Q_1 mit

$$E_d = E\left\{\sum_{j\geq 1} \gamma_{G,j} \cdot G_{k,j} \oplus 1{,}5 \cdot Q_{k,1}\right\} \quad (1)$$

– sämtlicher ungünstigen veränderlichen Einwirkungen mit

$$E_d = E\left\{\sum_{j\geq 1} \gamma_{G,j} \cdot G_{k,j} \oplus 1{,}35 \cdot \sum_{i\geq 1} Q_{k,i}\right\} \quad (2)$$

Der ungünstigere Wert aus Gleichung (1) und (2) ist maßgebend.

$\oplus$ bedeutet „in Kombination mit"

γ_G, γ_Q Teilsicherheitsbeiwerte der Einwirkungsseite nach Tabelle 2.1

ψ_0 Beiwert nach Tabelle 2.2

$G_{k,j}$ charakteristischer Wert ständiger Einwirkungen

$Q_{k,i}$ charakteristischer Wert veränderlicher Einwirkungen

Kombinationsregeln für Gebrauchstauglichkeitsnachweise

Seltene Bemessungssituation	Quasi-ständige Bemessungssituation
$E_d = E\left\{\sum_{j\geq 1} G_{k,j} \oplus Q_{k,1} \oplus \sum_{i>1} \psi_{0,i} \cdot Q_{k,i}\right\}$	$E_d = E\left\{\sum_{j\geq 1} G_{k,j} \oplus \sum_{i\geq 1} \psi_{2,i} \cdot Q_{k,i}\right\}$

Tabelle 2.1 Teilsicherheitsbeiwerte γ für Einwirkungen im Grenzzustand der Tragfähigkeit

Grenz-zustand	Versagen des Tragwerks		Verlust der Lagesicherheit des Tragwerks	
Einwirkung	ständig	veränderlich	ständig	veränderlich
ungünstig	$\gamma_G = 1{,}35$	$\gamma_Q = 1{,}5$	$\gamma_G = 1{,}10$	$\gamma_Q = 1{,}5$
günstig	$\gamma_G = 1{,}0$		$\gamma_G = 0{,}90$	

Tabelle 2.2 Beiwerte ψ_0 und ψ_2

Einwirkung	ψ_0	ψ_2
Nutzlasten		
Kategorie A, B – Wohn-, Aufenthalts- und Büroräume	0,7	0,3
Kategorie C, D – Versammlungs- und Verkaufsräume	0,7	0,6
Kategorie E – Lagerräume	1,0	0,8
Verkehrslasten		
Kategorie F – Fahrzeuglast ≤ 30 kN	0,7	0,6
Kategorie G – 30 kN ≤ Fahrzeuglast ≤ 160 kN	0,7	0,3
Kategorie H – Dächer	0	0
Schnee- und Eislasten		
Orte bis NN + 1000 m	0,5	0
Orte über NN + 1000 m	0,7	0,2
Windlasten	0,6	0
Temperatureinwirkungen (nicht Brand)	0,6	0
Baugrundsetzungen	1,0	1,0
Sonstige Einwirkungen	0,8	0,5

Mit dem Beiwert ψ_0 wird die geringere Wahrscheinlichkeit des gleichzeitigen Auftretens veränderlicher Einwirkungen mit ihren charakteristischen Werten berücksichtigt.

Der Beiwert ψ_2 gibt den quasi-ständigen Anteil der veränderlichen Einwirkung an. So sind z. B. von den Nutzlasten in Wohnräumen 30 % als quasi-ständig wirkend anzunehmen.

2.2 Klassen der Lasteinwirkungsdauer (KLED)

Die Festigkeit des Holzes beträgt unter Dauerlast nur etwa 60 % der Kurzzeitfestigkeit. Um den Einfluss der Lasteinwirkungsdauer auf die Festigkeiten vereinfacht zu berücksichtigen, sind fünf Klassen der Lasteinwirkungsdauer (KLED) ständig, lang, mittel, kurz und sehr kurz gebildet worden. Ihre Zuordnung zu den Lasten ist Tabelle 2.3 zu entnehmen. Bei Kombinationen von Einwirkungen mit unterschiedlicher Dauer ist die kürzeste Einwirkungsdauer für den Grenzzustand bei dieser Kombination maßgebend.

Eigenlasten der tragenden Bauteile und der unveränderlichen, von den tragenden Bauteilen dauernd aufzunehmenden Einwirkungen, wie z. B. Bodenbeläge, Estrich und Putze gehören zur KLED ständig.

Die veränderlichen Einwirkungen wie z. B. Nutzlasten wirken mit ihrem charakteristischem Wert über bestimmte Zeitspannen. Die Summe dieser Zeitabschnitte ist für die Zuordnung zur KLED maßgebend.

Tabelle 2.3 Klassen der Lasteinwirkungsdauer (KLED)

Kategorie	Einwirkung	KLED
	Eigenlasten nach DIN 1055-3	ständig
	Lotrechte Nutzlasten nach DIN 1055-3	
A	Spitzböden, Wohn- und Aufenthaltsräume	mittel
B	Büroflächen, Arbeitsflächen, Flure	mittel
C	Flächen und Räume, die der Ansammlung von Personen dienen können (mit Ausnahme von unter A, B, D und E festgelegten Kategorien)	kurz
D	Verkaufsräume	mittel
E	Fabriken und Werkstätten, Ställe, Lagerräume und Zugänge, Flächen mit erheblichen Menschenansammlungen	lang
F	Verkehrs- und Parkflächen für leichte Fahrzeuge (Gesamtlast $\leq$ 25 kN), Zufahrtsrampen	kurz
G	Flächen für den Betrieb mit Gegengewichtsstaplern	mittel
H	Nicht begehbare Dächer, außer für übliche Erhaltungsmaßnahmen, Reparaturen	kurz
K	Hubschrauber-Regellasten	kurz
T	Treppen und Treppenpodeste	kurz
Z	Zugänge, Balkone und Ähnliches	kurz

Tabelle 2.3 Klassen der Lasteinwirkungsdauer (KLED) (Fortsetzung)

Einwirkung	KLED
Horizontale Nutzlasten nach DIN 1055-3	
Horizontale Nutzlasten infolge von Personen auf Brüstungen, Geländern und anderen Konstruktionen, die als Absperrung dienen	kurz
Horizontallasten zur Erzielung einer ausreichenden Längs- und Quersteifigkeit	*)
Horizontallasten für Hubschrauberlandeplätze auf Dachdecken für	
horizontale Nutzlasten	kurz
für Überrollschutz	sehr kurz
Windlasten nach DIN 1055-4	kurz
Schnee- und Eislasten nach DIN 1055-5	
Geländehöhe des Bauwerkstandortes über NN $\leq$ 1000 m	kurz
Geländehöhe des Bauwerkstandortes über NN > 1000 m	mittel
Anpralllasten nach DIN 1055-9	sehr kurz
Horizontallasten aus Kran- und Maschinenbetrieb nach DIN 1055-10	kurz
*) Entsprechend den zugehörigen Lasten.	

Beispiel: Normalkräfte einer Innenstütze

Lastfall	Ständige Last	Schneelast (Ort bis NN + 1000 m)	Nutzlast Kategorie A
Char. Normalkraft	$N_{g,k}$	$N_{s,k}$	$N_{q,k}$

LK nach DIN 1055-100	Kombinationsregeln zur Ermittlung der Bemessungswerte N_d
g	$\gamma_G \cdot N_{g,k} = 1{,}35 \cdot N_{g,k}$
g + s	$\gamma_G \cdot N_{g,k} + \gamma_Q \cdot N_{s,k} = 1{,}35 \cdot N_{g,k} + 1{,}5 \cdot N_{s,k}$
g + q	$\gamma_G \cdot N_{g,k} + \gamma_Q \cdot N_{q,k} = 1{,}35 \cdot N_{g,k} + 1{,}5 \cdot N_{q,k}$
g + s + q	$\gamma_G \cdot N_{g,k} + \gamma_Q \cdot N_{s,k} + \psi_0 \cdot \gamma_Q \cdot N_{q,k} = 1{,}35 \cdot N_{g,k} + 1{,}5 \cdot N_{s,k} + 0{,}7 \cdot 1{,}5 \cdot N_{q,k}$
g + q + s	$\gamma_G \cdot N_{g,k} + \gamma_Q \cdot N_{q,k} + \psi_0 \cdot \gamma_Q \cdot N_{s,k} = 1{,}35 \cdot N_{g,k} + 1{,}5 \cdot N_{q,k} + 0{,}5 \cdot 1{,}5 \cdot N_{s,k}$

LK nach DIN 1052	Kombinationsregeln zur Ermittlung der Bemessungswerte N_d
g	$1{,}35 \cdot N_{g,k}$
g + s	$1{,}35 \cdot N_{g,k} + 1{,}5 \cdot N_{s,k}$
g + q	$1{,}35 \cdot N_{g,k} + 1{,}5 \cdot N_{q,k}$
g + q + s g + s + q	$1{,}35 \cdot N_{g,k} + 1{,}35 \cdot (N_{q,k} + N_{s,k}) = 1{,}35 \cdot (N_{g,k} + N_{q,k} + N_{s,k})$

2.3 Nutzungsklassen (NKL)

Der natürliche Baustoff Holz gleicht seinen Feuchtegehalt an das Umgebungsklima an (Ausgleichsfeuchte). Unterhalb des Fasersättigungsbereiches von ca. 30 % ändern sich mit der Holzfeuchte das Volumen, die mechanischen Eigenschaften und das Kriechverhalten.

Die gesamte Bandbreite des Umgebungsklimas während der Nutzungsdauer wird vereinfachend in drei Nutzungsklassen (NKL) eingeteilt.

In die **Nutzungsklasse 1** sind alle Bauteile einzustufen, die in einer dauerhaften, geschlossenen Hülle gegenüber dem Außenklima geschützt sind. Die mittlere Holzfeuchte von Nadelhölzern beträgt in NKL 1 nicht mehr als 12 %. Wegen der sehr langsamen Feuchtetransportvorgänge im Holz darf die relative Feuchte der Umbebungsluft für einige Wochen pro Jahr den Wert von 65 % übersteigen. Die NKL 1 ist z. B. für übliche Aufenthaltsräume anzunehmen. Falls die Bedingungen für die NKL 1 nicht zuverlässig vorausgesetzt werden können – die Bauteile jedoch vor Bewitterung geschützt sind – ist NKL 2 anzunehmen.

In die **Nutzungsklasse 2** sind in erster Linie alle Bauteile einzustufen, die sich in offenen, aber überdeckten Bauwerken befinden, die der unmittelbaren Bewitterung (Regen) nicht ausgesetzt sind. Es sind aber auch geschlossene Bauten in NKL 2 einzuordnen, wenn die mittlere Holzfeuchte von Nadelhölzern eine Ausgleichsfeuchte von bis zu 20 % erreicht. Wegen der sehr langsamen Feuchtetransportvorgänge im Holz darf die relative Feuchte der Umgebungsluft für einige Wochen pro Jahr den Wert von 85 % übersteigen.

In die **Nutzungsklasse 3** müssen alle Bauteile eingestuft werden, bei denen die Bedingungen für die NKL 1 und 2 nicht erfüllt sind, z. B. bei der Witterung ungeschützt ausgesetzten Bauteilen. Bei Bauwerken wie z. B. bei Kompostieranlagen können Bauteile auch im Innern von Gebäuden der NKL 3 zugeordnet werden müssen.

In Sonderfällen sind Teilbereiche einer Konstruktion verschiedenen Nutzungsklassen zuzuweisen.

2.4 Widerstände

Für die Nachweise der Tragfähigkeit von Bauteilen werden aus den charakteristischen Festigkeitskennwerten (Index k) durch Multiplikation mit dem Modifikationsbeiwert k_{mod} nach Tabelle 2.4 und Division durch den Teilsicherheitsbeiwert für Holz und HW nach Tabelle 2.5 die Bemessungswerte der Festigkeit (Index d) ermittelt. Die charakteristischen Festigkeitskennwerte sind der DIN 1052 oder BZ zu entnehmen. Bei Versätzen ist das beschriebene Vorgehen ebenfalls anwendbar, da sich die Tragfähigkeit des Versatzes über die Druckfestigkeiten der miteinander verbundenen Baustoffe berechnen lässt. Die Ermittlung von Bemessungswerten aus charakteristischen Werten bei Stift-, Dübel- und Klebverbindungen sowie bei Ausklinkungen, Durchbrüchen und Verstärkungen ist den entsprechenden Abschnitten zu entnehmen. Grundsätzlich gilt, dass der Einfluss von Holzfeuchte und Lastdauer auf das Tragverhalten mit k_{mod} berücksichtigt wird und die Streuung der Materialeigenschaften, die Modellunsicherheiten und die angestrebten Sicherheitsabstände auf der Widerstandsseite mit dem Teilsicherheitsbeiwert γ_M in die Tragfähigkeitsberechnung eingehen. Der Bemessungswert X_d einer Festigkeit berechnet sich somit zu $X_d = k_{mod} \cdot f_k / \gamma_M$

Tabelle 2.4 Rechenwerte für die Modifikationsbeiwerte k_{mod}

Baustoff und Klasse der Lasteinwirkungsdauer	Nutzungsklasse			Baustoff und Klasse der Lasteinwirkungsdauer	Nutzungsklasse	
	1	2	3		1	2
Vollholz, Brettschichtholz, Balkenschichtholz, Furnierschichtholz, Brettsperrholz, Sperrholz				OSB-Platten (Typen OSB/2 (nur in NKL 1), OSB/3 und OSB/4 DIN EN 300)		
ständig	0,60	0,60	0,50	ständig	0,40	0,30
lang	0,70	0,70	0,55	lang	0,50	0,40
mittel	0,80	0,80	0,65	mittel	0,70	0,55
kurz	0,90	0,90	0,70	kurz	0,90	0,70
sehr kurz	1,10	1,10	0,90	sehr kurz	1,10	0,90
Spanplatten, Faserplatten (Typ HB.HLA2)				Faserplatten (Typ MBH.LA2)		
ständig	0,30	0,20	–	ständig	0,20	0,15
lang	0,45	0,30	–	lang	0,40	0,30
mittel	0,65	0,45	–	mittel	0,60	0,45
kurz	0,85	0,60	–	kurz	0,80	0,60
sehr kurz	1,10	0,80	–	sehr kurz	1,10	0,80

Tabelle 2.5 Teilsicherheitsbeiwerte γ_M für Baustoffeigenschaften in ständigen und vorübergehenden Bemessungssituationen

Holz und HW	Stahl in Verbindungen	
	Auf Biegung beanspruchte stiftförmige VM	Auf Zug oder Scheren beanspruchte Teile beim Nachweis gegen die Streckgrenze im Nettoquerschnitt
1,3	1,1	1,25

2.5 Grenzzustände

Eine zutreffende Modellierung des Trag- und Verformungsverhaltens des Tragwerks mit den Grenzzuständen setzt voraus, dass die Anforderungen an die Dauerhaftigkeit des Tragwerks (siehe Kapitel 4) erfüllt sind.

Grenzzustand der Tragfähigkeit

Grenzzustände der Tragfähigkeit sind Zustände, deren Überschreiten rechnerisch zu Einsturz oder ähnlichen Arten des Tragwerksversagens führt. Sie werden in den Kapiteln 8 bis 12 behandelt. Außergewöhnliche Bemessungssituationen wie Anprall und Erdbeben werden nachfolgend nicht berücksichtigt. Erläuterungen zum Lastfall Brand können dem Kapitel 5 entnommen werden.

Der Grenzzustand der Tragfähigkeit $E_d \leq R_d$ wird meistens als

Ausnutzungsgrad $\eta = E_d/R_d \leq 1$ formuliert.

Grenzzustand der Gebrauchstauglichkeit

Für die Nachweise der Gebrauchstauglichkeit sind die Verformungen infolge der charakteristischen Einwirkungen mit empfohlenen oder selbst festgelegten Grenzwerten zu vergleichen. Dabei wird die seltene und die quasi-ständige Bemessungssituation unterschieden:

- *Seltene Bemessungssituation.* Die dafür empfohlenen oder selbst festgelegten Grenzwerte sollen Schäden an nicht tragenden Bauteilen oder Einbauten verhindern.

- *Quasi-ständige Bemessungssituation.* Die dafür empfohlenen oder selbst festgelegten Grenzwerte sollen die allgemeine Benutzbarkeit und das Erscheinungsbild sicherstellen.

Für Wohnhausdecken darf der Schwingungsnachweis durch einen Durchbiegungsnachweis ersetzt werden. Die Gebrauchstauglichkeitsnachweise werden in Kapitel 13 behandelt.

2.6 Standardfall

Standardfall für Bauteile

Für die Baustoffe in Tabelle 2.6 wird als Standardfall die NKL 1 und die KLED mittel definiert. In Kapitel 3 sind die Bemessungswerte für den Standardfall angegeben.

Tabelle 2.6 Standardfall für Bauteile

Baustoff	NKL	KLED	γ_M	k_{mod}	k_{mod} / γ_M
VH, BSH, BASH, FSH, BSPH, SPH	1 / 2	mittel	1,3	0,8	0,615
OSB-Platten	1			0,7	0,538
Sanplatten Faserplatten (Typ HB.HLA2)	1			0,65	0,500
Faserplatten (Typ MBH.LA2)	1			0,60	0,462

Standardfall für Stiftverbindungen

Der Standardfall für die Bemessungswerte der Stifttragfähigkeit R_d beinhaltet:

- Vereinfachte Berechnung nach Abschnitt 12.2
- Teilsicherheitsbeiwert: $\gamma_M = 1,1$
- Baustoff: VH C 24 mit $\rho_k = 350$ kg/m^3
- NKL 1, KLED mittel: $k_{mod} = 0,8$
- $k_{mod} / \gamma_M = 0,727$
- Stiftmaterial: siehe Tafelüberschriften in Abschnitt 12.2.

Standardfall für Dübelverbindungen

Der Standardfall für die Bemessungswerte der Dübeltragfähigkeit $R_{c,\alpha,d}$ beinhaltet:

- Teilsicherheitsbeiwert: $\gamma_M = 1,3$
- Baustoff: VH C 24 mit $\rho_k = 350$ kg/m^3
- NKL 1, KLED mittel: $k_{mod} = 0,8$
- $k_{mod} / \gamma_M = 0,615$

Definition des Standardfalls für die Bolzentragfähigkeit siehe: Stiftverbindungen.

Standardfall für Klebverbindungen

Siehe Standardfall für Bauteile.

2.7 Allgemeiner Fall

Weicht der Grenzzustand hinsichtlich NKL und/oder KLED vom Standardfall ab, dann ist der Bemessungswert der Festigkeit des Standardfalls mit k^* (= aktueller Wert k_{mod} dividiert durch k_{mod} des Standardfalls) zu multiplizieren.

Der Ausnutzungsgrad lautet somit $\eta = \frac{\sigma_d}{k^* \cdot f_d} \leq 1$ bzw. $\eta = \frac{F_d}{k^* \cdot R_d} \leq 1$ mit dem Bemessungswert der Festigkeit f_d bzw. der Verbindungsmitteltragfähigkeit R_d im Standardfall.

Weicht der Grenzzustand bei Stift- und Dübelverbindungen hinsichtlich der Rohdichte der verbundenen Teile vom Standardfall ab, sind in Kapitel 12 Angaben zum allgemeinen Fall enthalten.

Tabelle 2.7 Beiwert k^*

KLED	VH, BSH, BASH, FSH, BSPH, SPH		OSB-Platten (OSB/2(nur in NKL 1), OSB/3, OSB/4)	
	NKL 1 oder 2	NKL 3	NKL 1	NKL 2
ständig	0,6/0,8 = 0,750	0,5/0,8 = 0,625	0,4/0,7 = 0,571	0,3/0,7 = 0,429
lang	0,7/0,8 = 0,875	0,55/0,8 = 0,688	0,5/0,7 = 0,714	0,4/0,7 = 0,571
mittel	1	0,65/0,8 = 0,813	1	0,55/0,7 = 0,786
kurz	0,9/0,8 = 1,125	0,7/0,8 = 0,875	0,9/0,7 = 1,286	0,7/0,7 = 1
sehr kurz	1,1/0,8 = 1,375	0,9/0,8 = 1,125	1,1/0,7 = 1,571	0,9/0,7 = 1,286

KLED	Spanplatten Faserplatten (Typ HB.HLA2)		Faserplatten (Typ MBH.LA2)	
	NKL 1	NKL 2	NKL 1	NKL 2
ständig	0,3/0,65 = 0,462	0,2/0,65 = 0,308	0,2/0,6 = 0,333	0,15/0,6 = 0,250
lang	0,45/0,65 = 0,692	0,3/0,65 = 0,462	0,4/0,6 = 0,667	0,3/0,6 = 0,500
mittel	1	0,45/0,65 = 0,692	1	0,45/0,6 = 0,750
kurz	0,85/0,65 = 1,308	0,6/0,65 = 0,923	0,8/0,6 = 1,333	0,6/0,6 = 1
sehr kurz	1,1/0,65 = 1,692	0,8/0,65 = 1,231	1,1/0,6 = 1,833	0,8/0,6 = 1,333

3 Baustoffe

3.1 Allgemeines

Holz ist ein natürlicher, organischer, aus Zellen aufgebauter Stoff. Alle Holzarten weisen weitgehend eine ähnliche Zusammensetzung der Zellwandsubstanz auf. Die artspezifischen Unterschiede werden im Wesentlichen durch die Inhaltsstoffe bestimmt, die Farbe, Geruch, natürliche Dauerhaftigkeit und chemische Reaktionsfähigkeit der jeweiligen Holzart beeinflussen.

Tabelle 3.1 Besondere Holzeigenschaften und ihre bautechnische Berücksichtigung

Eigenschaft	Berücksichtigung
Streuungen	durch Verwendung eines charakteristischen Kennwertes f_k und eines Teilsicherheitsbeiwertes γ_M für das Material
Anisotropie	durch Unterscheidung der Eigenschaften nach Beanspruchung $\parallel$ oder $\perp$ zur Faser, gegebenenfalls auch unter Winkel α zur Faser
Hygroskopizität	durch Berechnung von Schwind- und Quellverformungen und durch konstruktive Maßnahmen
Feuchtegehalt	durch Modifikationsbeiwert k_{mod} und Verformungsbeiwert k_{def}
Belastungsabhängigkeit	durch Modifikationsbeiwert k_{mod} und Verformungsbeiwert k_{def}
Wuchseigenschaften	bei der Holzsortierung

Die Eigenschaftswerte streuen auch innerhalb einer Holzart in zum Teil weiten Grenzen. Deshalb kommt einer zuverlässigen Sortierung des Bauholzes für seinen wirtschaftlichen und hinsichtlich der Tragfähigkeit zuverlässigen Gebrauch besondere Bedeutung zu.

Neben den Streuungen der einzelnen Eigenschaften ist bei der Verwendung des Holzes als Konstruktionsmaterial vor allem zu beachten, dass

- Holz ein anisotroper Baustoff ist, d. h. die Eigenschaften in den verschiedenen Richtungen nicht gleich sind. Für die Baupraxis werden mit ausreichender Genauigkeit die Richtungen parallel und rechtwinklig zur Faserrichtung unterschieden.
- Holz ein hygroskopischer Baustoff ist, d. h. je nach Umgebungsklima Feuchtigkeit aufnimmt oder abgibt,
- sich die Holzeigenschaften mit dem Feuchtegehalt des Holzes verändern,
- das Trag- und Verformungsverhalten des Holzes von der Belastungsdauer abhängig sein kann,
- die Wuchseigenschaften des Holzes wie Jahrringbreite, Ästigkeit und Faserneigung bei seinem Einsatz als Konstruktionsmaterial zu berücksichtigen sind.

Die Berücksichtigung und bautechnische Umsetzung dieser Besonderheiten des Baustoffes Holz sind in Tabelle 3.1 angegeben.

Zur vereinfachten Berücksichtigung von Feuchtegehalt und Belastungsdauer auf Festigkeit und Steifigkeit von Holzbauteilen sind Klassen der Lasteinwirkungsdauer (Tabelle 2.3) und Nutzungsklassen (siehe Abschnitt 2.3) definiert worden. Bei Lastkombinationen ist die Last mit der kürzesten Einwirkungsdauer für die Festlegung des Modifikationsbeiwertes k_{mod} maßgebend.

Eine kurz gefasste Beschreibung der Struktur von Laub- und Nadelholz sowie der Wuchseigenschaften kann dem Beitrag A4 in STEP 1, [4] entnommen werden.

Die nachfolgende Beschreibung der **Holzwerkstoffe** gliedert sich nach dem zunehmenden Maß der Auftrennung und Zerkleinerung des Stammholzes.

Durch die Herstellweisen der verschiedenen Holzwerkstoffe können die Eigenschaften des Ausgangsmaterials verändert und besser genutzt werden. Mit den plattenförmigen Holzwerkstoffen wird der Übergang von bisher nur stabförmigen Holzbauteilen zu flächenförmigen Bauteilen ermöglicht.

Tabelle 3.2 Übersicht Holzwerkstoffe

Auftrennen des Stammes in	Kurzbeschreibung	Holzwerkstoff	Abk.	Charakteristische Werte in
Bretter	Kreuzweise Verklebung, Deckschichten eventuell auch aus HW-Platten	Brettsperrholz	BSPH	BZ
Furniere	Furnierblätter gestoßen und verklebt; alle Lagen faserparallel oder ca. 20 % der Lagen quer verlaufend	Furnierschichtholz Laminated Veneer Lumber (LVL)	FSH	BZ
	Furniere abwechselnd mit um 90° gedrehter Faserrichtung verklebt	Sperrholz Plywood	SPH	DIN 1052
Furnierstreifen	Furnierstreifenbündel zu Balken verklebt	Furnierstreifenholz Parallel Strand Lumber (PSL)		BZ
Streifen (strands)	Kurze Streifen in Mittelschicht quer, in Deckschichten längs orientiert verklebt	OSB Oriented Strand Board	OSB	DIN 1052
	Lange Streifen längs orientiert verklebt	Streifenholz Laminated Strand Lumber (LSL)		BZ
Späne	Ausgangsmaterial Holzspäne	Spanplatten	SP	DIN 1052
Fasern	Ausgangsmaterial Holzfasern	Faserplatten	FP	DIN 1052

3.1.1 Holzfeuchte

Die Holzfeuchte ω berechnet sich aus der Masse m_ω im feuchten Zustand und der Masse m_0 im darrtrockenen Zustand zu

$$\omega = \frac{m_\omega - m_0}{m_0} \cdot 100 \quad \text{in } \%$$

mit

m_ω Masse feucht (Holzfeuchte ω %)

m_0 Masse darrtrocken (Holzfeuchte 0 %)

Bestimmung der Holzfeuchte mit Hilfe

- des exakten Verfahrens durch Messen und Wiegen von Proben im feuchten Zustand und nach Trocknung bei etwa 100 °C im darrtrockenen Zustand,
- des indirekten und schnellen Verfahrens durch Messen des spezifischen elektrischen Widerstandes des Holzes mit einer Messgenauigkeit von etwa ±2 % im Holzfeuchtebereich von 6 % bis 28 %.

In einem konstanten Umgebungsklima stellt sich nach ausreichend langer Anpassungszeit im Holz die zugehörige Ausgleichsfeuchte ω_ψ ein, bei der Holz weder Feuchte an die umgebende Luft abgibt noch Feuchte aus der umgebenden Luft aufnimmt (siehe Tabelle 3.3).

Tabelle 3.3 Ausgleichsfeuchten von Holzbaustoffen in %

NKL	1	2	3
Holzfeuchte	5 bis 15 %	10 bis 20 %	12 bis 24 %

3.1.2 Schwind- und Quellmaße

Im hygroskopischen Bereich mit $\omega \leq$ ca. 28 % verursacht die Feuchteaufnahme eine Volumenzunahme (Quellen) und die Feuchteabgabe eine Volumenabnahme (Schwinden) des Holzes. Die Holzmaße verändern sich zwischen 5 % und 20 % Holzfeuchte linear mit der Feuchte, so dass für den hygroskopischen Bereich Änderungen der ursprünglichen Maße ℓ infolge Feuchteänderungen vereinfacht berechnet werden können zu

$$\Delta\ell = \beta \cdot \frac{\Delta\omega}{100} \cdot \ell \quad \text{mit}$$

β Schwind-/Quellmaß in % je 1 % Holzfeuchteänderung

$\Delta\omega$ Holzfeuchtedifferenz in %

β_0 Schwind-/Quellmaß || zur Faser ist mit ≈ 0,01 meist vernachlässigbar

β_{90} Schwind-/Quellmaß ⊥ zur Faser (Tabelle 3.4)

Die Rechenwerte der Schwind- und Quellmaße rechtwinklig zur Faser in Tabelle 3.4 stellen Mittelwerte aus den Werten tangential und radial zu den Jahrringen dar, die sich um den Faktor zwei unterscheiden.

Tabelle 3.4 Rechenwerte der Schwind- und Quellmaße für Vollholz ⊥ zur Faser in %/% Holzfeuchteänderung

NH[1], Eiche, Afzelia	Buche	Teak, Yellow Cedar	Azobé (Bongossi), Ipe
0,24	0,3	0,2	0,36
Werte gelten bei unbehindertem Quellen und Schwinden für Holzfeuchten unterhalb des Fasersättigungsbereiches von ca. 30 %. Bei behinderter Schwindung oder Quellung dürfen die Tabellenwerte halbiert werden. Schwinden oder Quellen ‖ zur Faser (≈ 0,01 %/%) bleibt normalerweise unberücksichtigt. [1] Ausgenommen Yellow Cedar.			

3.1.3 Resistenz- und Dauerhaftigkeitsklassen

Die Resistenz des Kernholzes gegen Holz zerstörende Pilze wird nach DIN 68 364 in fünf Klassen eingeteilt (Tabelle 3.5). Das Splintholz aller Holzarten ist den Resistenzklassen 4 und 5 zuzuordnen.

Tabelle 3.5 Resistenz des Kernholzes verschiedener Holzarten gegen Holz zerstörende Pilze nach DIN 68 364

Resistenzklasse		Holzart
1	sehr resistent	Afzelia, Angelique, Azobé (Bongossi), Teak
1–2		Merbau
2	resistent	Eiche
3	mäßig resistent	Douglasie, Keruing, Lärche
3–4		Kiefer
4	wenig resistent	Fichte, Tanne
5	nicht resistent	Buche

Die natürliche Dauerhaftigkeit des Kernholzes zahlreicher Holzarten gegen Holz zerstörende Pilze wird nach DIN EN 350-2 ebenfalls in fünf Klassen eingeteilt (Tabelle 3.6). Das Splintholz aller Holzarten ist den Dauerhaftigkeitsklassen 4 und 5 zuzuordnen. Die Holzarten Angelique und Keruing zeigen ein ungewöhnlich hohes Maß an Variabilität.

Tabelle 3.6 Natürliche Dauerhaftigkeit des Kernholzes verschiedener Holzarten gegen Holz zerstörende Pilze nach DIN EN 350-2

Dauerhaftigkeitsklasse		Holzart
1	sehr dauerhaft	Afzelia, Teak
1–2		Merbau
2	dauerhaft	Eiche, Angelique, Azobé (Bongossi)
2–3		Yellow Cedar
3	mäßig dauerhaft	Keruing
3–4		Lärche, Kiefer, Douglasie
4	wenig dauerhaft	Fichte, Southern Pine, Tanne, Western Hemlock
5	nicht dauerhaft	Buche

Die natürliche Dauerhaftigkeit des Splintholzes gegen Hausbock (Hylotrupes bajulus), der üblicherweise nur das Splintholz der Nadelholzarten befällt, und Anobien (Anobium punctatum) wird nach DIN EN 350-2 in die Klassen dauerhaft (D) und anfällig (S) eingeteilt (Tabelle 3.7).

Tabelle 3.7 Natürliche Dauerhaftigkeit des Splintholzes verschiedener Holzarten gegen Hausbock und Anobien nach DIN EN 350-2

	Natürliche Dauerhaftigkeit		Natürliche Dauerhaftigkeit	
Holzart	Hausbock	Anobien	Holzart	Anobien
Fichte	SH	SH	Eiche	*)
Tanne	SH	SH	Buche	S
Kiefer	S	S	Teak	*)
Lärche	S	S	Keruing	*)
Douglasie	S	S	Afzelia	*)
Southern Pine	S	S	Merbau	*)
Western Hemlock	S	SH	Angelique	*)
Yellow Cedar	S	S	Azobé (Bongossi)	*)
SH: auch Kernholz ist als anfällig bekannt.			*) Nur unzureichende Daten verfügbar.	

3.2 Holz

3.2.1 Allgemeines

Regeln für Eignung und Anwendung

Die in Abschnitt 3.2 zusammengefassten Holzprodukte für tragende und aussteifende Zwecke müssen einer

- Norm
    - bauaufsichtlich eingeführte nationale Norm (DIN)
    - mandatierte europäische Norm (EN)
- deutschen allgemeinen bauaufsichtlichen Zulassung (BZ)
- europäischen Zulassung
- Zustimmung im Einzelfall

entsprechen.

Sortierung

Vollholz muss nach einem visuellen oder maschinellen Sortierverfahren festigkeitssortiert sein. Solche Verfahren enthält z. B. die DIN 4074 mit den Teilen

- 1 Nadelschnittholz
- 2 Nadelrundholz
- 3 Sortiermaschinen für Schnittholz, Anforderungen und Prüfung
- 4 Nachweis der Eignung zur maschinellen Schnittholzsortierung
- 5 Laubschnittholz

Die **visuelle Sortierung** erfolgt nach den Sortierkriterien

1 Äste
2 Faserneigung
3 Markröhre
4 Jahrringbreite
5 Risse
6 Baumkante
7 Krümmung
8 Verfärbungen, Fäule
9 Druckholz
10 Insektenfraß durch Frischholzinsekten
11 sonstige Merkmale

Die Sortierkriterien Schwindrisse und Krümmung können nur bei trocken sortierten (TS) Hölzern berücksichtigt werden. Somit ist eine Zuordnung von Sortierklassen zu einer Festigkeitsklasse (Tabelle 3.13) nur für trocken sortiertes Holz möglich.

Es wird unterschieden in die Sortierung von

- Kanthölzern und vorwiegend hochkant (K) auf Biegung beanspruchten Brettern und Bohlen aus **NH** in die Sortierklassen S 7, S 7K, S 10, S 10K, S 13, S 13K

- Kanthölzern und vorwiegend hochkant (K) auf Biegung beanspruchten Brettern und Bohlen aus **LH** in die Sortierklassen LS 7, LS 7K, LS 10, LS 10K, LS 13, LS 13K
- Brettern und Bohlen aus **NH** in die Sortierklassen S 7, S 10, S 13
- Brettern und Bohlen aus **LH** in die Sortierklassen LS 7, LS 10, LS 13
- Latten aus **NH** in Sortierklassen S 10, S 13
- **Nadelrundholz**, wobei die in DIN 4074-2 definierte Güteklasse III der Sortierklasse S 7, die Güteklasse II der Sortierklasse S 10 und die Güteklasse I der Sortierklasse S 13 entspricht.

Die Sortierung muss an den Hölzern vorgenommen werden, die auch endgültig eingebaut werden. Z. B. würde eine Längsauftrennung eines Holzes nach der Sortierung eine erneute Sortierung zwingend erforderlich machen.

Mit der maschinellen Sortierung wird Schnittholz Sortierklassen zugeordnet, die Festigkeitsklassen z. B. nach DIN EN 338 entsprechen. Die Bezeichnung der Sortierklassen besteht aus der Abkürzung für die Festigkeitsklasse ergänzt durch den Buchstaben M für maschinelle Sortierung, z. B. C 24M. Sortiermaschinen für Schnittholz müssen den Anforderungen nach DIN 4074-3 entsprechen und für die Betriebe, die Schnittholz nach DIN 4074-1 und DIN 4074-5 sortieren, legt DIN 4074-4 fest, wie die Eignung zur maschinellen Sortierung nachzuweisen ist.

Oberflächen

Vollholz

Soweit nichts anderes gefordert und vereinbart ist, werden Vollhölzer sägerau verarbeitet.

Wird Hobeln oder eine andere Oberflächenbehandlung gefordert, ist die Qualität festzulegen. Beim Hobeln mit Zimmerei-Handhobelmaschinen mit niedriger Drehzahl sind Hobelschläge und raue Hobelstellen nicht zu vermeiden. Beim Hobeln mit stationären, hochtourigen Hobelmaschinen ist eine einheitlich gehobelte Oberfläche zu erwarten.

Nach [5] sollten bei egalisierten Oberflächen zumindest 50 % der Flächen von der Hobelmaschine gestreift werden.

Konstruktionsvollholz

KVH-Si: gehobelt und gefast

KVH-NSi: egalisiert und gefast

Balkenschichtholz

Für sichtbare Anwendung: gehobelt und gefast

Für nicht sichtbare Anwendung: egalisiert und gefast

Brettschichtholz

In [6] sind drei Oberflächenqualitäten definiert. Neben der Bearbeitung der Oberfläche (Tabelle 3.8) sind für weitere zwölf Kriterien die Grenzwerte der drei Qualitäten festgelegt worden. Wenn nicht anders vereinbart gilt Sichtqualität.

Tabelle 3.8 Bearbeitung der Oberfläche

Industriequalität	Sichtqualität	Auslesequalität
Egalisiert	Gehobelt und gefast Hobelschläge bis 1 mm Tiefe zulässig	Gehobelt und gefast Hobelschläge bis 0,5 mm Tiefe zulässig

Eigenlast

Die charakteristischen Eigenlasten von Bauteilen aus Holz werden nach DIN 1055-3 aus den Wichten nach DIN 1055-1 und dem Bauteilvolumen ermittelt.

Tabelle 3.9 Wichten in kN/m³ für Holz

Nadelholz	Laubholz der Festigkeitsklasse			
	D 30 / D 35 / D 40	D 50	D 60	D 70
5,0	7,0	8,0[1)]	9,0	11,0

1) In DIN 1055-1 nicht enthalten.

3.2.2 Vollholz (VH)

Bezeichnung

Schnittholz: < Breite in mm > / < Höhe in mm > < Holzart > < Festigkeitsklasse >

z. B. 120/200 VH C 24 100/160 VH D 30

Rundholz: ∅ < mittlerer Durchmesser in mm > < Holzart > < Festigkeitsklasse >

z. B. ∅ 260 mm VH C 30

Maße

Tabelle 3.10 Schnittholzeinteilung nach DIN 4074-1

Schnittholzart	Dicke d bzw. Höhe h	Breite b
Latte	$d \leq 40$ mm	$b < 80$ mm
Brett[1)] Bohle[1)]	$d \leq 40^{2)}$ mm $d > 40$ mm	$b \geq 80$ mm $b > 3 \cdot d$
Kantholz	$b \leq h \leq 3 \cdot b$	$b > 40$ mm

1) Vorwiegend hochkant biegebeanspruchte Bretter und Bohlen sind wie Kantholz zu sortieren und entsprechend zu kennzeichnen

2) Dieser Grenzwert gilt nicht für Bretter von BSH-Lamellen

Holzfeuchte

Die Sortierkriterien der DIN 4074-1 und -5 sind auf eine mittlere Holzfeuchte von 20 % bezogen (Messbezugsfeuchte).

Keilzinkung

Die Nadelholzarten Fichte, Tanne, Kiefer, Lärche, Douglasie, Southern Pine, Western Hemlock und Yellow Cedar dürfen mittels Keilzinkung verbunden werden. Die Anforderungen an die Keilzinkenverbindung von Bauholz (Holzdicke über 45 mm) und Lamellen für Brettschichtholz (Brettdicke ≤ 45 mm) sind in DIN EN 385 geregelt. Die Anhänge A und I der DIN 1052 sind zu beachten. Die Holzfeuchte der durch Keilzinkung verbundenen Hölzer darf höchstens 18 % betragen.

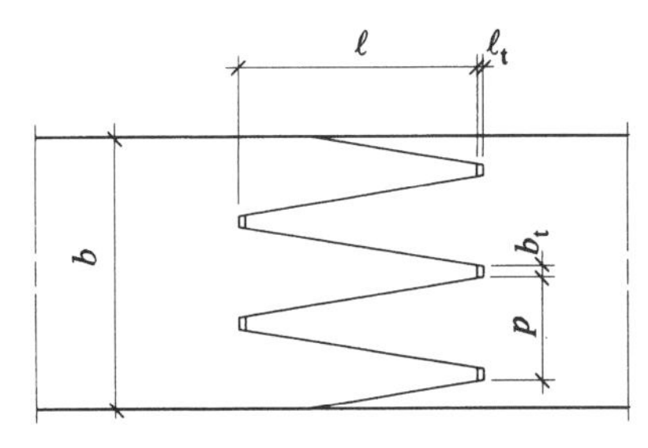

b Querschnittsbreite ($\geq 5 \cdot p$)

ℓ Zinkenlänge

p Zinkenteilung

ℓ_t Zinkenspiel

b_t Breite des Zinkengrundes

Bild 3.1 Keilzinkenverbindung

Charakteristische Rohdichte

Die wichtigste Eigenschaft des Holzes ist die Rohdichte ρ, weil sich die meisten elastomechanischen Eigenschaften bei zunehmender Rohdichte ebenfalls verbessern. Dies gilt auch für die Lochleibungsfestigkeit und somit für die Tragfähigkeit mechanischer Verbindungen. Aber auch die vom Zellwandanteil abhängigen Eigenschaften Wärmeleitfähigkeit und Quellen/Schwinden sind mit der Rohdichte positiv korreliert.

$\rho = \frac{m}{V}$ in kg/m³ mit der Masse m und dem Volumen V

In DIN 1052 ist die charakteristische Rohdichte ρ_k als 5 %-Quantilwert definiert, ermittelt aus Masse und Volumen im Zustand der Ausgleichsfeuchte bei einer Temperatur von 20 °C und einer relativen Luftfeuchte (rel. Lf.) von 65 %.

Aus Masse und Volumen von Holz der Feuchte ω = 0 % erhält man die Darr-Rohdichte ρ_0.

Tabelle 3.11 Rechenwerte für die charakteristischen Rohdichtekennwerte in kg/m³ für Vollholz

		Festigkeitsklasse für NH				Festigkeitsklasse für LH			
		C 24	C 30	C 35	C 40	D 30	D 35	D 40	D 60
Rohdichte	ρ_k	350	380	400	420	530	560	590	700

Steifigkeitskennwerte

Im Allgemeinen geht man bei der Spannungsberechnung von einem linearen Stoffgesetz (elastisches Verhalten) aus:

$\sigma = E \cdot \varepsilon$

$\tau = G \cdot \gamma$

- σ Normalspannung (rechtwinklig zur Schnittfläche)
- τ Schubspannung (tangential zur Schnittfläche)
- ε Dehnung/Stauchung
- γ Gleitwinkel
- E Elastizitätsmodul } Steifigkeitskennwerte
- G Schubmodul } Steifigkeitskennwerte

Schubspannungen, die in einer Ebene rechtwinklig zur Faserrichtung Gleitungen erzeugen, wie z. B. in Brettsperrholz (siehe Abschnitt 3.3.2), werden als Rollschub τ_R bezeichnet. Der zugehörige Steifigkeitskennwert ist G_R.

Bei den charakteristischen Steifigkeitskennwerten unterscheidet man in

- Mittelwert E_{mean} für Gebrauchstauglichkeitsnachweise
- 5%-Quantilwert E_{05} für Tragfähigkeitsnachweise.

Tabelle 3.12 Rechenwerte für die charakteristischen Steifigkeitskennwerte in N/mm² für Vollholz

Modul	Festigkeitsklasse für NH				Festigkeitsklasse für LH			
	C 24	C 30	C 35	C 40	D 30	D 35	D 40	D 60
$E_{0,mean}$	11 000	12 000	13 000	14 000	10 000	10 000	11 000	17 000
$E_{90,mean}$	370	400	430	470	640	690	750	1 130
G_{mean}	690	750	810	880	600	650	700	1 060

Für die charakteristischen Steifigkeitskennwerte $E_{0,05}$, $E_{90,05}$ und G_{05} gelten die Rechenwerte bei

NH: $E_{0,05} = 2/3 \cdot E_{0,mean}$ $E_{90,05} = 2/3 \cdot E_{90,mean}$ $G_{05} = 2/3 \cdot G_{mean}$

LH: $E_{0,05} = 5/6 \cdot E_{0,mean}$ $E_{90,05} = 5/6 \cdot E_{90,mean}$ $G_{05} = 5/6 \cdot G_{mean}$

Bei nur von Rinde und Bast befreitem Nadelrundholz darf in den Bereichen ohne Schwächung der Randzone ein um 20 % erhöhter Wert von $E_{0,mean}$ in Rechnung gestellt werden.

Der Schubmodul bei Rollschubbeanspruchung darf mit $G_{R,mean} = 0,1 \cdot G_{mean}$ angenommen werden.

Bemessungswerte der Festigkeiten im Standardfall

Die Zuordnung der Sortierklassen zu Festigkeitsklassen des Holzes ist der Tabelle 3.13 zu entnehmen.

In DIN 1052 sind für die verschiedenen Beanspruchungsarten und für 12 NH-Festigkeitsklassen sowie 6 LH-Festigkeitsklassen die charakteristischen Festigkeitskennwerte $f_{i,k}$ angegeben. Mit diesen Werten berechnen sich die Bemessungswerte im Standardfall zu

$$f_{i,d} = \frac{k_{mod} \cdot f_{i,k}}{\gamma_M}$$

mit

Modifikationsbeiwert k_{mod} für NKL 1 und KLED mittel

Teilsicherheitsbeiwert $\gamma_M = 1{,}3$

Charakteristischer Festigkeitskennwert $f_{i,k}$ aus Tabelle F.5 und F.7 in DIN 1052

Tabelle 3.13 Zuordnung von Nadelholz/Laubholz und Sortierklassen zu Festigkeitsklassen für trocken sortiertes Holz (TS)

Nadelholz			Laubholz		
Holzart	Sortierklasse nach DIN 4074-1 bzw. Güteklasse nach DIN 4074-2	Festig-keits-klasse	Holzart	Sortierklasse nach DIN 4074-5	Festig-keits-klasse
Fichte Tanne Kiefer Lärche Douglasie Southern Pine Western Hem-lock Yellow Cedar	S 7/C 16M bzw. III	C 16	EI, Teak, Keruing	LS 10	D 30
	S 10/C 24M bzw. II	C 24	Buche	LS 10	D 35
	S 13/C 30M bzw. I	C 30	Buche	LS 13	D 40
	C 35M	C 35	Afzelia, Merbau, Angelique	LS 10	D 40
	C 40M	C 40	Azobé (Bongossi)	LS 10	D 60
			Ipe	LS 10	D 60[1)]

Vorwiegend hochkant biegebeanspruchte Bretter und Bohlen sind wie Kantholz zu sortieren und mit K zu kennzeichnen, z. B. S 10K.

[1)] Rohdichte mindestens 1000 kg/m³.

Tabelle 3.14 enthält für die wichtigsten Festigkeitsklassen diese Bemessungswerte. Der Bemessungswert für die Beanspruchungsart Schub und Torsion von NH basiert auf dem gegenüber dem Weißdruck der DIN 1052 vom August 2004 geändertem Festigkeitskennwert von $f_{v,k} = 2{,}0$ N/mm².

Tabelle 3.14 Bemessungswerte der Festigkeiten in N/mm² für Vollholz im Standardfall

Beanspruchungsart		Festigkeitsklasse für NH				Festigkeitsklasse für LH			
		C 24	C 30	C 35	C 40	D 30	D 35	D 40	D 60
Biegung	$f_{m,d}$	14,8	18,5	21,5	24,6	18,5	21,5	24,6	36,9
Zug parallel	$f_{t,0,d}$	8,62	11,1	12,9	14,8	11,1	12,9	14,8	22,2
Zug rechtwinklig	$f_{t,90,d}$	0,246	0,246	0,246	0,246	0,308	0,308	0,308	0,308
Druck parallel	$f_{c,0,d}$	12,9	14,2	15,4	16,0	14,2	15,4	16,0	19,7
Druck rechtwinklig	$f_{c,90,d}$	1,54	1,66	1,72	1,78	4,92	5,17	5,42	6,46
Schub und Torsion	$f_{v,d}$	1,23	1,23	1,23	1,23	1,85	2,09	2,34	3,26
Rollschub	$f_{R,d}$	0,615							
Bei nur von Rinde und Bast befreitem Nadelrundholz darf in den Bereichen ohne Schwächung der Randzone mit $1{,}2 \cdot f_{m,d}$, $1{,}2 \cdot f_{t,0,d}$ und $1{,}2 \cdot f_{c,0,d}$ gerechnet werden.									

Druck unter einem Winkel α zur Faserrichtung

Für Druckspannungen unter einem Winkel zwischen 0° und 90° zur Faserrichtung muss die Bedingung

$$\frac{\sigma_{c,\alpha,d}}{k_{c,\alpha} \cdot f_{c,\alpha,d}} \leq 1 \quad \text{erfüllt sein mit}$$

$$\sigma_{c,\alpha,d} = \frac{F_{c,\alpha,d}}{A_{ef}}$$

A_{ef} wirksame Querschnittsfläche siehe Bild 3.2

$k_{c,\alpha} = 1 + \left(k_{c,90} - 1\right) \cdot \sin\alpha$ (siehe Tabelle 3.15; $k_{c,90}$: siehe Tabelle 12.31)

$$f_{c,\alpha,d} = \frac{f_{c,0,d}}{\sqrt{\left(\frac{f_{c,0,d}}{f_{c,90,d}} \cdot \sin^2\alpha\right)^2 + \left(\frac{f_{c,0,d}}{1{,}5 \cdot f_{v,d}} \cdot \sin\alpha \cdot \cos\alpha\right)^2 + \cos^4\alpha}} \quad \text{(s. Tab. 3.16)}$$

α ist der Winkel zwischen der Beanspruchungsrichtung und der Faserrichtung des Holzes

Tabelle 3.15 Beiwert $k_{c,\alpha}$

α	$k_{c,90} = 1{,}25$	$k_{c,90} = 1{,}5$	$k_{c,90} = 1{,}75$	α	$k_{c,90} = 1{,}25$	$k_{c,90} = 1{,}5$	$k_{c,90} = 1{,}75$
0°	1,00	1,00	1,00	20°	1,09	1,17	1,26
5°	1,02	1,04	1,07	25°	1,11	1,21	1,32
10°	1,04	1,09	1,13	30°	1,12	1,25	1,37
15°	1,06	1,13	1,19	35°	1,14	1,29	1,43

Tabelle 3.15 Beiwert $k_{c,\alpha}$ (Fortsetzung)

α	$k_{c,90} = 1,25$	$k_{c,90} = 1,5$	$k_{c,90} = 1,75$	α	$k_{c,90} = 1,25$	$k_{c,90} = 1,5$	$k_{c,90} = 1,75$
40°	1,16	1,32	1,48	70°	1,23	1,47	1,70
45°	1,18	1,35	1,53	75°	1,24	1,48	1,72
50°	1,19	1,38	1,57	80°	1,25	1,49	1,74
55°	1,20	1,41	1,61	85°	1,25	1,50	1,75
60°	1,22	1,43	1,65	90°	1,25	1,50	1,75
65°	1,23	1,45	1,68				

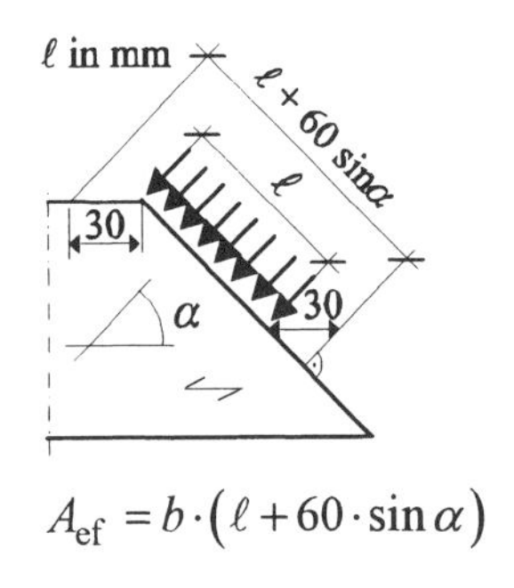

$$A_{ef} = b \cdot (\ell + 60 \cdot \sin\alpha)$$

ℓ in mm

ℓ + 30 sinα

ℓ

30

α

$$A_{ef} = b \cdot (\ell + 30 \cdot \sin\alpha)$$

Bild 3.2 Wirksame Querschnittsfläche A_{ef}

Tabelle 3.16 Bemessungswerte der Druckfestigkeiten $f_{c,\alpha,d}$ in N/mm² für Vollholz im Standardfall

Winkel α	Festigkeitsklasse für NH				Festigkeitsklasse für LH			
	C 24	C 30	C 35	C 40	D 30	D 35	D 40	D 60
0°	12,9	14,2	15,4	16,0	14,2	15,4	16,0	19,7
10°	8,28	8,6	8,8	8,9	10,8	12,0	12,8	16,5
20°	4,95	5,05	5,12	5,15	7,47	8,36	9,16	12,3
30°	3,43	3,53	3,57	3,61	5,79	6,49	7,15	9,63
40°	2,62	2,72	2,77	2,82	4,98	5,55	6,10	8,14
45°	2,35	2,46	2,51	2,56	4,76	5,29	5,79	7,65
50°	2,14	2,25	2,31	2,36	4,63	5,11	5,58	7,29
60°	1,85	1,96	2,02	2,08	4,57	4,98	5,37	6,83
70°	1,67	1,79	1,85	1,91	4,68	5,02	5,34	6,59
80°	1,57	1,69	1,75	1,81	4,84	5,12	5,39	6,49
90°	1,54	1,66	1,72	1,78	4,92	5,17	5,42	6,46

3.2.3 Konstruktionsvollholz (KVH)

KVH ist ein Güte überwachtes Nadelvollholz mindestens der Sortierklasse S 10 TS, das über die Anforderungen der DIN 4074-1 hinaus Kriterien erfüllt in Bezug auf

- Holzfeuchte
- Einschnittart (Bild 3.3)
- Maßhaltigkeit der Querschnitte
- Astzustand
- Harzgallen
- Oberflächenbeschaffenheit.

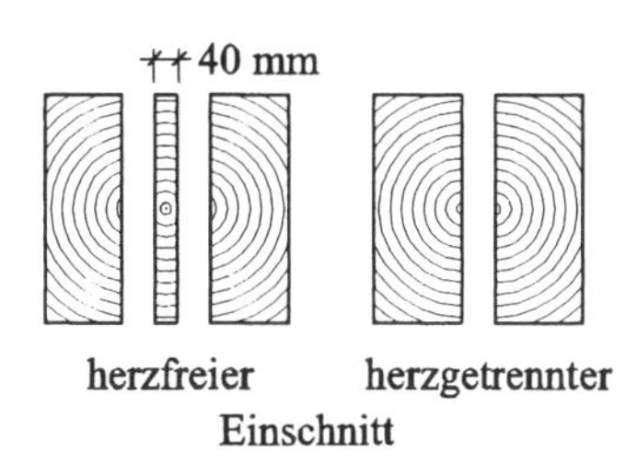

Bild 3.3 Einschnittart

Bezeichnung

KVH im sichtbaren Bereich:

< Breite > / < Höhe > KVH-Si < Holzart > < Festigkeitsklasse >

KVH im nicht sichtbaren Bereich:

< Breite > / < Höhe > KVH-NSi < Holzart > < Festigkeitsklasse >

z. B. 80/160 KVH-Si FI C 24

Maße

Tabelle 3.17 KVH-Vorzugsquerschnitte

Dicke b in mm	Breite h in mm						
	100	120	140	160	180	200	240
60	■	■	■	■	■	■	■
80		■	■	■	■	■	■
100	■			■	■	■	■
120		■		■		■	■
140			■				■

Holzfeuchte

KVH wird künstlich getrocknet bis auf eine Holzfeuchte von 15 % ± 3 %.

Keilzinkung

Zulässig in NKL 1 und 2.

Charakteristische Rohdichte

Nach Tabelle 3.11 für die Festigkeitsklasse C 24: $\rho_k = 350$ kg/m^3

Steifigkeitskennwerte

Nach Tabelle 3.12 für die Festigkeitsklasse C 24.

Bemessungswerte der Festigkeiten im Standardfall

Nach Tabelle 3.14 für die Festigkeitsklasse C 24.

3.2.4 Balkenschichtholz (BASH)

Nach BZ Z-9.1-440 besteht BASH aus zwei (Duo-Balken) oder drei (Trio-Balken) miteinander verklebten Bohlen oder Kanthölzern aus NH mindestens der Sortierklasse S 10 TS. Die Anwendung ist nur in den NKL 1 und 2 zulässig. Extreme klimatische Wechselbeanspruchungen sind auszuschließen.

Bezeichnung

< Breite > / < Höhe > BASH < Festigkeitsklasse >

Maße

Tabelle 3.18 BASH-Vorzugsquerschnitte

Breite b in mm	Höhe h in mm						
	100	120	140	160	180	200	240
80				■	■	■	
100	■			■	■	■	■
120		■		■		■	■
140			■			■	■
160				■		■	■

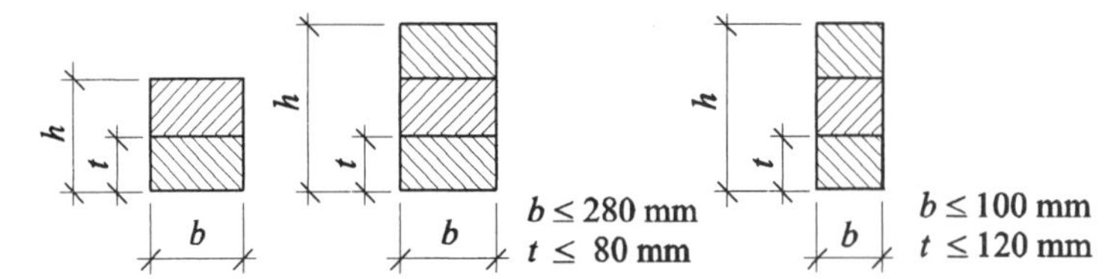

Bild 3.4 Anforderungen an BASH-Querschnitte

Holzfeuchte

Bei der Verklebung darf die Holzfeuchte der Einzelhölzer höchstens 15 % betragen.

Keilzinkung

Zulässig in NKL 1 und 2.

Charakteristische Rohdichte

Nach Tabelle 3.11 für die Festigkeitsklasse C 24: $\rho_k = 350$ kg/m^3

Steifigkeitskennwerte

Nach Tabelle 3.12 für die Festigkeitsklasse C 24.

Bemessungswerte der Festigkeiten im Standardfall

Nach Tabelle 3.14 für die Festigkeitsklasse C 24.

3.2.5 Brettschichtholz (BSH)

Die Herstellung des Brettschichtholzes muss die Anforderungen nach Anhang A und H der DIN 1052 und nach DIN EN 386 erfüllen.

Homogenes BS-Holz (Abkürzung: h): gleiche Festigkeitsklasse aller Lamellen

Kombiniertes BS-Holz (Abkürzung: c): Festigkeitsklasse der inneren und äußeren Lamellen unterschiedlich.

Lamellenaufbauten, die von denen des kombinierten BS-Holzes abweichen, dürfen unter Zugrundelegung der Angaben in DIN EN 1194 als Verbundquerschnitte berechnet und verwendet werden.

Üblicherweise besteht BSH aus Fichte, seltener aus Tanne, Kiefer, Lärche, Douglasie, Southern Pine, Western Hemlock und Yellow Cedar.

Bezeichnung

< Breite > / < Höhe > < Festigkeitsklasse >

z. B. 160/600 GL 24h

Maße

Übliche Maße der Bauteile aus BSH mit Rechteckquerschnitt:

Höhe bis 2000 mm (einzelne Hersteller bis 3000 mm)

Breite bis 220 mm (einzelne Hersteller bis 300 mm)

Länge bis 30 m (einzelne Hersteller bis 60 m)

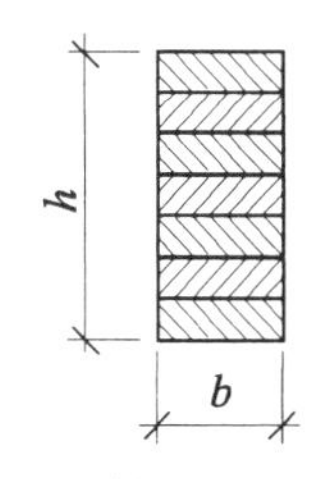

Bild 3.5 Querschnitt

Tabelle 3.19 Standardquerschnitte in Sichtqualität und Festigkeitsklasse GL 24

Höhe h in mm	Breite b in mm						
	60	80	100	120	140	160	180
100		■					
120	■	■	■	■			
140					■		
160	■	■	■	■	■	■	
200		■	■	■	■	■	■
240				■	■	■	
280				■	■	■	
320				■	■	■	■
360					■	■	■
400						■	■

Maximale Lamellendicke:	45 mm	in NKL 1 und 2
	35 mm	in NKL 3
Biegeradius gekrümmter Bauteile:	$R \geq 230 \cdot t$	in NKL 1 und 2
	$R \geq 205 \cdot t$	in NKL 3

Biegeradien bis zu 150 t sind zulässig, wenn die Lamellendicke t der Bedingung $t \leq 13 + 0{,}4 \cdot (R/t - 150)$ mit Biegeradius R und Lamellendicke t in mm entspricht.

Holzfeuchte ≤ 15 %

Charakteristische Rohdichte

Tabelle 3.20 Rechenwerte für die charakteristischen Rohdichtekennwerte ρ_k in kg/m³ für BSH

	Festigkeitsklasse							
	GL 24h	GL 24c	GL 28h	GL 28c	GL 32h	GL 32c	GL 36h	GL 36c
ρ_k	380	350	410	380	430	410	450	430

Steifigkeitskennwerte

Tabelle 3.21 Rechenwerte für die charakteristischen Steifigkeitskennwerte in N/mm² für BSH

Modul	Festigkeitsklasse							
	GL 24h	GL 24c	GL 28h	GL 28c	GL 32h	GL 32c	GL 36h	GL 36c
$E_{0,mean}$	11 600	11 600	12 600	12 600	13 700	13 700	14 700	14 700
$E_{90,mean}$	390	320	420	390	460	420	490	460
G_{mean}	720	590	780	720	850	780	910	850

Für die charakteristischen Steifigkeitskennwerte $E_{0,05}$, $E_{90,05}$ und G_{05} gelten die Rechenwerte:

$E_{0,05} = 5/6 \cdot E_{0,mean}$ $\quad E_{90,05} = 5/6 \cdot E_{90,mean}$ $\quad G_{05} = 5/6 \cdot G_{mean}$

Der Schubmodul bei Rollschubbeanspruchung darf mit $0{,}1 \cdot G_{mean}$ angenommen werden.

Bemessungswerte der Festigkeiten im Standardfall

Tabelle 3.22 Bemessungswerte der Festigkeiten in N/mm² für BSH im Standardfall

Bean-spru-chung[1)]	Festigkeitsklasse							
	GL 24h	GL 24c	GL 28h	GL 28c	GL 32h	GL 32c	GL 36h	GL 36c
$f_{m,d}$	14,8	14,8	17,2	17,2	19,7	19,7	22,2	22,2
$f_{t,0,d}$	10,2	8,62	12,0	10,2	13,8	12,0	16,0	13,8
$f_{t,90,d}$	0,308							
$f_{c,0,d}$	14,8	12,9	16,3	14,8	17,8	16,3	19,1	17,8
$f_{c,90,d}$	1,66	1,48	1,85	1,66	2,03	1,85	2,22	2,03
$f_{v,d}$	1,54[2)]							
$f_{R,d}$	0,615							

Bei Flachkant-Biegebeanspruchung der Lamellen von BSH-Trägern mit $h \leq 600$ mm darf $f_{m,d}$ mit dem Beiwert $k_h = (600/h)^{0,14} \leq 1,1$ multipliziert werden, mit h in mm.
Bei Hochkant-Biegebeanspruchung der Lamellen von homogenem BSH aus mindestens vier nebeneinander liegenden Lamellen darf $f_{m,d}$ mit dem Systembeiwert $k_\ell = 1,2$ multipliziert werden.

1) Art der Beanspruchung siehe Tafel für VH.

2) Der Bemessungswert für die Beanspruchungsart Schub und Torsion von BSH basiert auf dem gegenüber dem Weißdruck der DIN 1052 vom August 2004 geändertem Festigkeitskennwert von $f_{v,k} = 2,5$ N/mm².

3.3 Holzwerkstoffe

3.3.1 Allgemeines

Regeln für Eignung und Anwendung

Die in Abschnitt 3.3 zusammengefassten Holzwerkstoffe für tragende und aussteifende Zwecke müssen einer

- Norm
    - o bauaufsichtlich eingeführte nationale Norm (DIN)
    - o mandatierte europäische Norm (EN)
- deutschen allgemeinen bauaufsichtlichen Zulassung (BZ)
- europäischen Zulassung
- Zustimmung im Einzelfall

entsprechen.

Der DIN 68 800-2 können Angaben zu den Anwendungsbereichen genormter HW entnommen werden. Für HW nach BZ sind Angaben zu den Anwendungsbereichen in der entsprechenden BZ zu finden. Für die Zuordnung zu Anwendungsbereichen und den dabei maximal auftretenden Plattenfeuchten ω_{max} werden drei Holzwerkstoffklassen unterschieden:

- Holzwerkstoffklasse 20 ($\omega_{max} = 15$ %)
- Holzwerkstoffklasse 100 ($\omega_{max} = 18$ %, bei FP: 12 %)
- Holzwerkstoffklasse 100G ($\omega_{max} = 21$ %)

HW der Holzwerkstoffklasse 100G enthalten ein Holzschutzmittel gegen Holz zerstörende Pilze. Bei Sperrholz kann die Klasse 100G erreicht werden, indem Furniere aus Holzarten mindestens der Resistenzklasse 2 verwendet werden.

Beanspruchungsarten

In DIN 1052 werden Bemessungsregeln für die Holzwerkstoffe (HW) Furnierschichtholz (FSH), Brettsperrholz (BSPH), Sperrholz (SPH), Oriented Strand Board (OSB), Kunstharz gebundene und Zement gebundene Spanplatten, Faserplatten und Gipskartonplatten angegeben. Bei HW-Platten ist zwischen der Beanspruchung als Platte (Plattenbeanspruchung) und der Beanspruchung als Scheibe (Scheibenbeanspruchung) zu unterscheiden.

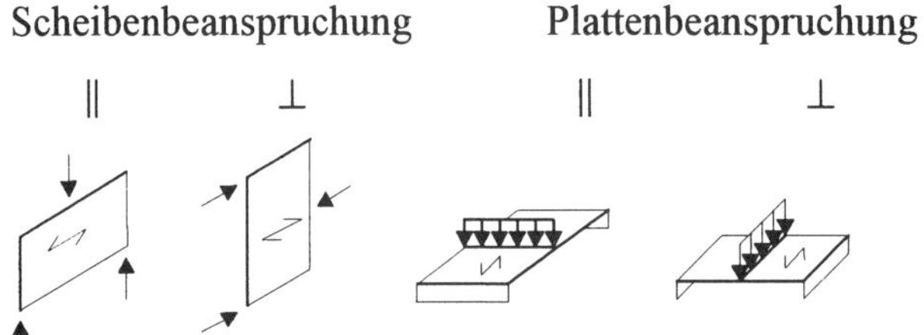

|| parallel zur Faser- bzw. Spanrichtung in der Deckschicht

⊥ rechtwinklig zur Faser- bzw. Spanrichtung in der Deckschicht

Bild 3.6 Beanspruchungsarten

Eigenlasten

Die charakteristischen Eigenlasten von Bauteilen aus Holzwerkstoffen werden aus den Wichten nach Tabelle 3.23 und dem Bauteilvolumen ermittelt.

Tabelle 3.23 Wichten in kN/m³ für HW

HW	BSPH	FSH	SPH mit $\rho_k < 600$ kg/m³	SPH mit $\rho_k \geq 600$ kg/m³
g_k	5,0	5,5	6,0	8,0
HW	OSB	Spanplatte	Harte Faserplatte	Mittelharte Faserplatte
g_k	6,0	6,0	10,0	7,0

Schwind- und Quellmaße

Tabelle 3.24 Rechenwerte der Schwind- und Quellmaße in Plattenebene in %/% Holzfeuchteänderung für HW

Holzwerkstoff		Holzwerkstoff	
FSH ohne Querfurniere		Sperrholz, Brettsperrholz	0,02
‖ zur Faserrichtung der Deckfurniere	0,01	Kunstharzgebundene SP	0,035
⊥ zur Faserrichtung der Deckfurniere	0,32	Faserplatten	0,035
FSH mit Querfurnieren		Zementgebundene SP	0,03
‖ zur Faserrichtung der Deckfurniere	0,01	OSB-Platten (Typ OSB/2, OSB/3)	0,03
⊥ zur Faserrichtung der Deckfurniere	0,03	OSB-Platten (Typ OSB/4)	0,015

3.3.2 Brettsperrholz (BSPH)

BSPH ist in allgemeinen bauaufsichtlichen Zulassungen geregelt. Die Bauteile erfüllen gleichzeitig tragende und Raum abschließende Funktionen und bestehen aus mindestens drei rechtwinklig miteinander verklebten Brettlagen aus NH. BSPH muss symmetrisch zur Mittellage aufgebaut sein. Bezüglich des Plattenaufbaus und der Maße sind zu unterscheiden:

- Massivholz-Bauteile aus kreuzweise verklebten Brettlagen (siehe Bild 3.6) z. B. Lenoplan nach Zulassung Z-9.1-501 mit Breiten bis zu 4,8 m, Längen bis zu 30 m und Dicken bis zu 300 mm.
- Drei- und Fünfschichtplatten mit Plattendicken bis zu 80 mm.

Bild 3.7 Querschnitt BSPH

Im Gegensatz zum Sperrholz mit Schichten (Furnieren) von etwa 3 bis 4 mm Dicke spielt die Schubweichheit des Materials von Brettsperrholz eine nicht mehr zu vernachlässigende Rolle. Dies kann an den geringen Werten der Rollschubfestigkeit f_R und dem Rollschubmodul G_R abgelesen werden. Die auf den Vollquerschnitt bezogenen Festigkeits- und Steifigkeitskennwerte von Platten aus BSPH, die den BZ zu entnehmen sind, beinhalten den Einfluss der Schubweichheit. Eine genauere Spannungsermittlung für BSPH-Querschnitte kann nach dem Verfahren der Schubanalogie nach Anhang D.2 der DIN 1052, „Flächen aus zusammengeklebten Schichten“ vorgenommen werden.

3.3.3 Furnierschichtholz (FSH)

Furnierblätter aus NH mit Faserrichtung parallel zur Plattenlängsrichtung werden zu Furnierschichtholz (Laminated Veneer Lumber (LVL)) miteinander verklebt. Nur bei FSH Kerto-Q verlaufen ca. 20 % der Furniere quer zur Plattenlängsrichtung, weshalb es auch für Flächentragwerke geeignet ist. FSH ist wie BSH zu verwenden, sofern in der BZ keine abweichenden Festlegungen enthalten sind.

Bezeichnung:

< Produkt > < Zulassungs-Nr. > < FSH-Art > < Dicke in mm >, < Länge × Breite in mm >

z. B.: FSH Kerto, Z-9.1-100, Kerto S, 63 mm, 8000 × 400 mm

z. B.: FSH SVL, Z-9.1-539, SVL™, 100 mm, 4000 × 50 mm

3.3.4 Sperrholz (SPH)

Die Eigenschaften von Sperrholz zur Verwendung im Bauwesen sind in DIN EN 13 986 bzw. DIN EN 636 festgelegt oder in einer BZ geregelt. Man unterscheidet die Technischen Klassen

- trocken
- feucht
- außen

und außerdem

- die Biegefestigkeitsklassen F sowie
- die Biege-E-Modul-Klassen E.

SPH muss symmetrisch zur Mittelebene aus Furnieren aufgebaut sein, wobei die Faserrichtung benachbarter Furnierlagen rechtwinklig zueinander verlaufen. Eine Furnierlage darf aus mehreren Furnieren bestehen. Dreilagiges Sperrholz darf nur für aussteifende Zwecke oder als mittragende Beplankung von Wandscheiben für Holzhäuser in Tafelbauart verwendet werden.

Bezeichnung:

< Sperrholz > < Technische Klasse > < DIN EN 636 bzw. Zulassungs-Nr. > < Biegefestigkeitsklasse / Biege-E-Modul-Klasse > < Dicke in mm >< Länge × Breite in mm>

z. B.: Sperrholz, außen, DIN EN 636, F 40/40, E 60/40, 30 mm, 2200×1830 mm

Tabelle 3.25 Rechenwerte für die charakteristischen Steifigkeitskennwerte in N/mm² für Sperrholz der Biege-E-Modul-Klasse E 55/15, Rohdichte $\rho_k \geq 400$ kg/m³

	Plattenbeanspruchung		Scheibenbeanspruchung	
	‖ zur Faserrichtung der Deckfurniere	⊥ zur Faserrichtung der Deckfurniere	‖ zur Faserrichtung der Deckfurniere	⊥ zur Faserrichtung der Deckfurniere
E_{mean}	5500 (8000) [1)]	1500 (400) [1)]	4500	2500 (1000) [1)]
G_{mean}	250		500	

Für die charakteristischen Steifigkeitskennwerte E_{05} und G_{05} gelten die Rechenwerte:
$E_{05} = 0{,}8 \cdot E_{mean}$ $G_{05} = 0{,}8 \cdot G_{mean}$ [1)] Siehe Fußnote in Tabelle 3.26.

Tabelle 3.26 Bemessungswerte der Festigkeiten in N/mm² für Sperrholz der Biegefestigkeitsklasse F 25/10, Rohdichte $\rho_k \geq 400$ kg/m³, im Standardfall

Beanspruchung	Plattenbeanspruchung		Scheibenbeanspruchung	
	‖ zur Faserrichtung der Deckfurniere	⊥ zur Faserrichtung der Deckfurniere	‖ zur Faserrichtung der Deckfurniere	⊥ zur Faserrichtung der Deckfurniere
Biegung $f_{m,d}$	15,4	6,15	13,5	8,62
Zug $f_{t,d}$ / Druck $f_{c,d}$			11,1	5,54
Druck $f_{c,90,d}$	4,00			
Schub $f_{v,d}$	0,677	0,400	4,92 (3,08)[1)]	

[1)] Klammerwert gilt für Sperrholz mit nur drei Lagen.

Tabelle 3.27 Rechenwerte für die charakter. Steifigkeitskennwerte in N/mm² für Sperrholz der Biege-E-Modul-Klassen E 60/40, E 70/25 und E 90/10, $\rho_k \geq 600$ kg/m³

Klasse	E 60/40		E 70/25		E 90/10	
	parallel[*)]	rechtwinklig[*)]	parallel[*)]	rechtwinklig[*)]	parallel[*)]	rechtwinklig[*)]
Plattenbeanspruchung						
E_{mean}	6000	4000	7000	2500	9000	1000
G_{mean}	200					
Scheibenbeanspruchung						
E_{mean}	4400	4700	5500	3650	5500	3700
G_{mean}	700					

Für die charakteristischen Steifigkeitskennwerte E_{05} und G_{05} gelten die Rechenwerte:
$E_{05} = 0{,}8 \cdot E_{mean}$ $G_{05} = 0{,}8 \cdot G_{mean}$ [*)] Zur Faserrichtung der Deckfurniere.

Tabelle 3.28 Bemessungswerte der Festigkeiten in N/mm² für Sperrholz der Biegefestigkeitsklassen F 40/40, F 50/25 und F 60/10, Rohdichte $\rho_k \geq 600$ kg/m³, im Standardfall

Klasse	F 40/40		F 50/25		F 60/10	
Beanspruchung	parallel[1]	rechtwinklig[1]	parallel[1]	rechtwinklig[1]	parallel[1]	rechtwinklig[1]
Plattenbeanspruchung						
Biegung $f_{m,d}$	24,6	24,6	30,8	15,4	36,9	6,15
Druck $f_{c,90,d}$	6,15					
Schub $f_{v,d}$	1,54					
Scheibenbeanspruchung						
Biegung $f_{m,d}$	17,8	19,1	22,2	14,8	22,2	14,8
Zug $f_{t,d}$	17,8	19,1	22,2	14,8	22,2	14,8
Druck $f_{c,d}$	12,9	13,5	22,2	10,5	16,0	11,1
Schub $f_{v,d}$	6,77 (4,92) [2]					

[1] Zur Faserrichtung der Deckfurniere.
[2] Klammerwert gilt für Furniersperrholz mit nur drei Lagen.

3.3.5 OSB-Platten (OSB)

OSB-Platten (oriented strand boards) bestehen aus „strands“, das sind etwa 75 mm lange, ca. 35 mm breite und 0,6 mm dicke Holzspäne. Die Holzspäne sind in den Deckschichten in Plattenlängsrichtung orientiert und in der Mittelschicht meistens quer zur Plattenlängsrichtung ausgerichtet. Es werden vier **Plattentypen** unterschieden, von denen drei für tragende Zwecke verwendet werden dürfen:

- Plattentyp OSB/2 zur Verwendung im Trockenbereich (NKL 1)
- Plattentyp OSB/3 zur Verwendung im Trocken- und Feuchtbereich (NKL 1 und 2)
- Plattentyp OSB/4 zur Verwendung im Trocken- und Feuchtbereich (NKL 1 und 2).

Die **Mindestdicken** betragen:

- 8 mm für tragende Platten
- 6 mm für aussteifende Platten.

Charakteristische Rohdichte

$\rho_k = 550$ kg/m³

Tabelle 3.29 Rechenwerte für die charakteristischen Steifigkeitskennwerte in N/mm² für OSB-Platten der technischen Klassen OSB/2[1], OSB/3 und OSB/4

	OSB/2[1], OSB/3		OSB/4	
Beanspruchung	parallel[2]	rechtwinklig[2]	parallel[2]	rechtwinklig[2]
Plattenbeanspruchung				
E-Modul E_{mean}	4930	1980	6780	2680
G-Modul G_{mean}	50		60	
Scheibenbeanspruchung				
E-Modul E_{mean}	3800	3000	4300	3200
G-Modul G_{mean}	1080		1090	

Für die charakteristischen Steifigkeitskennwerte E_{05} und G_{05} gelten die Rechenwerte:

$E_{05} = 0{,}85 \cdot E_{mean}$ $\quad G_{05} = 0{,}85 \cdot G_{mean}$

[1] Platten des Typs OSB/2 dürfen nur in NKL 1 verwendet werden.

[2] Zur Spanrichtung der Deckschicht.

Tabelle 3.30 Bemessungswerte der Festigkeiten in N/mm² für OSB-Platten der technischen Klassen OSB/2[1] und OSB/3, Rohdichte ρ_k mindestens 550 kg/m³, im Standardfall

Beanspruchung	parallel[2]			rechtwinklig[2]		
Nenndicke der Platten in mm	> 6 bis 10	> 10 bis 18	> 18 bis 25	> 6 bis 10	> 10 bis 18	> 18 bis 25
Plattenbeanspruchung						
Biegung $f_{m,d}$	9,69	8,83	7,97	4,85	4,42	3,98
Druck $f_{c,90,d}$	5,38	5,38	5,38	5,38	5,38	5,38
Schub $f_{v,d}$	0,538	0,538	0,538	0,538	0,538	0,538
Scheibenbeanspruchung						
Biegung $f_{m,d}$	5,33	5,06	4,85	3,88	3,77	3,66
Zug $f_{t,d}$	5,33	5,06	4,85	3,88	3,77	3,66
Druck $f_{c,d}$	8,56	8,29	7,97	6,95	6,84	6,68
Schub $f_{v,d}$	3,66	3,66	3,66	3,66	3,66	3,66

[1] Platten des Typs OSB/2 dürfen nur in NKL 1 verwendet werden.

[2] Zur Spanrichtung der Deckschicht.

Tabelle 3.31 Bemessungswerte der Festigkeiten in N/mm² für OSB-Platten der technischen Klasse OSB/4, Rohdichte ρ_k mindestens 550 kg/m³, im Standardfall

Beanspruchung	parallel[1]			rechtwinklig[1]		
Nenndicke der Platten in mm	> 6 bis 10	> 10 bis 18	> 18 bis 25	> 6 bis 10	> 10 bis 18	> 18 bis 25
Plattenbeanspruchung						
Biegung $f_{m,d}$	13,2	12,4	11,3	7,00	6,57	6,14
Druck $f_{c,90,d}$	5,38	5,38	5,38	5,38	5,38	5,38
Schub $f_{v,d}$	0,592	0,592	0,592	0,592	0,592	0,592
Scheibenbeanspruchung						
Biegung $f_{m,d}$	6,41	6,14	5,87	4,58	4,42	4,31
Zug $f_{t,d}$	6,41	6,14	5,87	4,58	4,42	4,31
Druck $f_{c,d}$	9,75	9,48	9,15	7,70	7,54	7,38
Schub $f_{v,d}$	3,72	3,72	3,72	3,72	3,72	3,72

[1] Zur Spanrichtung der Deckschicht.

3.3.6 Kunstharzgebundene Spanplatten

Kunstharzgebundene Spanplatten, die bisher als Flachpressplatten bezeichnet worden sind, bestehen aus kleinen Holzspänen und Klebstoff. Die Späne liegen vorzugsweise parallel zur Plattenebene. Durch die Herstellung ergibt sich überwiegend ein mehrschichtiger Aufbau über die Dicke der Platte. Die Mittelschicht hat gegenüber den Deckschichten eine geringere Rohdichte. Mit zunehmender Plattendicke nimmt auch die Mittelschicht zu, wodurch sich die Abhängigkeit der Platteneigenschaften von der Plattendicke erklärt.

Es wird in sieben **Plattentypen** unterschieden, von denen die technischen Klassen P4 bis P7 für tragende Zwecke im Bauwesen verwendet werden dürfen:

- P4 und P6 zur Verwendung im Trockenbereich (NKL 1)
- P5 und P7 zur Verwendung im Trocken- und Feuchtbereich (NKL 1 und 2).

Die **Mindestdicken** betragen:

- 8 mm für tragende Platten
- 6 mm für aussteifende Platten.

Charakteristische Rohdichte

Tabelle 3.32 Rechenwerte für die charakteristische Rohdichte in kg/m³ für kunstharzgebundene Spanplatten

Nenndicke in mm	> 6 bis 13	> 13 bis 20	>20 bis 25	> 25 bis 32	> 32 bis 40	>40 bis 50
ρ_k	650	600	550		500	

Charakteristische Steifigkeitskennwerte

Tabelle 3.33 Rechenwerte für die charakteristischen Steifigkeitskennwerte in N/mm² für kunstharzgebundene Spanplatten

Nenndicke in mm	> 6 bis 13	> 13 bis 20	>20 bis 25	> 25 bis 32	> 32 bis 40	>40 bis 50
Plattenbeanspruchung						
Klasse P4						
E-Modul E_{mean}	3200	2900	2700	2400	2100	1800
G-Modul G_{mean}	200			100		
Klasse P5						
E-Modul E_{mean}	3500	3300	3000	2600	2400	2100
G-Modul G_{mean}	200			100		
Klasse P6						
E-Modul E_{mean}	4400	4100	3500	3300	3100	2800
G-Modul G_{mean}	200			100		
Klasse P7						
E-Modul E_{mean}	4600	4200	4000	3900	3500	3200
G-Modul G_{mean}	200			100		
Scheibenbeanspruchung						
Klasse P4						
E-Modul E_{mean}	1800	1700	1600	1400	1200	1100
G-Modul G_{mean}	860	830	770	680	600	550
Klasse P5						
E-Modul E_{mean}	2000	1900	1800	1500	1400	1300
G-Modul G_{mean}	960	930	860	750	690	660

Tabelle 3.33 Rechenwerte für die charakteristischen Steifigkeitskennwerte in N/mm² für kunstharzgebundene Spanplatten (Fortsetzung)

Nenndicke in mm	> 6 bis 13	> 13 bis 20	>20 bis 25	> 25 bis 32	> 32 bis 40	>40 bis 50
Scheibenbeanspruchung						
Klasse P6						
E-Modul E_{mean}	2500	2400	2100	1900	1800	1700
G-Modul G_{mean}	1200	1150	1050	950	900	880
Klasse P7						
E-Modul E_{mean}	2600	2500	2400	2300	2100	2000
G-Modul G_{mean}	1250	1200	1150	1100	1050	1000
Für die charakteristischen Steifigkeitskennwerte E_{05} und G_{05} gelten die Rechenwerte: $E_{05} = 0{,}8 \cdot E_{mean}$ $G_{05} = 0{,}8 \cdot G_{mean}$						

Bemessungswerte der Festigkeiten

Tabelle 3.34 Bemessungswerte der Festigkeiten in N/mm² für kunstharzgebundene Spanplatten im Standardfall

Nenndicke in mm	> 6 bis 13	> 13 bis 20	>20 bis 25	> 25 bis 32	> 32 bis 40	>40 bis 50
Plattenbeanspruchung						
Klasse P4						
Biegung	7,10	6,25	5,40	4,60	3,75	2,90
Druck ⊥ Platte	5,00	5,00	5,00	4,00	3,00	3,00
Schub	0,90	0,80	0,70	0,60	0,55	0,50
Klasse P5						
Biegung	7,50	6,65	5,85	5,00	4,15	3,75
Druck ⊥ Platte	5,00	5,00	5,00	4,00	3,00	3,00
Schub	0,95	0,85	0,75	0,65	0,60	0,50
Klasse P6						
Biegung	8,25	7,50	6,65	6,25	5,85	5,00
Druck ⊥ Platte	5,00	5,00	5,00	4,00	3,00	3,00
Schub	0,95	0,85	0,85	0,85	0,85	0,85

Tabelle 3.34 Bemessungswerte der Festigkeiten in N/mm² für kunstharzgebundene Spanplatten im Standardfall (Fortsetzung)

Nenndicke in mm	> 6 bis 13	> 13 bis 20	>20 bis 25	> 25 bis 32	> 32 bis 40	>40 bis 50
Plattenbeanspruchung						
Klasse P7						
Biegung	9,15	8,35	7,70	7,10	6,65	6,25
Druck $\perp$ Platte	5,00	5,00	5,00	4,00	3,00	3,00
Schub	1,20	1,10	1,00	0,95	0,95	0,90
Scheibenbeanspruchung						
Klasse P4						
Biegung, Zug	4,45	3,95	3,45	3,05	2,50	2,20
Druck	6,00	5,55	4,80	4,50	3,80	3,05
Schub	3,30	3,05	2,75	2,40	2,20	2,10
Klasse P5						
Biegung, Zug	4,70	4,25	3,70	3,30	2,80	2,80
Druck	6,35	5,90	5,15	4,90	4,25	3,90
Schub	3,50	3,25	2,95	2,60	2,40	2,20
Klasse P6						
Biegung, Zug	5,25	4,75	4,25	4,15	3,90	3,75
Druck	7,05	6,65	6,40	6,10	5,95	5,20
Schub	3,90	3,65	3,40	3,25	3,00	2,75
Klasse P7						
Biegung, Zug	5,75	5,30	4,90	4,70	4,50	4,00
Druck	7,75	7,35	6,85	6,75	6,60	6,50
Schub	4,30	4,05	3,95	3,70	3,60	3,50

3.3.7 Zementgebundene Spanplatten

Die zementgebundenen Spanplatten bestehen aus kleinen Teilen aus Holz oder anderen Teilchen pflanzlichen Ursprungs. Als Bindemittel dient Portlandzement. Die Platten dürfen im Trockenbereich (NKL 1), Feuchtbereich (NKL 2) und Außenbereich (NKL 3) verwendet werden. Es gibt zwei Klassen von zementgebundenen Spanplatten, die sich im Biege-E-Modul unterscheiden.

Die **Mindestdicke** beträgt für tragende und aussteifende Platten 8 mm.

Charakteristische Rohdichte $\rho_k = 1000\ kg/m^3$

Charakteristische Steifigkeitskennwerte

Tabelle 3.35 Rechenwerte für die charakteristischen Steifigkeitskennwerte in N/mm² für zementgebundene Spanplatten der technischen Klassen 1 und 2, Nenndicke 8 bis 30 mm

Beanspruchung	Plattenbeanspruchung	Scheibenbeanspruchung
E-Modul E_{mean}	4500	4500
G-Modul G_{mean}		1500
Für die charakteristischen Steifigkeitskennwerte E_{05} und G_{05} gelten die Rechenwerte: $E_{05} = 0{,}8 \cdot E_{mean}$ $G_{05} = 0{,}8 \cdot G_{mean}$		

Bemessungswerte der Festigkeitskennwerte

Tabelle 3.36 Bemessungswerte der Festigkeiten in N/mm² für zementgebundene Spanplatten der technischen Klassen 1 und 2, Nenndicke 8 bis 30 mm im Standardfall

Beanspruchung	Plattenbeanspruchung	Scheibenbeanspruchung
Biegung	4,50	4,00
Zug		1,25
Druck		5,75
Schub	1,00	3,25
Druck ⊥ Platte	6,00	

3.3.8 Faserplatten

Bei den Faserplatten gibt es eine Vielzahl technischer Klassen, die auch als Platten-Typen bezeichnet werden. DIN 1052 enthält nur die technische Klasse HB.HLA2 der harten Faserplatten und die technische Klasse MBH.LA2 der mittelharten Faserplatten. Zum besseren Verständnis der ungewohnten Klassenbezeichnungen sind nachfolgend die verschiedenen Klassen für harte und mittelharte FP aufgelistet:

Harte Faserplatten:

Platten für

- allgemeine Zwecke zur Verwendung im Trockenbereich HB
- allgemeine Zwecke zur Verwendung im Feuchtbereich HB.H
- allgemeine Zwecke zur Verwendung im Außenbereich HB.E
- tragende Zwecke zur Verwendung im Trockenbereich HB.LA
- tragende Zwecke zur Verwendung im Feuchtbereich HB.HLA1

hochbelastbare Platten für

- tragende Zwecke zur Verwendung im Feuchtbereich HB.HLA2

Mittelharte Faserplatten:

Platten für

- allgemeine Zwecke zur Verwendung im Trockenbereich MBL u. MBH
- allgemeine Zwecke zur Verwendung im Feuchtbereich MBL.H u. MBH.H
- allgemeine Zwecke zur Verwendung im Außenbereich MBL.E u. MBH.E
- tragende Zwecke zur Verwendung im Trockenbereich MBH.LA1
- tragende Zwecke zur Verwendung im Feuchtbereich MBH.HLS1

hochbelastbare Platten für

- tragende Zwecke zur Verwendung im Trockenbereich MBH.LA2
- tragende Zwecke zur Verwendung im Feuchtbereich MBH.HLS2

Die **Mindestdicke** beträgt für tragende und aussteifende harte Faserplatten 4 mm und für tragende und aussteifende mittelharte Faserplatten 6 mm.

Charakteristische Rohdichte

Tabelle 3.37 Rechenwerte für die charakteristische Rohdichte in kg/m³ für Faserplatten

	Harte FP (Typ HB.HLA2)		Mittelharte FP (Typ MBH.LA2)	
Nenndicke in mm	> 3,5 bis 5,5	> 5,5	≤ 10	> 10
ρ_k	850	800	650	600

Charakteristische Steifigkeitskennwerte

Tabelle 3.38 Rechenwerte für die charakteristischen Steifigkeitskennwerte in N/mm² für Faserplatten

	Harte FP (Typ HB.HLA2)		Mittelharte FP (Typ MBH.LA2)	
Nenndicke in mm	> 3,5 bis 5,5	> 5,5	≤ 10	> 10
Plattenbeanspruchung				
E-Modul E_{mean}	4800	4600	3100	2900
G-Modul G_{mean}	200	200	100	100

Tabelle 3.38 Rechenwerte für die charakteristischen Steifigkeitskennwerte in N/mm² für Faserplatten (Fortsetzung)

	Harte FP (Typ HB.HLA2)		Mittelharte FP (Typ MBH.LA2)	
Nenndicke in mm	> 3,5 bis 5,5	> 5,5	≤ 10	> 10
Scheibenbeanspruchung				
E-Modul E_{mean}	4800	4600	3100	2900
G-Modul G_{mean}	2000	1900	1300	1200
Für die charakteristischen Steifigkeitskennwerte E_{05} und G_{05} gelten die Rechenwerte: $E_{05} = 0{,}8 \cdot E_{mean}$ $G_{05} = 0{,}8 \cdot G_{mean}$				

Bemessungswerte der Festigkeitskennwerte

Tabelle 3.39 Bemessungswerte der Festigkeiten in N/mm² für Faserplatten im Standardfall

	Harte FP (Typ HB.HLA2)		Mittelharte FP (Typ MBH.LA2)	
Nenndicke in mm	> 3,5 bis 5,5	> 5,5	≤ 10	> 10
Plattenbeanspruchung				
Biegung	17,5	16,0	7,85	6,92
Druck ⊥ Platte	6,00		3,69	
Schub	1,50	1,25	0,138	0,115
Scheibenbeanspruchung				
Biegung, Zug	13,0	11,5	4,15	3,69
Druck	13,5	12,0	4,15	3,69
Schub	9,00	8,00	2,54	2,08
Für die charakteristischen Steifigkeitskennwerte E_{05} und G_{05} gelten die Rechenwerte: $E_{05} = 0{,}8 \cdot E_{mean}$ $G_{05} = 0{,}8 \cdot G_{mean}$				

4 Dauerhaftigkeit

4.1 Allgemeines

Die dauerhafte Funktionstüchtigkeit, d. h. die Dauerhaftigkeit einer Holzkonstruktion, ist vorrangig durch vorbeugende bauliche Maßnahmen (siehe DIN 68 800-2) und erforderlichenfalls zusätzlich durch vorbeugenden chemischen Holzschutz (siehe DIN 68 800-3) sicher zu stellen. Ausführungen ohne chemischen Holzschutz sollen gegenüber jenen bevorzugt werden, bei denen ein vorbeugender chemischer Holzschutz erforderlich ist. Auf den vorbeugenden chemischen Holzschutz kann verzichtet werden, wenn eine Gefährdung der Holzteile durch Pilze und Insekten während der Nutzungsdauer ausreichend zuverlässig durch bauliche Maßnahmen ausgeschlossen ist. Als Nutzungsdauer können nach DIN EN 1991-1-1 bei Gebäuden 50 Jahre angesetzt werden.

Bei Transport im Regen und auch bei kurzzeitiger Lagerung im Freien sind Holz und HW durch eine Abdeckung vor Feuchtigkeit und intensiver Sonnenbestrahlung zu schützen. Holz und HW sind möglichst mit der Ausgleichsfeuchte nach Tabelle 3.3 einzubauen. Vereinfacht dürfen diese Ausgleichsfeuchten auch für Sperrholz und Spanplatten zugrunde gelegt werden. Bei Faserplatten liegen die Werte um etwa 3 % niedriger.

4.2 Gefährdungsklassen (GK)

Nach DIN 68 800-3 werden Holzbauteile entsprechend der Art der Gefährdung in die Gefährdungsklassen (GK) 0 bis 4 eingestuft. In GK 1 bis GK 4 ist chemischer Holzschutz nicht zwingend erforderlich, wenn Hölzer eingesetzt werden, die für die jeweilige Gefährdungsklasse ausreichend dauerhaft sind (siehe Abschnitt 4.3).

Tabelle 4.1 Holzbauteile, die durch Niederschläge, Spritzwasser oder Ähnlichem nicht beansprucht werden

Gefährdungsklasse	Beanspruchung	Anwendungsbereiche	Erforderliche Prüfprädikate der Holzschutzmittel[1)]
0	Innen verbautes Holz, ständig trocken	Wie Gefährdungsklasse 1 unter Berücksichtigung von [2)]	–
1[3)]	Innen verbautes Holz, ständig trocken	Innenbauteile bei einer mittleren rel. Luftfeuchte bis 70 % und gleichartig beanspruchte Bauteile	Iv
2	Holz, das weder dem Erdkontakt noch direkt der Witterung oder Auswaschung ausgesetzt ist, vorübergehende Befeuchtung ist möglich	Innenbauteile bei einer mittleren rel. Luftfeuchte über 70 % und gleichartig beanspruchte Bauteile. Innenbauteile in Nassbereichen, Holzteile Wasser abweisend abgedeckt. Außenbauteile ohne unmittelbare Wetterbeanspruchung.	Iv P

[1] Siehe Tabelle 4.3.
[2] Chemische Holzschutzmaßnahmen im Bereich der Gefährdungsklasse 1 sind nicht erforderlich, wenn Farbkernhölzer verwendet werden, die einen Splintholzanteil unter 10 % aufweisen oder Holz in Räumen mit üblichem Wohnklima oder vergleichbaren Räumen verbaut ist und a) gegen Insektenbefall allseitig durch eine geschlossene Bekleidung abgedeckt ist oder b) Holz zum Raum hin so offen angeordnet ist, dass es kontrollierbar bleibt.
[3] Holzfeuchte $\omega \leq 20$ % sichergestellt.

Tabelle 4.2 Holzbauteile, die durch Niederschläge, Spritzwasser oder Ähnliches beansprucht werden

Gefährdungsklasse	Beanspruchung	Anwendungsbereiche	Erforderliche Prüfprädikate der Holzschutzmittel[1]
3	Holz der Witterung oder Kondensation ausgesetzt, aber nicht in Erdkontakt	Außenbauteile mit Wetterbeanspruchung ohne ständigen Erd- und/oder Wasserkontakt. Innenbauteile in Nassräumen	Iv P W
4	Holz in dauerndem Erdkontakt oder ständiger starker Befeuchtung ausgesetzt[2]	Holzteile mit ständigem Erd- und/oder Süßwasserkontakt,[2] auch bei Ummantelung	Iv P W E

[1] Siehe Tabelle 4.3.
[2] Besondere Bedingungen gelten für Kühltürme sowie für Holz im Meerwasser.

Tabelle 4.3 Prüfprädikate für Holzschutzmittel

Prüfprädikat	Wirksamkeit	Für GK
Iv	gegen Insekten vorbeugend wirksam	1 bis 4
P	gegen Pilze vorbeugend wirksam	2 bis 4
W	auch für Holz, das der Witterung ausgesetzt ist, jedoch nicht im ständigen Erdkontakt und nicht im ständigen Kontakt mit Wasser	3 und 4
E	auch für Holz, das extremer Beanspruchung ausgesetzt ist (im ständigen Erdkontakt und/oder im ständigen Kontakt mit Wasser sowie bei Schmutzablagerungen in Rissen und Fugen)	4

Ergibt sich die Notwendigkeit des chemischen Holzschutzes, kommen wasserlösliche oder ölige Holzschutzmittel und Präparate für besondere Anwendungsgebiete zum Einsatz. Es sind nur Mittel zu verwenden, die vom Deutschen Institut für Bautechnik (DIBt) eine BZ sowie die ihren Eigenschaften entsprechenden amtlichen Prüfprädikate erhalten haben (siehe Tabelle 4.3). Diese Präparate sind im vom DIBt jährlich veröffentlichten Holzschutzmittelverzeichnis [7] zusammengestellt.
Für andere als in Tabellen 4.1 und 4.2 angeführte Anwendungsbereiche und im Falle von Abweichungen von den Tafeln ist ein besonderer Verwendbarkeitsnachweis zu führen (siehe [8]).

Natürliche Dauerhaftigkeit des Holzes
Das Kernholz der nach DIN 1052 verwendbaren Holzarten ist nach DIN 68 364 in Resistenzklassen (siehe Tabelle 3.5) und nach DIN EN 350-2 in Dauerhaftigkeitsklassen (siehe Tabelle 3.6) eingeteilt. Das Splintholz aller Holzarten ist den Klassen 4 und 5 zuzuordnen.

4.3 Vorbeugende bauliche Maßnahmen

Entwurf und konstruktive Durchbildung eines Bauwerks soll sicherstellen, dass Holzbauteile nicht hohen Feuchtigkeiten ausgesetzt werden, die zu dauerhaften Holzfeuchten von mehr als 20 % führen und damit eine Holzzerstörung durch Pilze ermöglichen. Konkret bedeutet das

- Hirnholzflächen abdecken
- Dachüberstände ausführen
- Bodenabstand von ca. 300 mm
- Abtropfkanten ausbilden
- Belüftung des Holzes
- Schnelle Wasserabführung

Eine sehr gute bauliche Maßnahme stellt die Verwendung von Holzarten mit für die bestehende GK ausreichend hoher natürlicher Dauerhaftigkeit (Resistenz) dar (siehe Tabelle 4.4).

Tabelle 4.4 Einsatz des Kernholzes von Holzarten mit ausreichend hoher Resistenz (Dauerhaftigkeit), statt der Verwendung von Holzschutzmitteln

Gefährdungsklasse	1	2	3	4
Resistenzklasse	3–4	3	2	1
Dauerhaftigkeitsklasse	3–4	3–4	2	1, 2 (Azobé)
Holzarten wie z. B.	Kiefer	Douglasie, Lärche	Eiche	Afzelia, Teak, Azobé

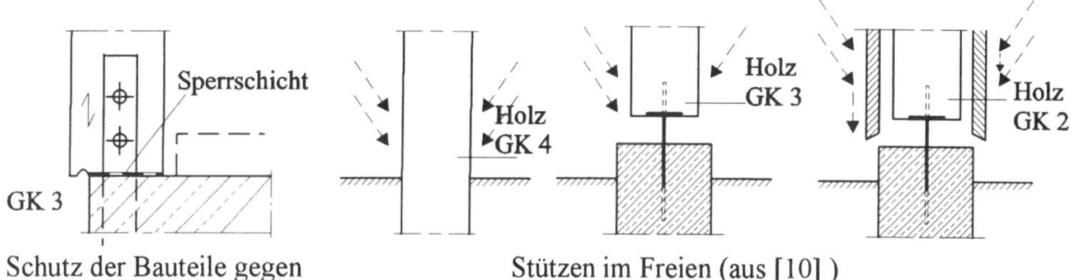

Schutz der Bauteile gegen aufsteigende Feuchte durch Sperrschichten

Stützen im Freien (aus [10])

Bild 4.1 Beispiele für die Zuordnung von Holzstützen im Freien zu GK

Weitere Beispiele können z. B. [9] bis [11] entnommen werden.

5 Brandschutz

5.1 Allgemeines

Baustoffe werden hinsichtlich ihres Brandverhaltens nach DIN 4102-1 in die Baustoffklassen A und B eingeteilt. Die Klasse A umfasst die nichtbrennbaren Baustoffe. Die brennbaren Baustoffe der Klasse B werden weiter unterteilt in

- B1 schwerentflammbar
- B2 normalentflammbar
- B3 leichtentflammbar

Holz und Holzwerkstoffe sind im Allgemeinen der Klasse B2 zuzuordnen.

Bauteile werden im Brandfall danach beurteilt, wie lange sie dem Feuer Widerstand leisten, d. h. wie lange ihre tragende bzw. raumabschließende Funktion im Brandfall erhalten bleibt. Die entscheidende brandschutztechnische Eigenschaft von Bauteilen ist die Feuerwiderstandsdauer. Entsprechend dieser Feuerwiderstandsdauer in Minuten wird das Bauteil einer Feuerwiderstandsklasse zugeordnet (siehe Tabelle 5.1). Durch geeignete Querschnittsformen oder Bekleidungen kann die Feuerwiderstandsdauer erhöht werden. Mit wachsendem Verhältnis Volumen/Oberfläche steigt der Widerstand gegen Feuer und liegt bei BSH höher als bei VH (Schwindrisse vergrößern die Oberfläche).

Anforderungen an die Feuerwiderstandsdauer in Abhängigkeit von Gebäudegröße, Geschosszahl und Nutzung sind den Landesbauordnungen zu entnehmen und bei Sonderfällen möglichst frühzeitig mit den zuständigen Behörden zu klären.

Tabelle 5.1 Beispiele für Feuerwiderstandsklassen von Holzbauteilen

Feuerwiderstandsklasse	Feuerwiderstandsdauer in min	Bauaufsichtlicher Begriff
F30-B	≥ 30	feuerhemmend
F60-B	≥ 60	hochfeuerhemmend
F90-B	≥ 90	feuerbeständig

Werden Holz und Holzwerkstoffe einem Vollbrand ausgesetzt, zeigen sie im Vergleich zu anderen Baustoffen ein sehr günstiges Verhalten, obwohl sie brennbar sind. Die Holzoberfläche entzündet sich und der Abbrand entwickelt sich von außen nach innen, wobei sich eine Holzkohleschicht bildet. Die Wärmeleitfähigkeit dieser Holzkohleschicht ist im Vergleich zu der des unveränderten Holzes deutlich geringer und verzögert den Abbrand des Restquerschnitts. Holzbauteile verlieren ihre Tragfähigkeit erst dann, wenn die Restquerschnittsfläche so klein geworden ist, dass die Spannungen infolge der wirkenden Schnittgrößen die Festigkeit des Holzes bei der momentanen Temperatur im Restquerschnitt erreichen.

DIN 1052 gilt nur für die Bemessung von Bauwerken bei normaler Temperatur (so genannte „kalte“ Bemessung). Im Brandfall ist der Nachweis auf der Grundlage der DIN 4102-4 in Verbindung mit DIN 4102-22 zu führen (so genannte „heiße“ Bemessung). Hinsichtlich der Holzbauteile enthält DIN 4102-22 Anpassungen für

- Feuerwiderstandsklassen von Wänden in Holztafelbauart
- Wände F 30-B aus Vollholzbalken
- Feuerwiderstandsklassen von Decken in Holztafelbauart
- Feuerwiderstandsklassen von Holzbalkendecken
- Feuerwiderstandsklassen von Dächern aus Holz und Holzwerkstoffen
- Feuerwiderstandsklassen von Holzbauteilen
- Feuerwiderstandsklassen von Verbindungen nach DIN 1052, Abschnitte 12, 13, 15.

5.2 Einwirkungen im Brandfall

An Stelle der Kombinationsregel für außergewöhnliche Bemessungssituationen nach DIN 1055-100 darf im Holzbau der Bemessungswert der Einwirkungen berechnet werden zu

$$E_{\mathrm{dA}} = \eta_{\mathrm{fi}} \cdot E_{\mathrm{d}} = 0{,}65 \cdot E_{\mathrm{d}}$$

mit

E_{dA}	Bemessungswert der Einwirkungen im Brandfall
E_{d}	Bemessungswert der Einwirkungen für ständige und vorübergehende Bemessungssituationen für den Nachweis des Grenzzustandes der Tragfähigkeit nach DIN 1055-100
η_{fi}	Faktor zur Berücksichtigung verminderter Sicherheitsbeiwerte im Brandfall

5.3 Feuerwiderstand unbekleideter Holzbauteile

Für die Berechnungsverfahren des Feuerwiderstandes unbekleideter Holzbauteile gilt:

- Unterscheidung in 3-seitige und 4-seitige Brandbeanspruchung
- Rechteckquerschnitt aus Holz mit der Festigkeitsklasse von mindestens C 24, D 30 oder GL 24c
- Kein Querzugspannungsnachweis für F 30-B erforderlich, wenn $b \geq 160$ mm und $h/b \geq 3$
- Berechnung wahlweise mit dem vereinfachten Verfahren mit ideellen Restquerschnitten oder mit dem genaueren Verfahren mit reduzierter Festigkeit und Steifigkeit.

Vereinfachtes Verfahren der Bemessung mit ideellen Restquerschnitten

Es wird angenommen, dass Festigkeits- und Steifigkeitseigenschaften durch den Brand nicht beeinflusst werden.

Ideeller Restquerschnitt

Der Verlust an Festigkeit und Steifigkeit unter Brandbeanspruchung wird durch Erhöhung der Abbrandtiefe um $d_0 = 7$ mm berücksichtigt:

$$d_{ef} = \beta_n \cdot t_f + d_0$$

mit d_{ef} ideelle Abbrandtiefe
β_n Abbrandrate in mm/min nach Tabelle 5.2
t_f geforderte Feuerwiderstandsdauer in min

Den ideellen Restquerschnitt erhält man, wenn der Ausgangsquerschnitt um die ideelle Abbrandtiefe reduziert wird (siehe Bild 5.1).

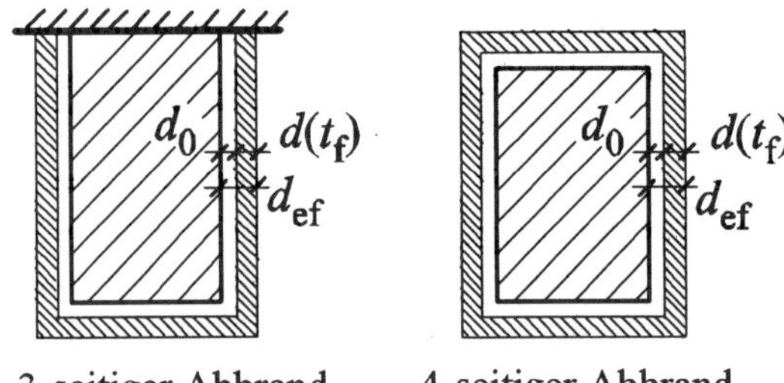

Bild 5.1 Rechteckquerschnitt bei Brandbeanspruchung

Tabelle 5.2 Abbrandraten β_n

Baustoff	β_n in mm/min
Vollholz aus NH mit $\rho_k \geq 290$ kg/m³ und einer Mindestabmessung von 35 mm	0,8
BSH aus NH mit $\rho_k \geq 290$ kg/m³	0,7
Vollholz aus LH mit $290 \leq \rho_k < 450$ kg/m³	0,7
Vollholz aus LH mit $\rho_k \geq 450$ kg/m³ und Eiche	0,5
Buche	wie NH
Furnierschichtholz	0,7
Brettsperrholz[1)]	0,9
Sperrholz[1)]	1,0
OSB-Platten[1)], Spanplatten[1)], Faserplatten[1)]	0,9

[1)] Die Werte beziehen sich auf eine charakteristische Rohdichte von 450 kg/m³ und eine Plattendicke t von 20 mm. Für andere Rohdichten und $t \geq 20$ mm ist die Abbrandrate $\beta_{n,\rho,t} = \beta_n \cdot k_\rho \cdot k_t$ mit

$k_\rho = \sqrt{450/\rho_k}$ ρ_k charakteristische Rohdichte in kg/m³

$k_t = \sqrt{20/t} \leq 1$ t Plattendicke in mm

Bemessungswerte der Festigkeit und Steifigkeit

Siehe genaueres Verfahren, jedoch mit $k_{mod,fi} = 1{,}0$.

Genaueres Verfahren der Bemessung mit reduzierter Festigkeit und Steifigkeit

Die Tragfähigkeit des Restquerschnitts wird unter Berücksichtigung der Abnahme der Festigkeiten und Steifigkeiten infolge Temperaturerhöhung ermittelt.

Restquerschnitt

Siehe vereinfachtes Verfahren, jedoch mit $d_0 = 0$

Bemessungswerte der Festigkeit und Steifigkeit

$$f_{d,fi} = k_{mod,fi} \cdot k_{fi} \cdot f_k / \gamma_{M,fi}$$

$$E_{d,fi} = k_{mod,fi} \cdot k_{fi} \cdot E_{0,05} / \gamma_{M,fi}$$

$$G_{d,fi} = k_{mod,fi} \cdot k_{fi} \cdot \frac{2}{3} \cdot G_{05} / \gamma_{M,fi} \quad \text{für VH}$$

$$G_{d,fi} = k_{mod,fi} \cdot k_{fi} \cdot G_{05} / \gamma_{M,fi} \quad \text{für BSH}$$

mit

- f_k charakteristischer Festigkeitskennwert bei Normaltemperatur
- $E_{0,05}$ charakteristischer E-Modul bei Normaltemperatur
- G_{05} charakteristischer G-Modul bei Normaltemperatur
- $\gamma_{M,fi}$ $= 1$
- $k_{mod,fi}$ Modifikationsbeiwert, der die Auswirkungen von Temperatur auf die Festigkeit und Steifigkeit berücksichtigt

  $k_{mod,fi} = 1 - \frac{1}{225} \cdot \frac{u_r}{A_r}$ für die Biegefestigkeit

  $k_{mod,fi} = 1 - \frac{1}{125} \cdot \frac{u_r}{A_r}$ für die Druckfestigkeit

  $k_{mod,fi} = 1 - \frac{1}{333} \cdot \frac{u_r}{A_r}$ für die Zugfestigkeit parallel zur Faser, den E-Modul und den G-Modul

  - u_r Restquerschnittsumfang der beflammten Seiten in m
  - A_r Restquerschnttsfläche in m^2
  - k_{fi} Beiwert zur Ermittlung des 20 %-Fraktilwertes der Festigkeit und Steifigkeit aus dem 5 %-Fraktilwert (siehe *Tabelle 5.3*)

Tabelle 5.3 Beiwert k_{fi}

Baustoff, Verbindung	k_{fi}
Vollholz	1,25
Brettschichtholz	1,15
Furnierschichtholz	1,1
Holzwerkstoffe	1,15
auf Abscheren beanspruchte Holz-Holz- bzw. HW-Holz-Verbindungen	1,15
auf Abscheren beanspruchte Stahl-Holz-Verbindungen	1,05
auf Herausziehen beanspruchte Verbindungen	1,05

Hinweise zum Stabilitätsnachweis

Wenn die Aussteifung während der maßgebenden Brandbeanspruchung versagt, ist der Nachweis wie für einen unausgesteiften Stab zu führen. Ist das Versagen der Aussteifung mit einem gleichzeitigen oder vorherigen Versagen der lasteinleitenden Konstruktion verbunden, kann ein Stabilitätsnachweis druck-oder biegebeanspruchter Bauteile entfallen. Es darf angenommen werden, dass die Aussteifung nicht versagt, wenn der verbleibende Restquerschnitt der Aussteifung 60 % der für die „kalte“ Bemessung erforderlichen Querschnittsfläche beträgt. Mechanische Verbindungsmittel müssen die Anforderungen nach Abschnitt 5.4 erfüllen.

5.4 Feuerwiderstand von Verbindungen

Hinsichtlich Verbindungen in Holzkonstruktionen enthält DIN 4102-22 Anpassungen der Regelungen in DIN 4102-4 für

- Allgemeine Regeln und Holzmaße
- Verbindungen mit Dübeln besonderer Bauart
- Stabdübel- und Passbolzenverbindungen
- Bolzenverbindungen
- Nagelverbindungen
- Versätze
- Nicht allgemein regelbare Verbindungen.

6 Konstruieren mit Holz und Holzwerkstoffen

6.1 Grundsätzliches

Konstruieren mit Holz und Holzwerkstoffen ist eine besondere Herausforderung für den planenden Ingenieur. Er muss sich mit dem Verhalten dieser Baustoffe intensiv auseinander setzen, um nicht Gefahr zu laufen, Bauschäden zu produzieren. Für den Ingenieur der mit Holzbau keine Erfahrung hat bedeutet dies, dass er Gegebenheiten beachten muss, die er von anderen Baustoffen nicht, oder nur in abgeschwächter Form, kennt. Dafür gibt es aber auch eine ganze Reihe von sehr „gutmütigen“ Eigenschaften des Holzes, mit denen er ebenfalls rechnen kann.

Problematische Eigenschaften:

- Schwinden und Quellen quer zur Faser infolge von Feuchteänderungen, wobei das Schwind- und Quellmaß der bei uns verwendeten Holzarten in tangentialer Richtung etwa doppelt so groß ist wie das in radialer Richtung
- extrem niedrige Festigkeit für Zug quer zur Faser
- Gefahr von Pilzbefall ab einer Holzfeuchte von ca. 20 %.

Zur Vertiefung der Kenntnisse darüber wird [12] empfohlen.

„Gutmütige“ Eigenschaften:

- nur marginale Längenänderungen infolge von Temperaturänderungen
- gute Wärmedämmeigenschaften
- sehr hohe Festigkeiten längs zur Faser
- geringes Eigengewicht.

Mit Kenntnis dieser Eigenschaften lassen sich grazile und dauerhafte Holzkonstruktionen errichten, für die es viele intakte Beispiele aus vergangenen Jahrhunderten gibt.

Vergleicht man die Holzkonstruktionen von Zweckbauten aus der ersten Hälfte des vorigen Jahrhunderts mit denen, die in neuerer Zeit entstanden sind, so muss man feststellen, dass aufgelöste, Material sparende Konstruktionen zugunsten von vollwandigen massigeren Konstruktionen gewichen sind. Dies hängt eindeutig mit dem Verhältnis von Lohnkosten zu Materialkosten zusammen. Während es früher kostengünstiger war, Material zu sparen, ist es heute die Einsparung von Lohnkosten, die zu kostengünstigeren Lösungen führt. Leider sind die Tragstrukturen dadurch „ärmer“ geworden, fantasievolle Lösungen dadurch weniger gefragt.

Gelegenheiten für den Ingenieur, sich „auszutoben“ bieten jedoch repräsentative Bauten, bei denen immer mehr den Holzkonstruktionen der Vorzug gegeben wird.

Die folgenden Abschnitte sind nach der Einteilung in Leistungsphasen nach [13], Honorarordnung für Architekten und Ingenieure (HOAI), gegliedert. Die HOAI ist in der Regel Grundlage für Verträge zwischen Bauherren und Planern. Sie regelt u. a. sehr detailliert die berechtigten Ansprüche des Bauherren auf Leistungen des Planers.

Damit der Planungs- und Fertigungsablauf reibungslos möglich ist, muss der Informationsfluss während aller Leistungsphasen gut abgestimmt werden.

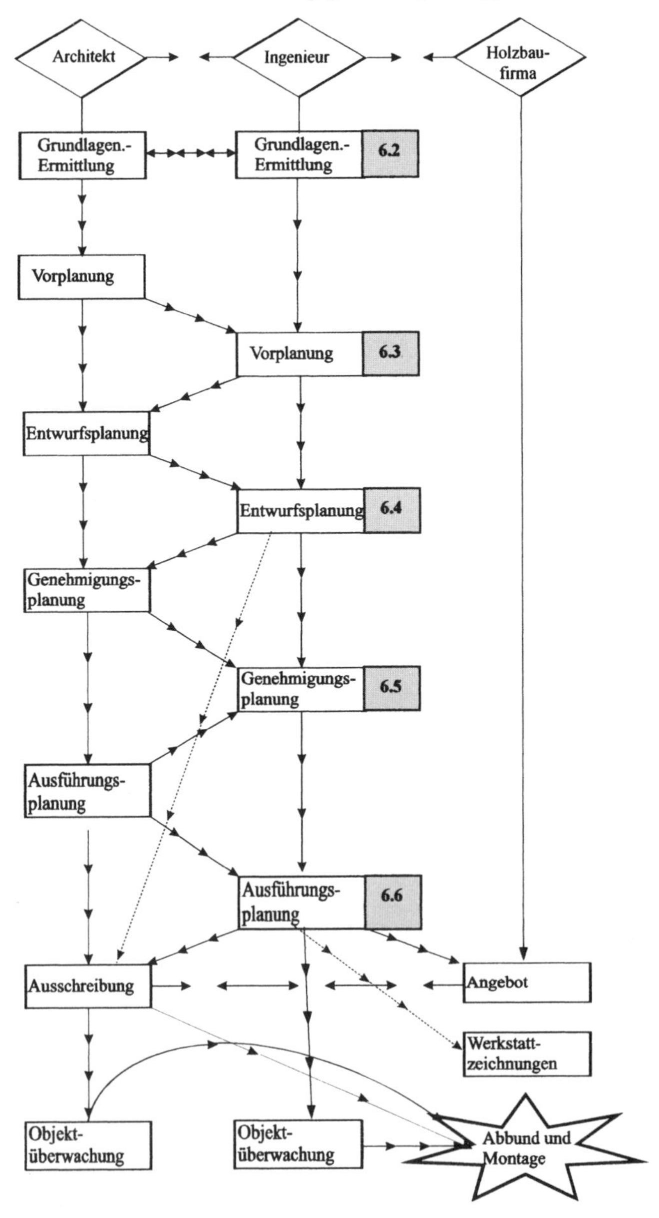

Bild 6.1 „Zusammenspiel" der wichtigsten Beteiligten bei Planung und Ausführung

6.2 Grundlagenermittlung

Auszug aus [13], §64 (3)

Klären der Aufgabenstellung auf dem Fachgebiet Tragwerksplanung im Benehmen mit dem Objektplaner...

In dieser Leistungsphase sind alle Randbedingungen zur Tragwerksplanung, die von außen kommen, zu klären und andere mit den übrigen am Bau Beteiligten festzulegen.

Checkliste Grundlagenermittlung:

- Bestehen Einschränkungen aus dem Bebauungsplan?
- Gibt es Gründungshindernisse? (z.B. Rohre, Leitungen)?
- Ist ein Bodengutachten erforderlich?
- Sind nach der Landesbauordnung (LBO) oder den zugehörigen Ausführungsverordnungen (AVO) Brandschutzanforderungen zu erfüllen?
- Welche Anforderungen an den Schallschutz sind zu erfüllen?
- Welche Anforderungen an den Wärmeschutz sind zu erfüllen?
- Ist eine bautechnische Prüfung erforderlich oder genügt eine bautechnische Bestätigung?
- Ist die Tragwerksplanung im vorgesehenen Zeitrahmen zu bewältigen?

6.3 Vorplanung

6.3.1 Allgemeines

Auszug aus [13], § 64 (3)

...Beraten in statisch-konstruktiver Hinsicht unter Berücksichtigung der Belange der Standsicherheit, der Gebrauchsfähigkeit und der Wirtschaftlichkeit.

Mitwirken bei dem Erarbeiten eines Planungskonzepts einschließlich Untersuchung der Lösungsmöglichkeiten des Tragwerks unter gleichen Objektbedingungen mit skizzenhafter Darstellung, Klärung und Angabe der für das Tragwerk wesentlichen konstruktiven Festlegungen für zum Beispiel Baustoffe, Bauarten und Herstellungsverfahren, Konstruktionsraster und Gründungsart...

Diese Leistungsphase ist für die Entwicklung eines angemessenen Tragwerkes von größter Wichtigkeit. Vom Tragwerksplaner wird erwartet, dass er mit viel Kreativität mehrere Lösungsmöglichkeiten mit sorgfältiger Abwägung der Vor- und Nachteile aufzeigt und mit den übrigen an der Planung Beteiligten bespricht.

Ziel dieser Leistungsphase muss sein, die unter Berücksichtung der Belange aller Planungsbeteiligten optimale Lösung auszuwählen, um sie in der Entwurfsplanung weiter zu bearbeiten.

Für die Darstellung sind Freihandskizzen ausreichend, die auf Grundlage der Vorplanung des Architekten, mit Hilfe von transparentem Skizzierpapier, durchaus einigermaßen maßstäblich sein können. Ein Strich ist oft „ehrlicher“ als die Darstellung einer Dimension, die man noch nicht kennt. Für aufgelöste Träger können die Systemhöhen aus der Tabelle im Abschnitt 6.3.3 herangezogen werden.

Zur Vertiefung der Kenntnisse darüber werden [14] und [15] empfohlen.

Auch diese Leistungsphase muss dokumentiert werden, um gegebenenfalls eine Rechtfertigung der Wahl zu einem späteren Zeitpunkt zu ermöglichen.

Checkliste Vorplanung

- Sind alle der Bauaufgabe angemessenen Tragwerksvarianten skizziert?
- Sind alle Bauteile für die Abtragung der Vertikallasten dargestellt?
- Sind alle Bauteile für die Abtragung der Horizontallasten dargestellt?
- ist die gesamte Konstruktion durch die dargestellten Grundrisse und Schnitte nachzuvollziehen?
- Sind alle Vor- und Nachteile der einzelnen Vorschläge dokumentiert?
- Sind die Skizzen an den Bauherren und alle Planungsbeteiligten verschickt worden?
- Sind die Ergebnisse der Entscheidung, mit Begründung, für die weitere Bearbeitung dokumentiert und allen Beteiligten zugeschickt worden?

6.3.2 Beispiel für eine Werkhalle

Das folgende Beispiel zeigt die Vorplanung für eine kleine Werkhalle. Die Wände sind aus Holztafeln mit beidseitiger Beplankung aus Holzwerkstoffplatten vorgesehen.

Vorstellungen des Architekten:

- Positives Beispiel setzen in einem kleinen Baugebiet für Industrie und Handwerk, wo nicht immer architektonisch ansprechende Gebäude erstellt werden.
- Die Kosten dürfen nicht höher liegen als die anderer kostengünstiger Beispiele.
- Ideen und Bauteile aus anderen Baubereichen werden gerne aufgegriffen.
- Grundrissabmessungen ca. 15 x 10 m.
- Raumbedarf: Werkstatt, Büro, WC und Abstellraum.

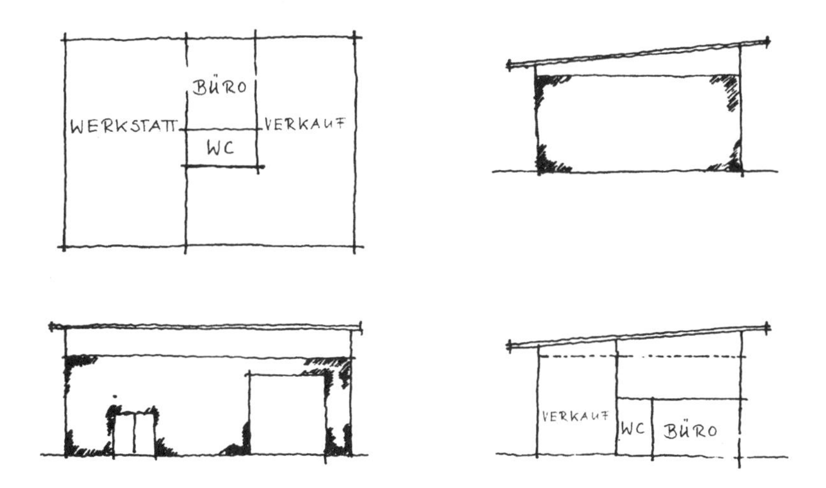

Bild 6.2 Vorplanungsskizzen des Architekten

Vorschläge für das Dachtragwerk – Abtragung der Vertikalkräfte

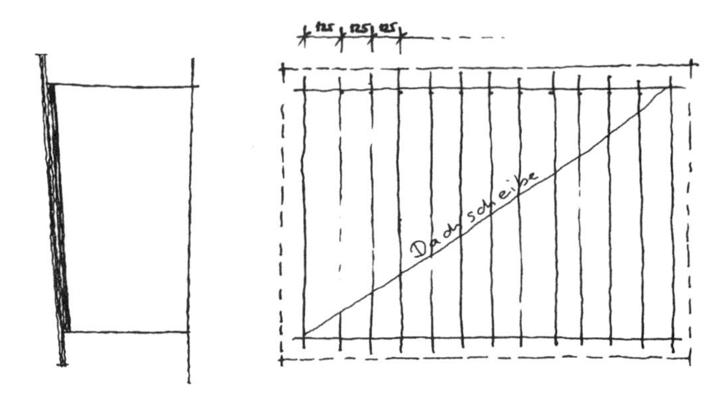

Bild 6.3 Variante mit Brettschichtholzträgern

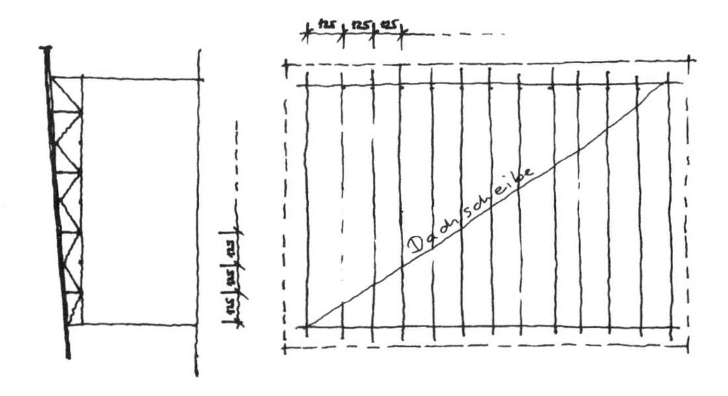

Bild 6.4 Variante mit genagelten Brettbindern

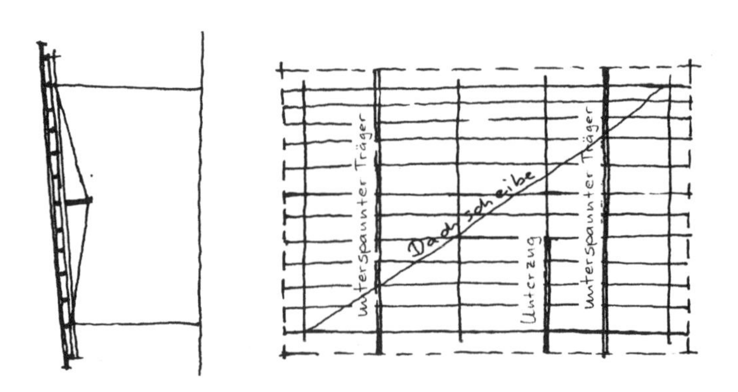

Bild 6.5 Variante mit unterspannten Trägern und Sparrenpfetten

Vorschlag für die Abtragung der Horizontalkräfte aus Wind

Die Dachfläche wir für alle Varianten als Scheibe ausgebildet.
Die Stiele der Wandscheiben laufen hinter dem Oberlichtband durch bis zur Dachscheibe, d.h. sie kragen aus den Wandscheiben nach oben aus.

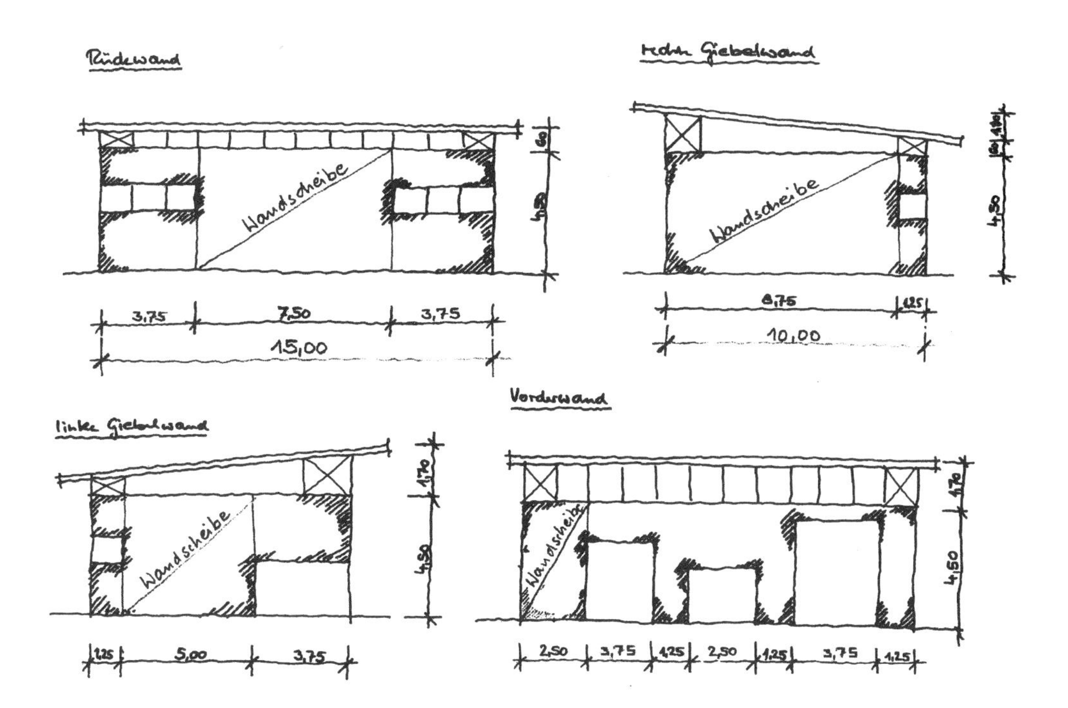

Bild 6.6 Aussteifungselemente

6.3.3 Vorplanungshilfen

Zur Erarbeitung von standsicheren Gesamttragwerken sind fundierte Kenntnisse der Mechanik und der Baustatik erforderlich. Darüber hinaus muss der Tragwerksplaner ein möglichst großes Repertoire an Tragwerkslösungen besitzen, oder selbst entwickeln können, um das optimale angemessene Tragwerk herauszukristallisieren.

Exakte Berechnungen sind für die Leistungsphase Vorplanung jedoch zu aufwändig. Hier benötigt der planende Ingenieur „Handwerkszeuge“, die eine dieser Phase angemessene Genauigkeit ermöglichen.

Im Folgenden sind einige dieser „Handwerkszeuge“ zusammengestellt.

Größe der Beanspruchungen

Vollwandträger

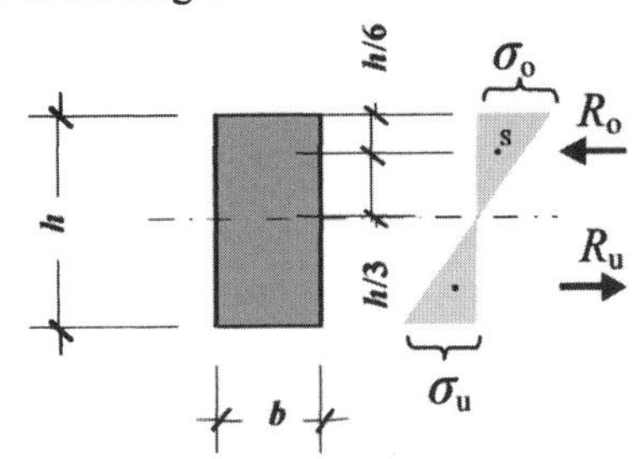

$$R_o = \sigma_o \cdot \frac{1}{2} \cdot b \cdot \frac{h}{2} = \sigma_o \cdot \frac{h \cdot b}{4}$$

$$M = \left(\sigma_o + |\sigma_u|\right) \cdot \frac{h \cdot b}{4} \cdot \frac{h}{3} \qquad \textit{mit} \quad \sigma_o = |\sigma_u| :$$

$$M = 2 \cdot \sigma_o \cdot \frac{h^2 \cdot b}{12} = \sigma_o \cdot \frac{h^2 \cdot b}{6} \quad W$$

W = Widerstandsmoment

Fachwerkträger

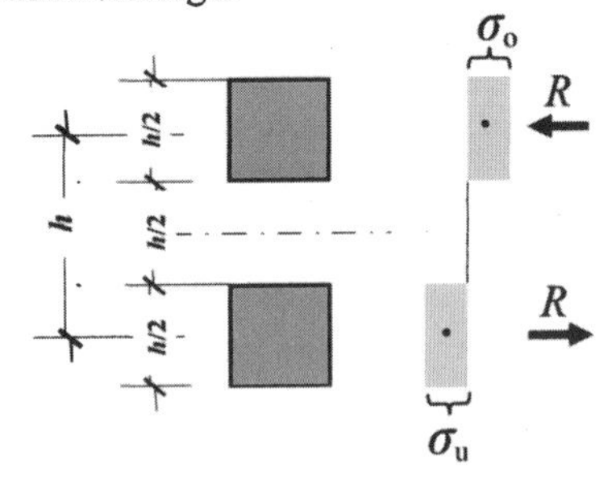

wie oben:

$$M = 2 \cdot \sigma_o \cdot b \cdot \frac{h}{2} \cdot \frac{h}{2} = \sigma_o \cdot b \cdot \frac{h^2}{2}$$

$\Rightarrow$ dieser Querschnitt kann das ca. 3-fache Moment*) des obigen aufnehmen !!!

bei einer Spreizung**) von $2h$:

$\Rightarrow$ das ca. 6-fache Moment*), usw.

*) Zu beachten: die charakteristischen Festigkeitskennwerte für Biegung, Druck parallel und Zug parallel sind nicht gleich.

**) Spreizung = Abstand der Gurtschwerpunkte

Bild 6.7 Aufnahme der Momente durch Spannungen

„Momentendeckungslinien“ für Einfeldträger

Um Tragwerksvarianten zu beurteilen ist es notwendig, zu wissen an welchen Stellen die einzelnen Bestandteile ausgenutzt sind und wo noch Reserven vorhanden sind. Legt man den Momentenverlauf in die Umrisslinien des Systems, wird die Beurteilung leichter da augenscheinlicher. Das folgende Bild zeigt einen Vollwandträger und unterschiedliche Fachwerkträger bei denen eine direkte Beziehung zwischen den Gurtkräften und dem Moment besteht. Ähnliche Überlegungen können für die Beziehungen zwischen den Kräften der Füllstäbe und der Querkraft angestellt werden. Die Vorstellung ist dem Stahlbetonbau entliehen, wo die erforderliche Anzahl der Stahlstäbe und die erforderliche Verankerungslänge an der sog. „Zugkraftdeckungslinie“ festgelegt wird.

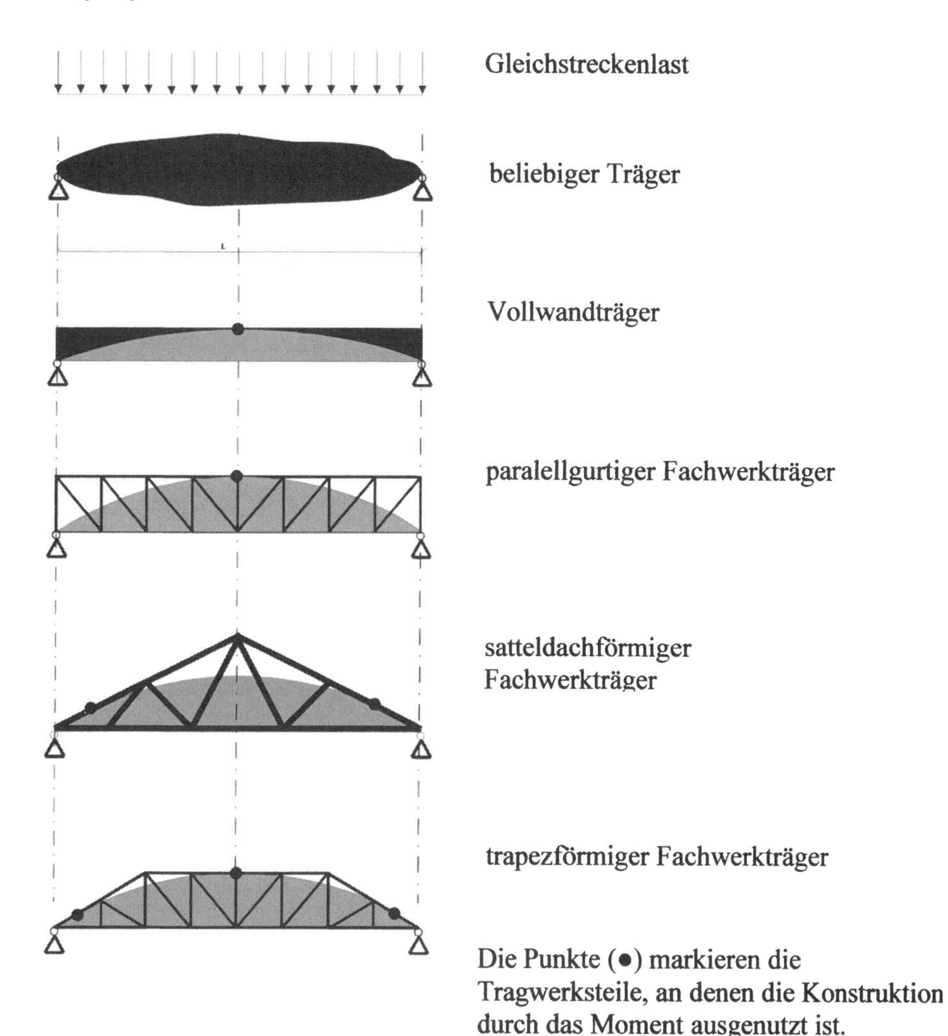

Die Punkte (•) markieren die Tragwerksteile, an denen die Konstruktion durch das Moment ausgenutzt ist.

Bild 6.8 “ Momentendeckungslinien“

Abnahme der Momente durch Auflösen

Die Beanspruchung eines Tragwerkes durch Momente kann reduziert werden, indem man das Tragwerk auflöst, denn die Füllstäbe eines Fachwerkträgers oder die Pfosten eines unterspannten Trägers stellen für den direkt belasteten Gurt elastische Auflager dar. Die Gurte, als Tragwerkselemente für sich betrachtet, können als Durchlaufträger mit elastischer Unterstützung angesehen werden. Je kleiner der Abstand dieser „Auflager" wird, desto kleiner wird die Momentenbeanspruchung.

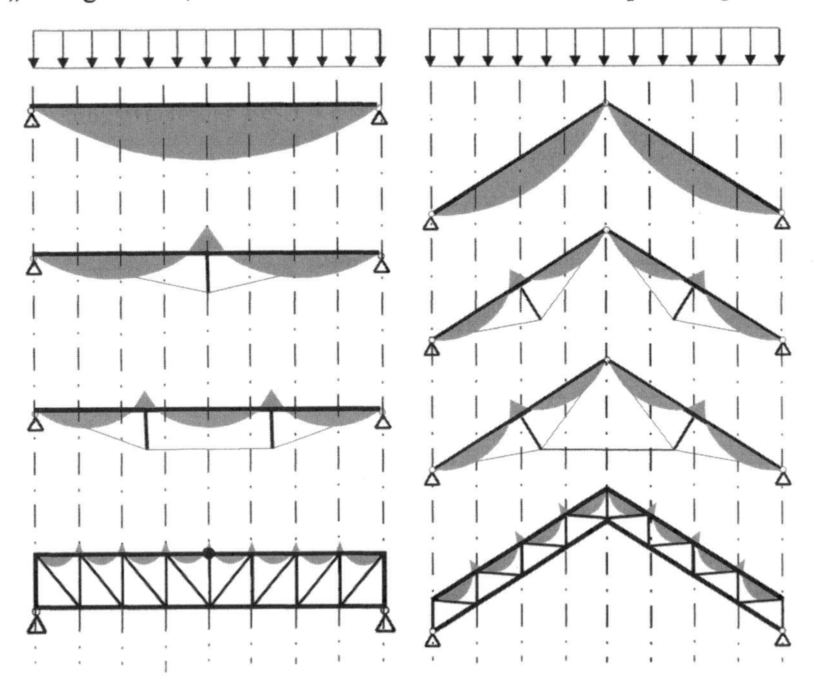

Bild 6.9 Abnahme der Momente durch Auflösen

Dachtragsysteme

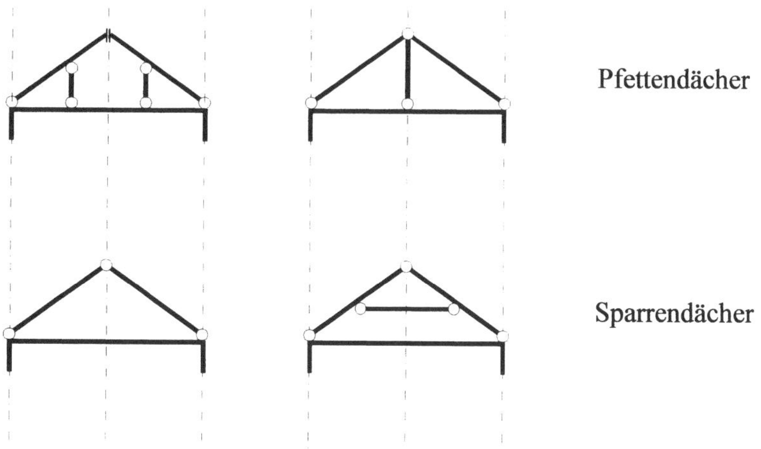

Pfettendächer

Sparrendächer

Bild 6.10 „Stehende" und" liegende" Dachtragsyteme

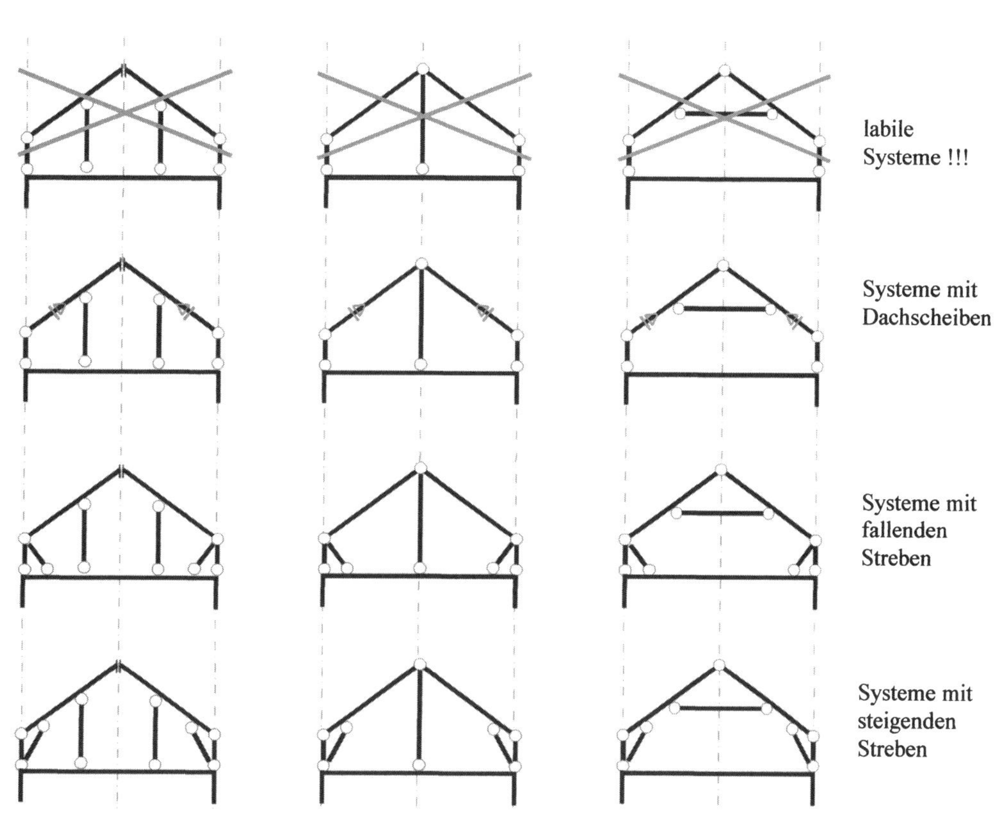

Bild 6.11 Dachtragsyteme mit Kniestock

Verteilung von Deckenbalken

In der Praxis werden unterschiedliche Abstände von Deckenbalken gewählt. Der planende Ingenieur ersetzt die Einzellasten aus den Auflagerkräften der Deckenbalken üblicherweise durch „verschmierte" Gleichstreckenlasten. Dabei entstehen die Fragen, wie groß die Ungenauigkeit durch diese Vereinfachung wird und, ob man sich damit noch auf der sicheren Seite befindet.

Die folgende Skizze zeigt unterschiedlich große Balkenfelder auf einem Einfeldträger als Unterzug. Die daneben stehenden Momente geben Aufschluss über die Ungenauigkeiten.

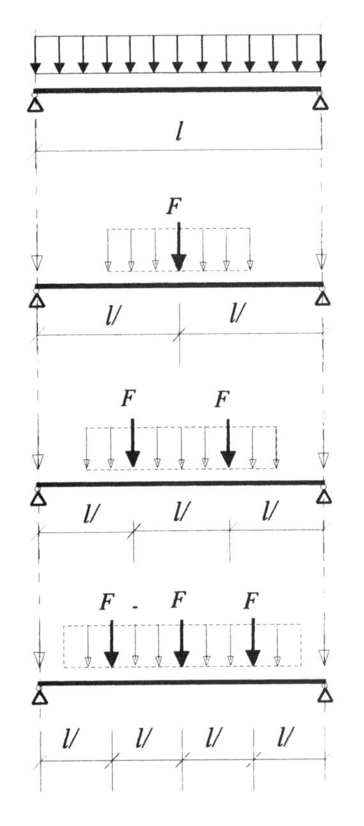

„verschmierte Einzellasten"

$$\max M = \frac{q \cdot l^2}{8}$$

2 Balkenfelder

$$F = \frac{q \cdot l}{2} \rightarrow \max M = \frac{n \cdot F \cdot l}{8} = \frac{q \cdot l^2}{8}$$

3 Balkenfelder

$$F = \frac{q \cdot l}{3} \rightarrow \max M = \frac{n \cdot F \cdot l}{8} \cdot \left(1 - \frac{1}{n^2}\right) = \frac{q \cdot l^2}{8} \cdot \left(1 - \frac{1}{n^2}\right)$$

4 Balkenfelder

$$F = \frac{q \cdot l}{4} \rightarrow \max M = \frac{4 \cdot F \cdot l}{8} = \frac{q \cdot l^2}{8}$$

Allgemein

n = gerade ⇒ $$F = \frac{q \cdot l}{n} \rightarrow \max M = \frac{n \cdot F \cdot l}{8} = \frac{q \cdot l^2}{8}$$

n = ungerade $$F = \frac{q \cdot l}{n} \rightarrow \max M = \frac{n \cdot F \cdot l}{8}\left(1 - \frac{1}{n^2}\right) = \frac{q \cdot l^2}{8} \cdot \left(1 - \frac{1}{n^2}\right)$$

(n = Anzahl der Felder) Ungenauigkeitsfaktor ↗

Bild 6.12 Auswirkungen „verschmierter" Einzellasten

Höhenlage der Deckenbalken

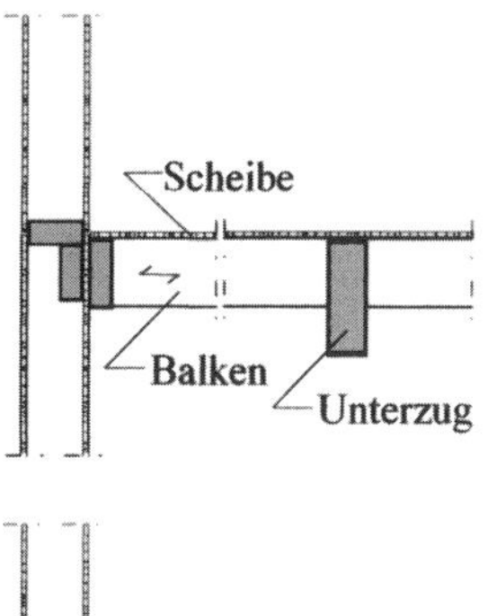

Vorteile:
- einfacher kraftschlüssiger Anschluss der Deckenscheibe an die Wandscheibe
- die Dampfbremse kann innen an der Außenwand durchgeführt werden

Nachteile:
- die Deckenbalken müssen an jedem Auflager angeschlossen werden

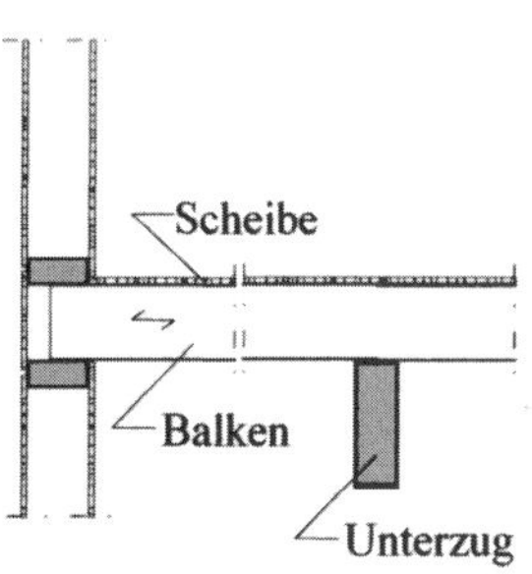

Vorteile:
- einfache Auflagerung der Deckenbalken

Nachteile:
- schwieriger kraftschlüssiger Anschluss der Deckenscheibe an die Wandscheibe
- die Dampfbremse kann nicht innen durchgeführt werden

Bild 6.13 Anschluss von Deckenbalken an der Außenwand

Hallentragwerke

Sparrenpfetten-Systeme

Die Abstände der Haupttragsysteme von Hallen werden häufig durch die Grenzen bestimmt, die von der Verwendung von Vollholz für die Sparrenpfetten abhängig sind. Allgemein gültige Grenzen können nicht festgelegt werden, da die Höhe der Schneelasten, je nach Scheelastzone und Höhe über NN, sehr unterschiedlich sind. Die max. Abstände sind bei Einfeldpfetten kleiner als bei Pfettensystemen, bei denen eine Durchlaufwirkung erzielt werden kann. Koppelpfetten haben gegenüber den sonstigen Systemen mit Durchlaufwirkung den zusätzlichen Vorteil, dass an den Stellen der größten Stützmomente zwei Querschnitte zur Aufnahme der Momentenspitze zur Verfügung stehen. Dort wo ein hochwertiger Ausbau vorgesehen ist, können Koppelpfetten jedoch zu aufwändigeren Detailausbildungen führen. Deshalb ist ihre Anwendung in manchen Fällen fragwürdig.

Bild 6.14 zeigt die am häufigsten verwendeten Sparrenpfetten-Systeme.

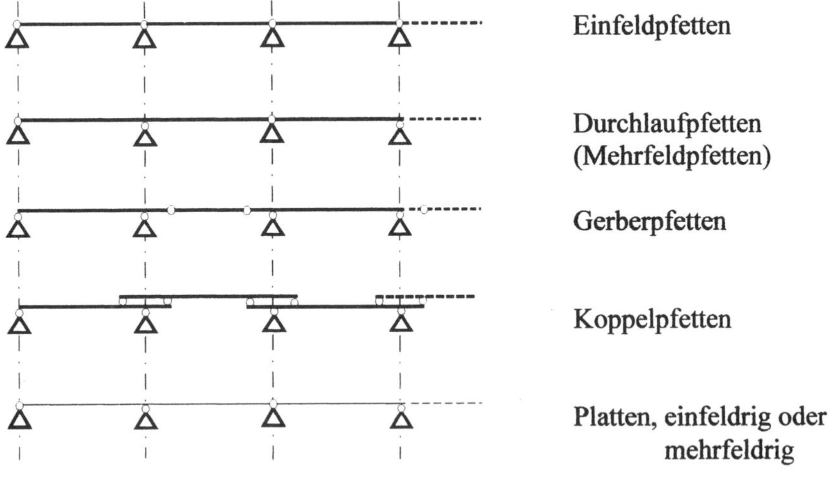

Bild 6.14 Sparrenpfetten-Systeme

Tragsysteme für die Abtragung von Horizontallasten in Querrichtung

Zur Abtragung von Horizontallasten, z.B. aus Wind, werden bei Hallen i.d.R. zwei unterschiedliche Möglichkeiten mit jeweils vielen Varianten, in Betracht gezogen. Entweder findet die Weiterleitung in jeder Systemachse statt, oder die Kräfte werden mittels eines in der Dachebene liegenden Trägers gesammelt und über Tragkonstruktionen in den Giebel- oder Zwischenwänden nach unten weitergeleitet. Für den ersten Fall kommen hauptsächlich Rahmentragwerke (**a**) oder eingespannte Stützen in Frage, für den zweiten Fall, Fachwerkträger (**b**) oder scheibenartig ausgebildete Flächenelemente (**c**).

In den folgenden Skizzen sind diese Möglichkeiten dargestellt. Hier sind jedoch, der Übersichtlichkeit wegen, nur die Tragsysteme für die Abtragung von Horizontallasten in eine Richtung eingezeichnet und für den Zweiten Fall, nur die Tragsysteme für eine Hallenseite. In vielen Fällen ist es sinnvoll, die auf beiden Seiten auftretenden Kräfte, z.B. Winddruck und Windsog, getrennt aufzunehmen.

Die Tragsysteme für die Abtragung von Horizontallasten in Hallenlängsrichtung folgen auf Seite 68.

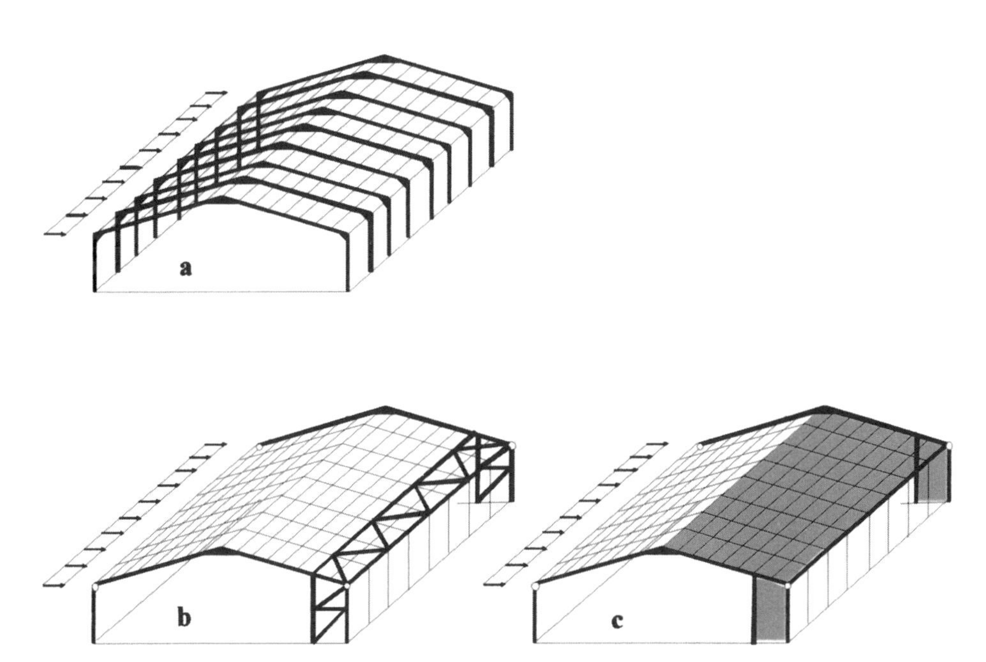

Bild 6.15 Abtragung von Horizontallasten in Querrichtung

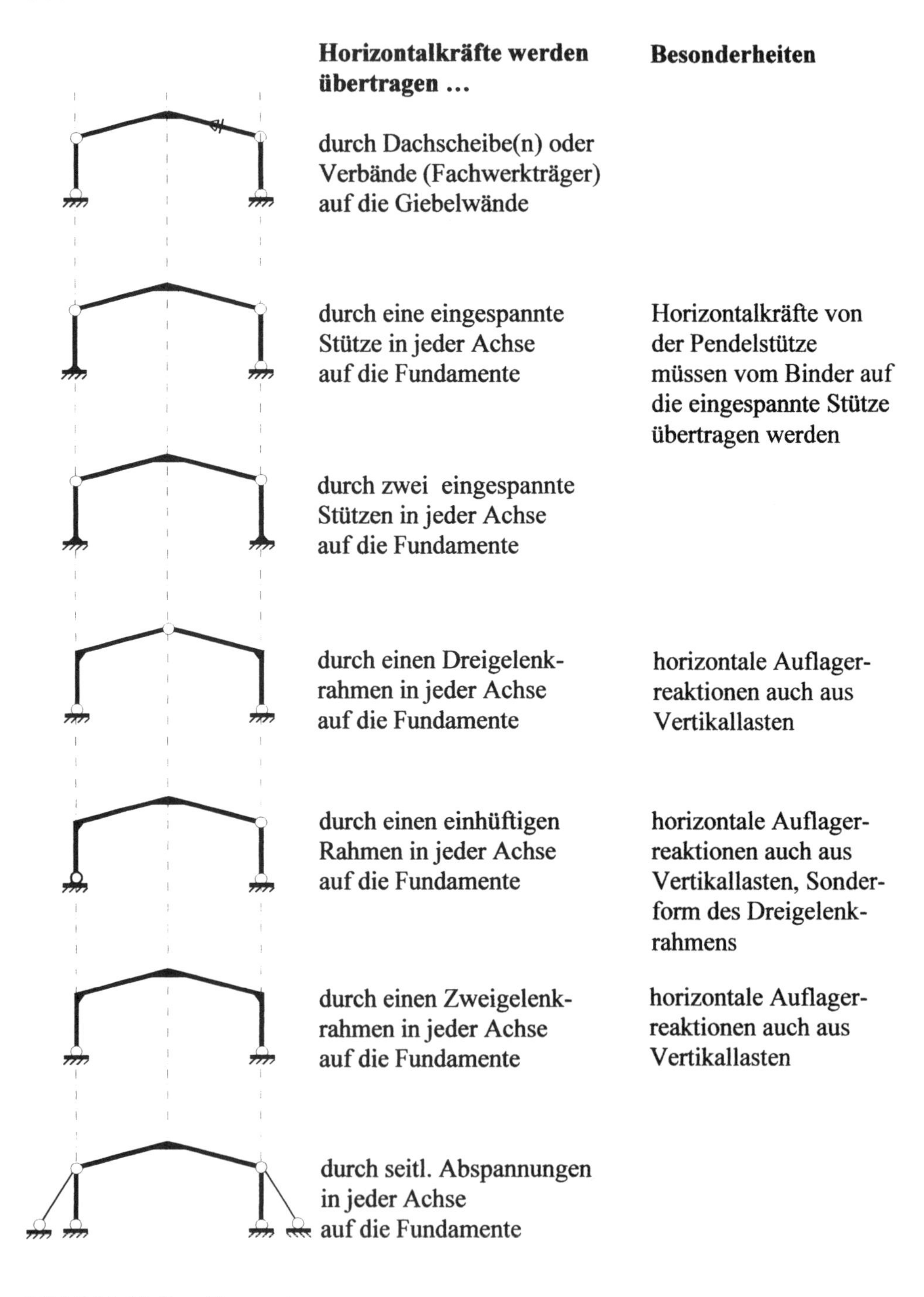

Horizontalkräfte werden übertragen ...	**Besonderheiten**
durch Dachscheibe(n) oder Verbände (Fachwerkträger) auf die Giebelwände	
durch eine eingespannte Stütze in jeder Achse auf die Fundamente	Horizontalkräfte von der Pendelstütze müssen vom Binder auf die eingespannte Stütze übertragen werden
durch zwei eingespannte Stützen in jeder Achse auf die Fundamente	
durch einen Dreigelenk-rahmen in jeder Achse auf die Fundamente	horizontale Auflager-reaktionen auch aus Vertikallasten
durch einen einhüftigen Rahmen in jeder Achse auf die Fundamente	horizontale Auflager-reaktionen auch aus Vertikallasten, Sonder-form des Dreigelenk-rahmens
durch einen Zweigelenk-rahmen in jeder Achse auf die Fundamente	horizontale Auflager-reaktionen auch aus Vertikallasten
durch seitl. Abspannungen in jeder Achse auf die Fundamente	

Bild 6.16 Hallen-Tragsysteme

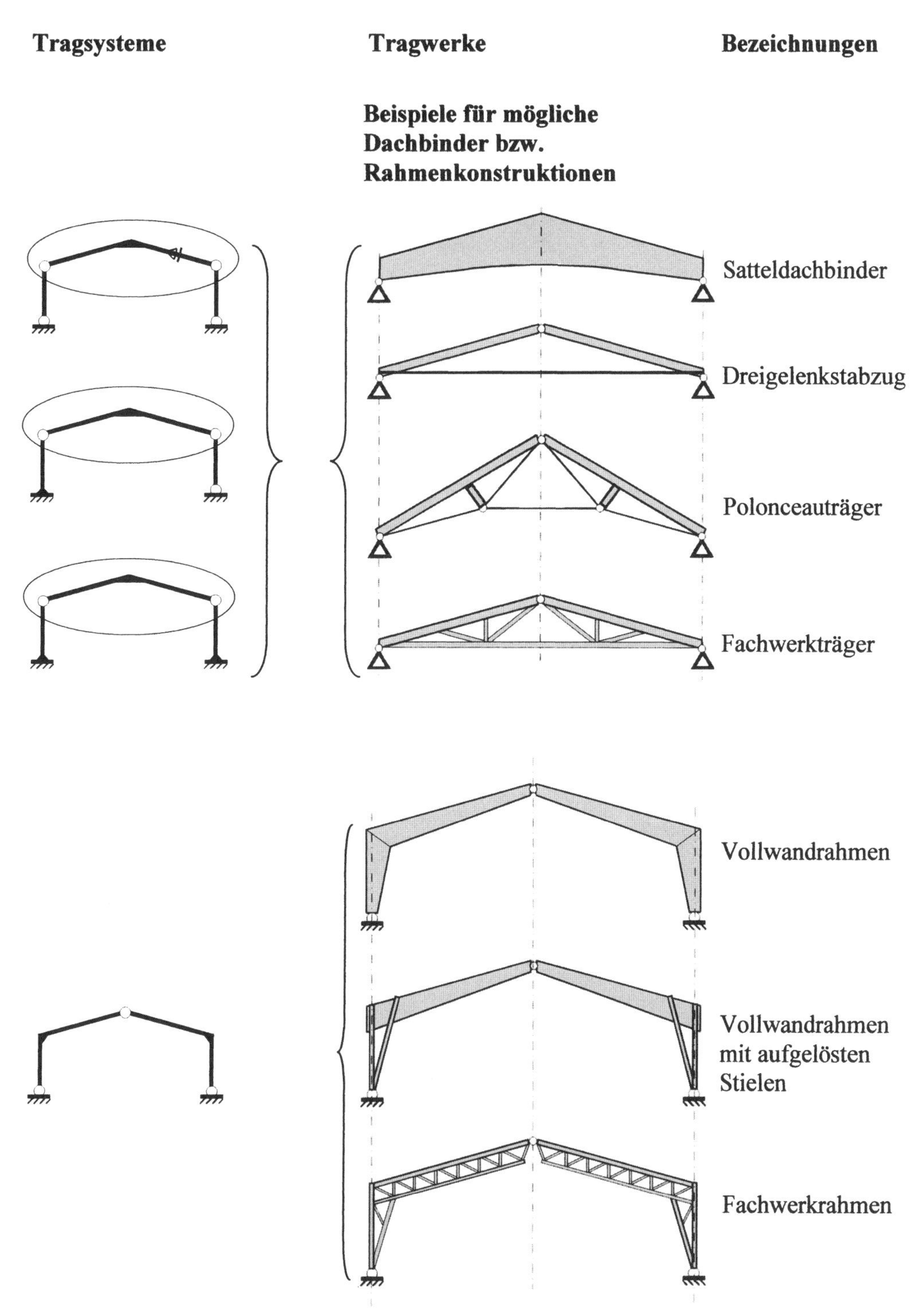
Tragsysteme
Tragwerke
Bezeichnungen
Beispiele für mögliche
Dachbinder bzw.
Rahmenkonstruktionen
Satteldachbinder
Dreigelenkstabzug
Polonceauträger
Fachwerkträger
Vollwandrahmen
Vollwandrahmen
mit aufgelösten
Stielen
Fachwerkrahmen

Bild 6.17 Hallen-Tragwerke

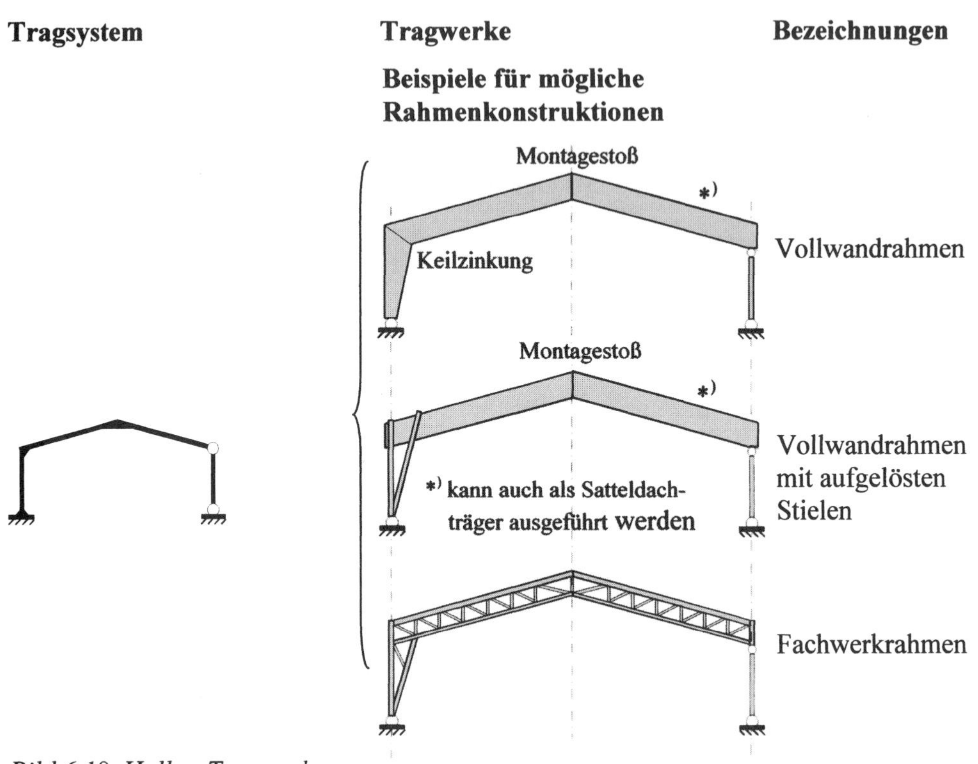

Bild 6.18 Hallen-Tragwerke

Tragsysteme für die Abtragung von Horizontallasten in Längsrichtung

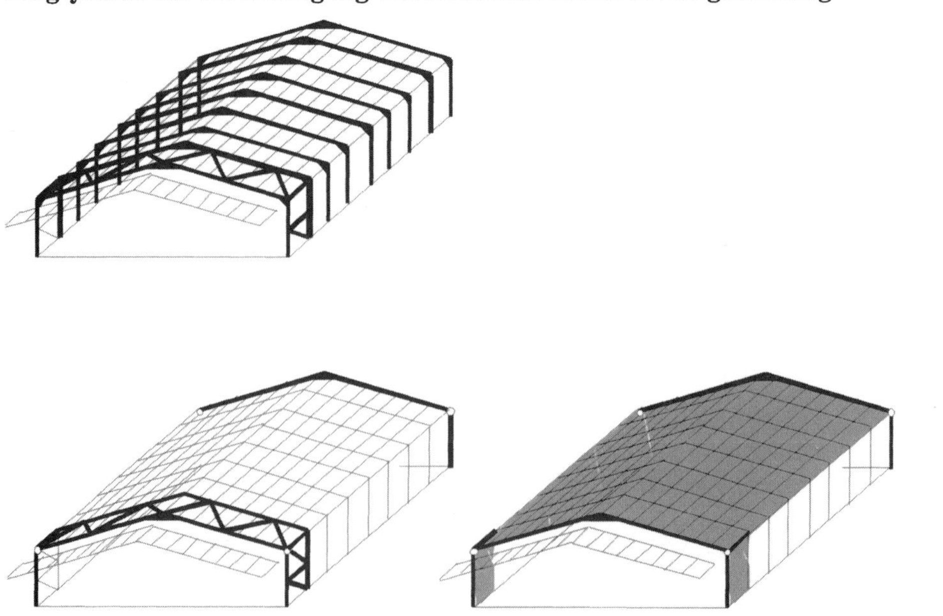

Bild 6.19 Abtragung von Horizontallasten in Längsrichtung

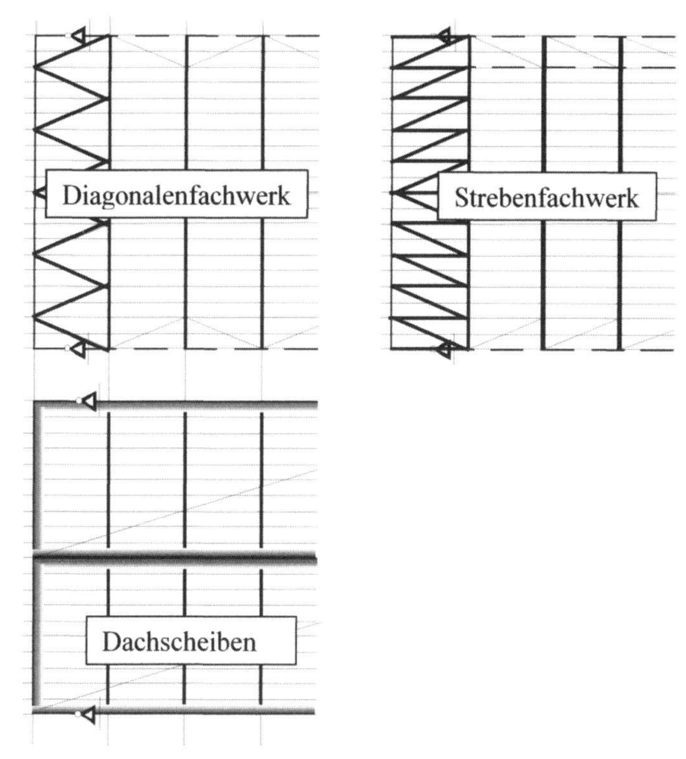

Bild 6.20 Verbände (Fachwerkträger) und Scheiben in den Dachflächen

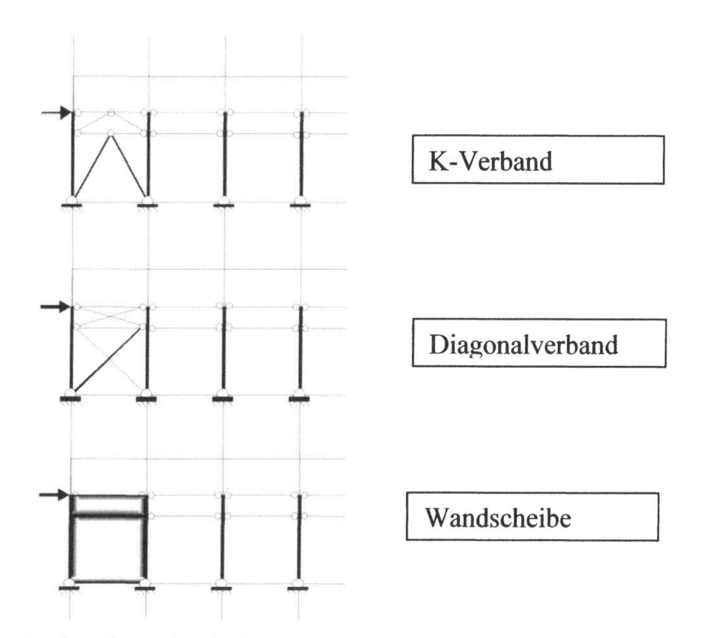

Bild 6.21 Verbände und Scheiben in Längswänden

Überschlägige Bemessung. Für die grobe Abschätzung von Trägerhöhen kann die folgende Tabelle verwendet werden.

Statisches System	Bezeichnung	Übl. Spannweiten	Bauteilhöhe
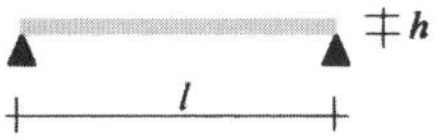 Einfeldträger	Pfetten	$l = 5$ bis $20\,\text{m}$	$\frac{l}{25}$
	Träger	$l = 10$ bis $30\,\text{m}$	$\frac{l}{17}$
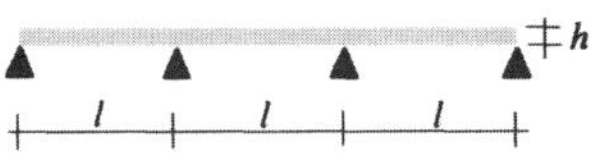 Durchlaufträger	Pfetten	$l = 5$ bis $20\,\text{m}$	$\frac{l}{30}$
	Träger	$l = 10$ bis $25\,\text{m}$	$\frac{l}{20}$
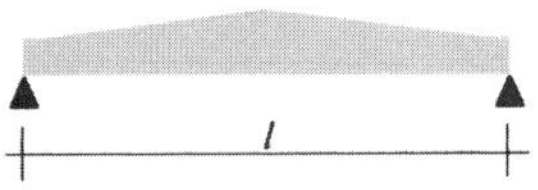 Einfeldträger	Satteldachträger mit horizontalem Untergurt	$l = 10$ bis $35\,\text{m}$	$\frac{l}{30}$ bzw. $\frac{l}{16}$
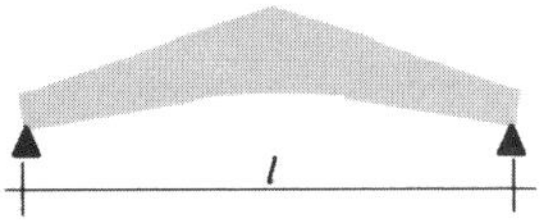 Einfeldträger	Satteldachträger mit gekrümmtem Untergurt	$l = 10$ bis $30\,\text{m}$	$\frac{l}{30}$ bzw. $\frac{l}{14}$
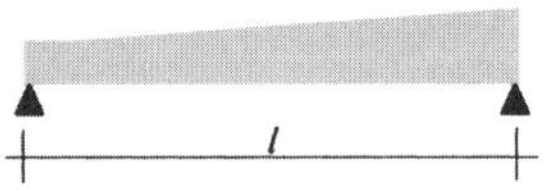 Einfeldträger	Pultdachträger	$l = 10$ bis $30\,\text{m}$	$\frac{l}{25}$ bzw. $\frac{l}{18}$
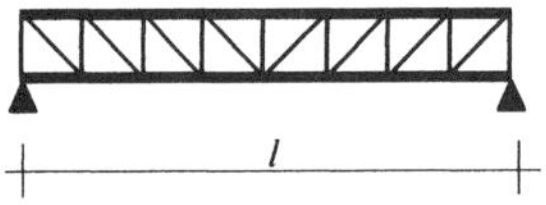 Einfeldträger	paralellgurtiger Fachwerkträger	$l = 15$ bis $60\,\text{m}$	$\frac{l}{15}$
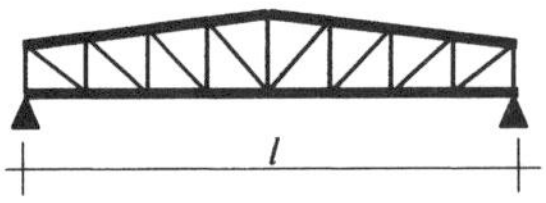 Einfeldträger	trapezförmiger Fachwerkträger	$l = 15$ bis $30\,\text{m}$	$\frac{l}{12}$
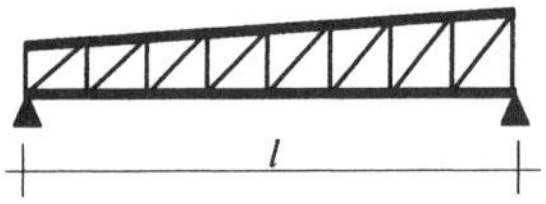 Einfeldträger	pultdachförmiger Fachwerkträger	$l = 10$ bis $30\,\text{m}$	$\frac{l}{12}$ in Trägermitte
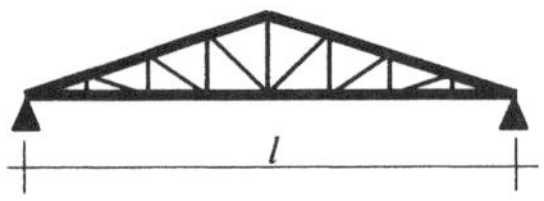 Einfeldträger	satteldachförmiger Fachwerkträger	$l = 10$ bis $30\,\text{m}$	$\frac{l}{10}$

Fortsetzung der Tabelle

Statisches System	Bezeichnung	Übl. Spannweiten	Bauteilhöhe
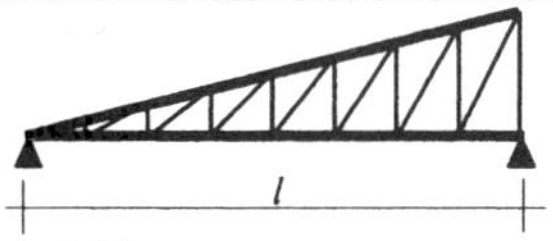 l Einfeldträger	dreieckförmiger Fachwerkträger	$l = 10$ bis $20\,m$	$\frac{l}{10}$ in Trägermitte
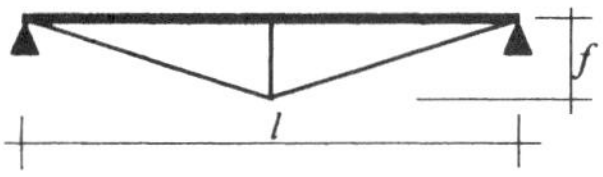 f, l Einfeldträger	Unterspannter Träger	$l = 15$ bis $30\,m$	$f \geq \frac{l}{12}$
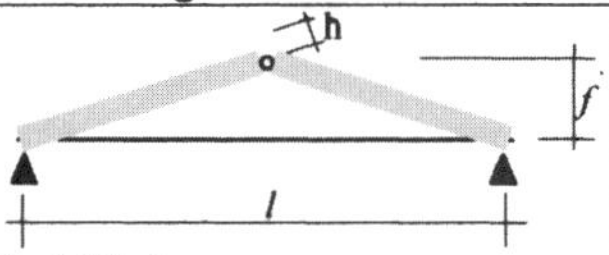 h, f, l Einfeldträger	Dreigelenkstabzug mit Zugband	$l = 15$ bis $50\,m$	$h \geq \frac{l}{35}$
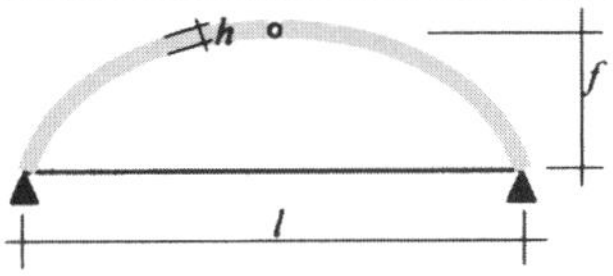 h, f, l Einfeldträger	Dreigelenkbogen mit Zugband	$l = 20$ bis $100\,m$	$f \geq \frac{l}{8}$ $h \geq \frac{l}{50}$
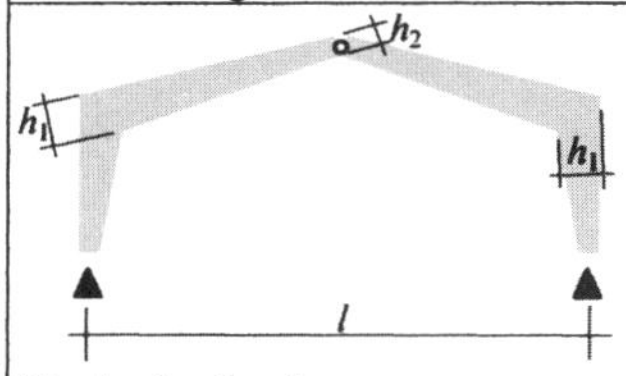 h_2, h_1, h_1, l Dreigelenkrahmen	Dreigelenk-Vollwandrahmen	$l = 15$ bis $50\,m$	$h_1 \geq \frac{l}{20}$ $h_2 \geq \frac{l}{50}$
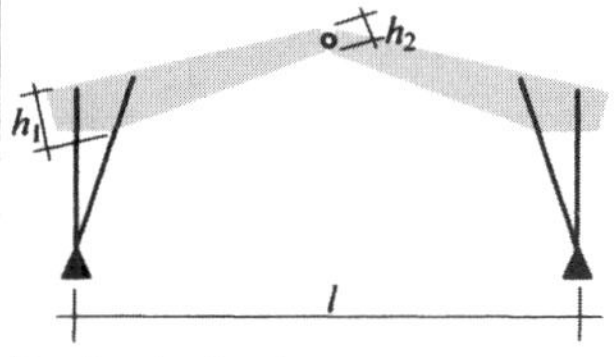 h_2, h_1, l Dreigelenkrahmen	Dreigelenk-Vollwandrahmen mit aufgelösten Stielen	$l = 15$ bis $40\,m$	$h_1 \geq \frac{l}{20}$ $h_2 \geq \frac{l}{50}$
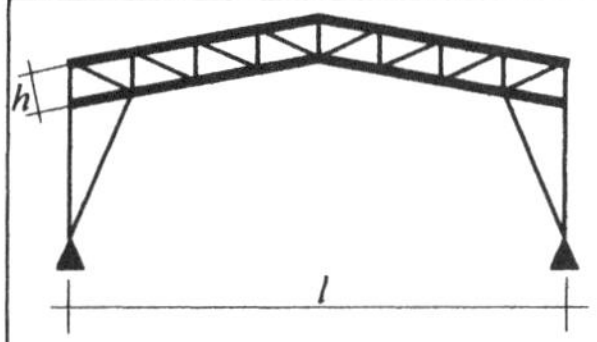 h, l Zweigelenkrahmen	Zweigelenk-Fachwerkrahmen	$l = 15$ bis $50\,m$	$h \geq \frac{l}{12}$ bis $\frac{l}{18}$

Anwendungsmöglichkeiten von Holzwerkstoffplatten

Holzwerkstoffe sind aus dem heutigen Holzbau nicht mehr wegzudenken. Die Vorteile gegenüber Vollholz liegen vor allem in der

- Unabhängigkeit von den Abmessungen des Baumstammes
- Verbesserung der Auswirkungen von Quellen und Schwinden
- Verbesserung der Querzug- und Querdruckfestigkeit
- Verwendung von Holz minderer Qualität
- Formbarkeit.

Oft erfüllt ein einzelnes Element mehrere Anforderungen zugleich. Die folgenden Skizzen zeigen die Funktionen an einem Ausschnitt aus der Tragkonstruktion eines Wohnhauses.

Beanspruchung
als Platte | als Scheibe | als Träger

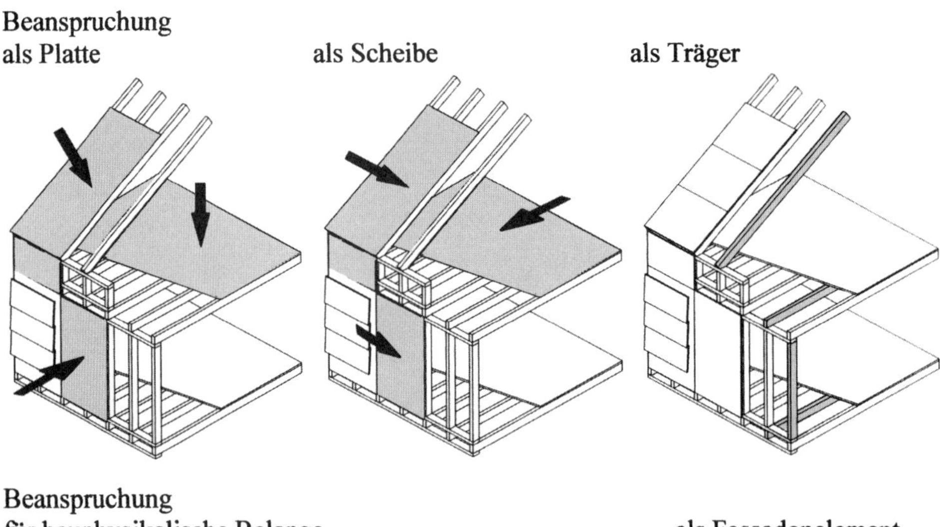

Beanspruchung
für bauphysikalische Belange
(Wärme, Feuchtigkeit, Schall, Brand etc.)

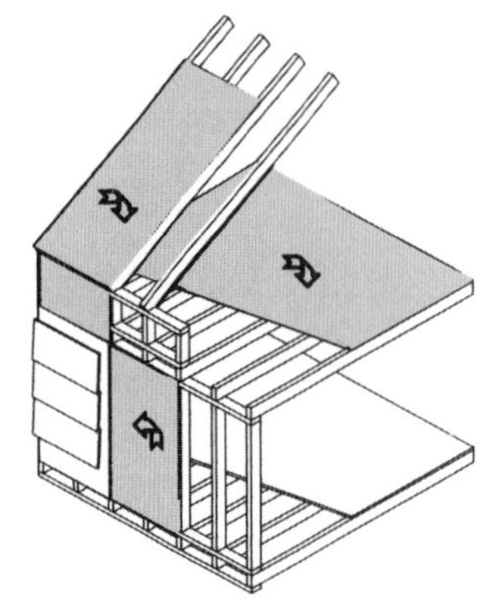

als Fassadenelement

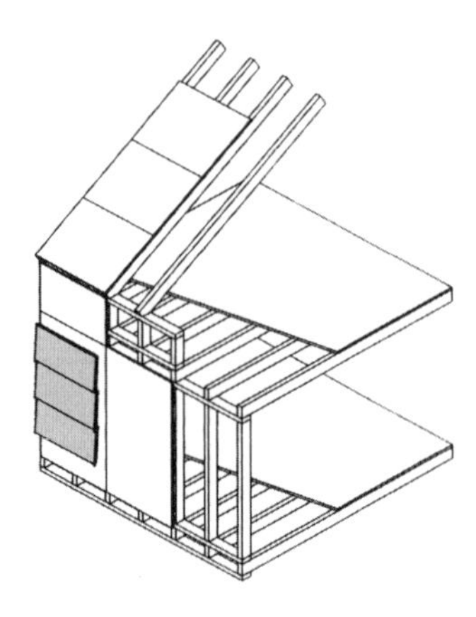

Bild 6.22 Beanspruchungen von Holzwerkstoffplatten

Leistungsfähigkeit von Verbindungsmitteln

Die Leistungsfähigkeit, darunter ist das Verhältnis von Tragfähigkeit zu erforderlicher Anschlussfläche zu verstehen, von Verbindungsmitteln ist oft ein entscheidendes Kriterium beim Konstruieren von Anschlüssen, da meist nicht beliebig viel Fläche dafür zur Verfügung steht. Im heutigen Holzbau haben sich vor allem die stiftförmigen Verbindungsmittel, z.B. Nägel und Stabdübel, durchgesetzt, da ihre Leistungsfähigkeit bei richtiger Anwendung die aller anderen Verbindungsmittel übersteigt. Allgemein kann festgestellt werden, dass Stifte mit abnehmendem Durchmesser leistungsfähiger werden, bei Nägeln kommt eine zusätzliche Steigerung hinzu, wenn vorgebohrt wird.

Die folgenden Skizzen zeigen Zuganschlüsse mit annähernd gleicher Tragfähigkeit.

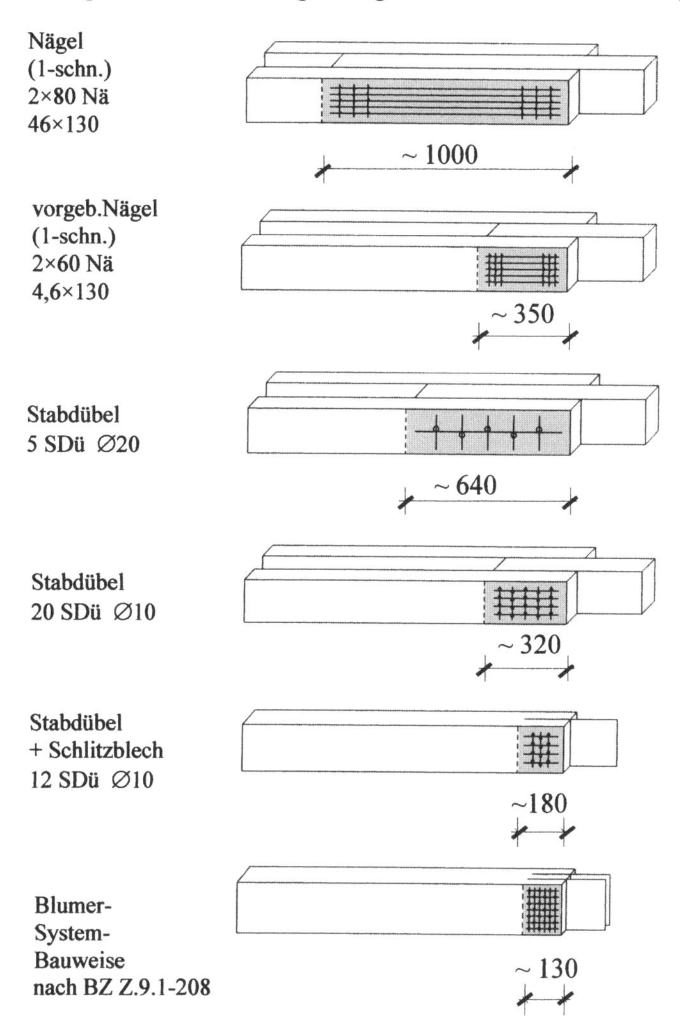

Bild 6.23 Leistungsunterschiede stiftförmiger Verbindungsmittel

Zimmermannsmäßige Verbindungen werden immer mehr verdrängt, da ihre Tragfähigkeit oft nicht den Anforderungen entspricht. Das hängt nicht damit zusammen, dass man in früheren Zeiten weniger sicher konstruiert hätte, weil man die Verbindungen noch nicht berechnen konnte, sondern vielmehr mit unseren gestiegenen Ansprüchen. Betrachtet man einen Deckenbalken, so wird man feststellen, dass die erforderliche Tragfähigkeit der Anschlüsse heute meist ein Vielfaches derer in alten Holzhäusern sein muss und damit der früher übliche Zapfen nicht mehr ausreicht. Der Grund liegt in den heute sehr viel schwereren Deckenaufbauten, bei meist auch größeren Spannweiten, die hohe Anforderungen an den Schallschutz erfüllen müssen.

Queranschlüsse

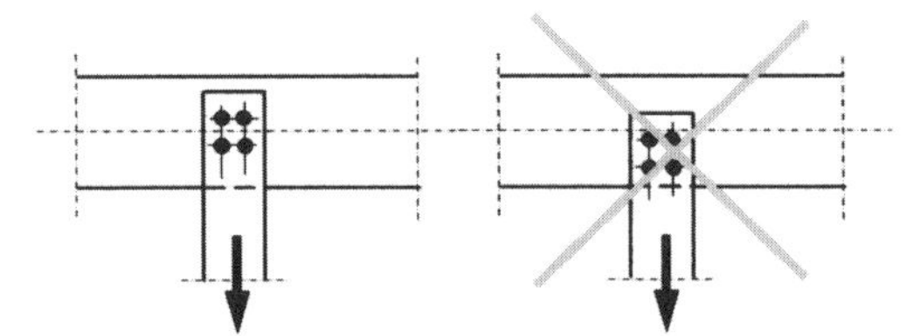

Bild 6.24 Anschlusspunkt nicht unterhalb der Schwerlinie des Trägers

Holz hat quer zur Faser eine sehr geringe Festigkeit. Dadurch bedingt ist es beim Konstruieren mit Holz von höchster Wichtigkeit, sorgfältig darauf zu achten, dass Querzugspannungen vermieden werden, bzw. sehr gering gehalten werden, dort wo sie sich nicht vermeiden lassen. Queranschlüsse, meist handelt es sich um an Biegeträger angehängte Lasten, sind die häufigste Fehlerquelle. Hier gilt es, die Lasteinleitung möglichst weit oben vorzusehen, um Querzugspannungen im Holz zu vermeiden. Als Faustregel kann gelten, dass der Anschlusspunkt (Schwerpunkt des Anschlusses) nicht unterhalb der Schwerlinie des Biegeträgers liegen sollte. Für Fälle, in denen sich eine ungünstigere Einleitung nicht vermeiden lässt, bietet DIN 1052 Möglichkeiten für Nachweise. Wenn man diese in Anspruch nehmen muss, sollte man immer hinterfragen, ob man noch holzgerecht konstruiert.

Nagelplattenkonstruktionen

Nagelplattenbinder lassen sich so wirtschaftlich herstellen, dass sie sich in vielen Bereichen des Holzbaus einen festen Marktanteil gesichert haben. Durch Formen, die der Beanspruchung optimal angepasst werden und angepasste Querschnitte, lässt sich der Holzverbrauch minimieren. Die Ausbildung vieler Knotenpunkte stellt mit den meisten Verbindungsmitteln einen wesentlichen Kostenfaktor dar, da sie sehr lohnintensiv ist. Anders ist dies bei Nagelplattenkonstruktionen, bei denen der hohe Rationalisierungsgrad dazu führte, dass die so hergestellten Binder in weiten Bereichen konkurrenzlos kostengünstig sind.

Diese Bauweise bietet jedoch auch Gefahren:

- Bedingt durch die schon erwähnte geringe Querschnittsbreite, besitzen die verwendeten Hölzer in horizontaler Richtung eine große Schlankheit und würden ohne zusätzliche seitliche Halterungen ausknicken. Um dieses zu vermeiden, müssen sie ausgesteift werden, d. h. so oft seitlich gehalten werden, dass die Knicklänge zwischen den Halterungen von dem betroffenen Stab „aus eigener Kraft“ bewältigt werden kann. Weiterhin muss dafür gesorgt werden, dass die durch das seitliche „Ausweichenwollen“ entstehenden Kräfte zu Bauteilen geleitet werden, die dazu in der Lage sind, diese Kräfte aufzunehmen.

- Wenn Nagelplattenbinder verwendet werden, sind oft drei Firmen an dem Zustandekommen der Konstruktion beteiligt. **Der „Statiker“** überlässt meistens die Berechnung und die Pläne für diese Sonderbauart dem Hersteller. **Die ausführende Firma**, wenn nicht selbst zur Herstellung der Binder in der Lage, vergibt den Auftrag an **die herstellende Firma**. Dieses Vorgehen kann dazu führen, dass keiner der Beteiligten sich für unbedingt erforderliche Verbände verantwortlich fühlt. Werden diese dann wirklich nicht eingebaut, führt das unweigerlich zur Katastrophe. Die dünnen Druckstäbe sind nur bei sehr kleiner Knicklänge dazu in der Lage, die bei Belastung entstehenden Druckkräfte aufzunehmen.

6.4 Entwurfsplanung

6.4.1 Allgemeines

Auszug aus [13], §64 (3)

...Erarbeiten der Tragwerkslösung unter Beachtung der durch die Objektplanung integrierten Fachplanungen bis zum konstruktiven Entwurf mit zeichnerischer Darstellung.

Überschlägige statische Berechnung und Bemessung

Grundlegende Festlegungen der konstruktiven Details und Hauptabmessungen des Tragwerks für zum Beispiel Gestaltung der tragenden Querschnitte, Aussparungen und Fugen; Ausbildung der Auflager- und Knotenpunkte sowie der Verbindungsmittel...

In der Entwurfsplanung müssen alle für die Tragstruktur wichtigen Bauteile so genau festgelegt werden, dass Abweichungen gegenüber der endgültigen Planung ein angemessenes Maß (15 - 20 %) nicht überschreiten. Die Abmessungen vieler, auch für das Tragwerk relevanten Bauteile, werden durch andere Anforderungen bestimmt. So werden z.B. die Stiele in einer Außenwand häufig durch die erforderliche Wärmedämmdicke und durch die Beanspruchung aus Wind und Vertikallasten festgelegt.

Daher werden im Folgenden auch nur die Bauteile vorbemessen, bei denen man abschätzen kann, dass die Dimensionen hauptsächlich von der Tragwirkung abhängig sind.

6.4.2 Beispiel für eine überschlägige Bemessung (Bsp. aus Vorplanung)

Pos. 1: Fachwerkbinder als genagelte Brettbinder

Ständige Einwirkungen:

– Extensivbegrünung		~ 1,00 kN/m²
– Dachhaut		~ 0,05 kN/m²
– Wärmedämmung		~ 0,20 kN/m²
– Holzwerkstoffplatte		~ 0,20 kN/m²
– Eigengewicht der Träger		~ 0,20 kN/m²
Summe der ständigen Einwirkungen	g_k	~ 1,70 kN/m²

Schnee: $H = 317$ m über NN, Schneelastzone 2 — DIN 1055-5

$$s_k = 0,25 + 1,91 \cdot \left(\frac{317+140}{760}\right)^2 = 0,94 \text{ kN/m}^2;\ \mu_1 = 0,8;\ s_k' = \mu_1 \cdot s_k = 0,8 \cdot 0,94 = 0,75 \text{ kN/m}^2$$

Bei einer Dachneigung von 8° wirkt der Wind nur abhebend! — DIN 1055-4

Lastfallkombination:

$(g + s)_d = 1{,}35 \cdot 1{,}70 + 1{,}50 \cdot 0{,}75$ $= 3{,}42$ kN/m²

Pro Binder im Abstand von 1,25 m: $1{,}25 \cdot 3{,}42$ $= 4{,}28$ kN/m

System:

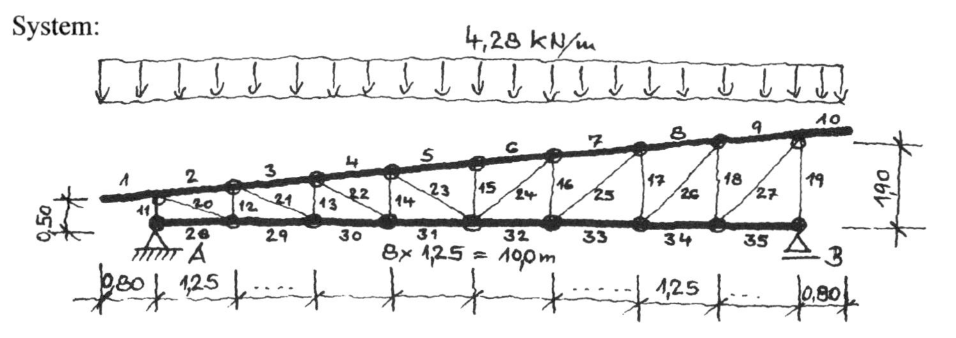

Anm.: Die Trägerhöhe wird durch die Höhe des umlaufenden Oberlichtbandes bestimmt, jedoch: $h_m = 120$ cm $> l/12 = 83$ cm

Schnittgrößen:

Vorüberlegungen

- Die Gurte erhalten in Trägermitte die größten Normalkräfte.
- Die Neigung des Obergurtes von 8° darf hier vernachlässigt werden.
- Die Strebe mit der geringsten Neigung $\left(\arctan\frac{50}{125} = 22°\right)$ erhält die größte Zugkraft.
- Der mit 190 cm längste Pfosten ist gegen Knicken nachzuweisen.
- Der Obergurt ist durch die Dachschalung seitlich kontinuierlich gehalten.

Am „globalen" System:

$$\max M_\mathrm{d} = \frac{q \cdot l^2}{8} = \frac{4{,}28 \cdot 10{,}0^2}{8} = 53{,}5\mathrm{kNm}$$

$$\max V_\mathrm{d} = \frac{q \cdot l}{2} - \frac{q \cdot \frac{l}{8}}{2} = \frac{q \cdot l \cdot \frac{7}{8}}{2} = \frac{4{,}28 \cdot 10 \cdot \frac{7}{8}}{2} = 18{,}7\mathrm{kN}$$

Am Dachüberstand: $\min M_\mathrm{d} = -\frac{4{,}28 \cdot 0{,}80^2}{2} = -1{,}37\mathrm{kNm}$

Stabkräfte:

$$S_{1,\mathrm{d}} = \frac{\max V_\mathrm{d}}{\sin 22°} = \frac{18{,}7}{\sin 22°} = 49{,}9\mathrm{kN} \qquad G_{\mathrm{m,d}} = \frac{\max M_\mathrm{d}}{h_\mathrm{mean}} = \frac{53{,}5}{1{,}20} = \pm 44{,}6\mathrm{kN}$$

$$P_d = V_d + \left(\frac{1,25}{2} + 0,80\right) \cdot 4,28 = 24,8 \text{ kN}$$

Bemessung:

Untergurt: gewählt: 60/120 NH C 24

$A = 72 \cdot 10^2 \text{ mm}^2$; $W = 144 \cdot 10^3 \text{ mm}^3$; $I = 864 \cdot 10^4 \text{ mm}^4$

NKL 1; KLED „kurz" $\Rightarrow k_{mod} = 0,90$

$$\max \sigma_{t,d} = \frac{N}{A} = \frac{44,6 \cdot 10^3}{72 \cdot 10^2} = 6,18 \text{ N/mm}^2 \quad f_{t,0,d} = \frac{k_{mod} \cdot f_{t,0,k}}{\gamma_M} = \frac{0,9 \cdot 14}{1,3} = 9,69 \text{ N/mm}^2$$

oder nach Kapitel 2

$$f_{t,0,d} = 1,125 \cdot 8,62 = 9,69 \text{ N/mm}^2$$

$$\boxed{\frac{\sigma_{t,d}}{f_{t,0,d}} = \frac{6,18}{9,69} = 0,63 < 1}$$

Obergurt: gewählt: 60/180 NH C 24

$A = 108 \cdot 10^2 \text{ mm}^2$; $W = 324 \cdot 10^3 \text{ mm}^3$; $I = 2\,916 \cdot 10^4 \text{ mm}^4$

Moment an der Auskragung wird maßgebend

Kippen wird erst bei der endgültigen Bemessung berücksichtigt

$$\max \sigma_{m,d} = \frac{M}{W} = \frac{1,37 \cdot 10^6}{324 \cdot 10^3} = 4,23 \text{ N/mm}^2 \quad f_{m,0,d} = \frac{k_{mod} \cdot f_{m,0,k}}{\gamma_M} = \frac{0,9 \cdot 24}{1,3} = 16,6 \text{ N/mm}^2$$

oder nach Kapitel 2

$$f_{m,d} = 1,125 \cdot 14,8 = 16,6 \text{ N/mm}^2$$

$$\boxed{\frac{\sigma_{m,d}}{f_{m,d}} = \frac{4,23}{16,6} = 0,25 < 1}$$

Pfosten: gewählt: 60/180 NH C 24

$A = 108 \cdot 10^2 \text{ mm}^2$; $W = 324 \cdot 10^3 \text{ mm}^3$; $I = 2\,916 \cdot 10^4 \text{ mm}^4$

$$s_k = 0,8 \cdot \frac{125}{\cos 8°} = 101 \text{ cm}; \quad i = \frac{h}{\sqrt{12}} = \frac{6}{\sqrt{12}} = 1,73 \text{ cm}; \quad \lambda = \frac{s_k}{i} = \frac{190}{1,7} = 110$$

$$E_{0,05} = \frac{2}{3} \cdot E_{0,mean} = \frac{2}{3} \cdot 11000 = 7\,333 \text{ N/mm}^2$$

$$\sigma_{c,crit} = \pi^2 \cdot \frac{E_{0,05}}{\lambda^2} = \pi^2 \cdot \frac{7\,333}{110^2} = 6,0 \text{ N/mm}^2$$

$$\lambda_{rel,c} = \sqrt{\frac{f_{c,0,k}}{\sigma_{c,crit}}} = \sqrt{\frac{21}{6,0}} = 1,87$$

$$k = 0,5\left[1+\beta_c\cdot\left(\lambda_{rel,c}-0,3\right)+\lambda_{rel,c}^2\right] = 0,5\left[1+0,2\cdot\left(1,87-0,3\right)+1,87^2\right] = 2,41$$

$$k_c = \frac{1}{k+\sqrt{k^2-\lambda_{rel,c}^2}} = \frac{1}{2,41+\sqrt{2,41^2-1,87^2}} = 0,25$$

oder: $k_c = 0,252$ **aus Tabelle 9.1**

$$\max\sigma_{c,d} = \frac{N}{A} = \frac{24,8\cdot10^3}{108\cdot10^2} = 2,3\ \text{N/mm}^2 \qquad f_{c,0,d} = \frac{k_{mod}\cdot f_{c,0,k}}{\gamma_M} = \frac{0,9\cdot21}{1,3} = 14,5\ \text{N/mm}^2$$

$$\boxed{\frac{\sigma_{c,0,d}}{k_c\cdot f_{c,0,d}} = \frac{2,3}{0,25\cdot14,5} = 0,63 < 1}$$

Strebe: gewählt: 2×30/120 NH C 24 $\quad A = 72\ \text{cm}^2$

$$\max\sigma_{t,d} = \frac{N}{A} = \frac{49,9\cdot10^3}{72\cdot10^2} = 6,93\ \text{N/mm}^2 \qquad f_{t,0,d} = \frac{k_{mod}\cdot f_{t,0,k}}{\gamma_M} = \frac{0,9\cdot14}{1,3} = 9,69\ \text{N/mm}^2$$

oder: $f_{t,0,d} = 1,125\cdot8,62 = 9,69\ \text{N/mm}^2$ **nach Kapitel 2**

$$\boxed{\frac{\sigma_{t,d}}{f_{t,0,d}} = \frac{6,93}{9,69} = 0,72 < 1}$$

Anschluss Strebe-Gurt: gewählt: glattschaftige Nägel 3,4×80, vorgebohrt

Lochleibungsfestigkeit:

$$f_{h,0,k} = 0,082\cdot\left(1-0,01\cdot d\right)\cdot\rho_k = 0,082\cdot\left(1-0,01\cdot3,4\right)\cdot350 = 27,7\ \text{N/mm}^2$$

Fließmoment für runde glattschaftige Nägel:

$$M_{y,k} = 0,3\cdot f_{u,k}\cdot d^{2,6} = 0,3\cdot600\cdot3,4^{2,6} = 4336\ \text{Nmm}$$

Charakteristischer Wert der Tragfähigkeit:

$$R_k = \sqrt{2\cdot M_{y,k}\cdot f_{h,1,k}\cdot d} = \sqrt{2\cdot4336\cdot27,7\cdot3,4} = 904\text{N} = 0,904\ \text{kN}$$

Bemessungswert der Tragfähigkeit:

$$R_d = \frac{k_{mod}\cdot R_k}{\gamma_M} = \frac{0,9\cdot0,904}{1,1} = 0,74\ \text{kN}$$

oder: $R_d = 1,125\cdot0,58 = 0,74\ \text{kN}$ **aus Tabelle 12.17**

$$n_{\text{req}} = \frac{S}{R_{\text{d}}} = \frac{49{,}9}{0{,}74} = 68 \text{ Nä} \quad \Rightarrow 34 \text{ Nä pro Seite}$$

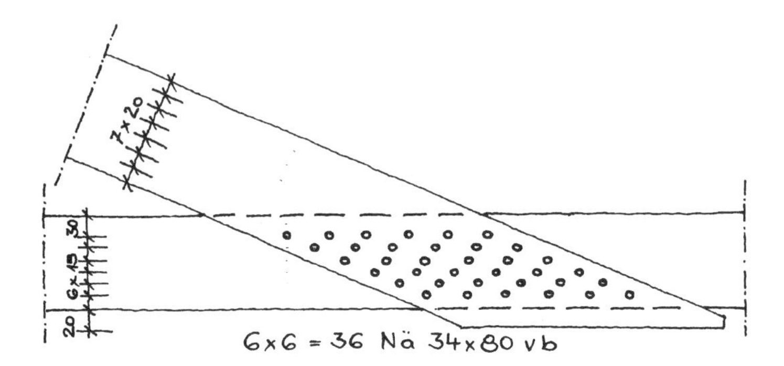

Die Dimensionen der übrigen tragenden Bauteile werden abgeschätzt bzw. durch bauphysikalische Anforderungen bestimmt:

- Die Dachschalung besteht aus OSB/4-Platten mit einer Dicke von 25mm.
- Die Stützen sind, außer im Bereich des Oberlichts, Bestandteil von beidseitig mit Holzwerkstoffplatten beplankten Wandtafeln. Da die Wärmedämmschicht 200 mm dick sein muss, werden Ständer mit 60/200 aus C 24 (KVH) verwendet. Der gewählte Wandaufbau erfüllt die Anforderungen an die Feuerwiderstandsdauer F30-B.
- An die tragenden Bauteile des Daches sind bei einer eingeschossigen Werkhalle keine Brandschutzanforderungen gestellt.

6.4.3 Checkliste Entwurfsplanung

- Sind die Dimensionen der wichtigsten Tragwerkselemente ausreichend genau vorbemessen?
- Sind die wichtigsten Anschlüsse ausreichend genau vorbemessen?
- Sind die System- und Rasterachsen vermaßt?
- Ist in dem Plan das gesamte Tragwerk zu erkennen?
- Sind an den Bauteilen die Dimensionen aller Hölzer und Holzwerkstoffplatten angegeben?
- Sind alle Materialien und Festigkeitsklassen eindeutig angegeben?
- Sind dort, wo erforderlich, Holzschutzmaßnahmen erwähnt?
- Sind dort, wo erforderlich, Brandschutzmaßnahmen berücksichtigt?
- Sind die Pläne an den Bauherren und alle Planungsbeteiligten verschickt worden?
- Sind die Ergebnisse aller Entscheidungen mit Begründung für die weitere Bearbeitung dokumentiert und allen Beteiligten zugeschickt worden?

Auszug aus einem Entwurfsplan siehe Anhang.

6.5 Genehmigungsplanung

6.5.1 Allgemeines

Auszug aus [13], § 64 (3)

...Aufstellen der prüffähigen statischen Berechnungen für das Tragwerk unter Berücksichtigung der vorgegebenen bauphysikalischen Anforderungen.

Bei Ingenieurbauwerken:

Erfassen von normalen Bauzuständen, Anfertigen der Positionspläne für das Tragwerk...

Zusammenstellen der Unterlagen der Tragwerksplanung zur bauaufsichtlichen Genehmigung

Verhandlungen mit Prüfämtern und Prüfingenieuren

Vervollständigen und Berichtigen der Berechnungen und Pläne

In der Genehmigungsplanung müssen alle für die Tragstruktur wichtigen Bauteile und Anschlüsse endgültig festgelegt und nachgewiesen werden. Im Holzbau nehmen die Nachweise für die Abtragung der Horizontalkräfte, gegenüber den Nachweisen für die Abtragung der Vertikalkräfte, einen vergleichsweise großen Raum ein. Sind Brandschutzanforderungen an die Tragkonstruktion oder an Bauteile gestellt, dann muss gegebenenfalls eine sogenannte „heiße Bemessung" durchgeführt werden, bei der das Versagen von Tragwerkselementen und Anschlüssen oder der Durchbrand von Bauelementen berücksichtigt wird.

Damit Lage und Systemwerte nachvollziehbar sind, wird ein Positionsplan angefertigt, mit Positionsnummern der einzelnen Tragsysteme, die dann in der statischen Berechnung, landläufig mit „Statik" bezeichnet, als Ordnungsnummern verwendet werden.
Für den Prüfingenieur und für die eigene Nachvollziehbarkeit nach einem größeren Zeitraum ist es sehr wichtig, dass in den Berechnungen eine durchgehende Ordnung eingehalten wird und alles festgehalten wird, was für die Nachweise wichtig ist. Skizzen und Bemerkungen zur Erläuterung erleichtern die Prüfung sehr. Der dafür entstehende Zeitaufwand zahlt sich schnell aus, da die Alternative in ständigen Nachfragen am Telefon besteht.

Die in der Genehmigungsplanung ermittelten Querschnitte und Anschlüsse sind Grundlage für die Konstruktionspläne der Ausführungsplanung.

6.5.2 Checkliste Genehmigungsplanung

- Deckblatt mit Angaben zur Nutzung des Bauvorhabens, zum Bauherren und zum Verfasser der Tragwerksplanung
- Baubeschreibung mit den wichtigsten Abmessungen des geplanten Gebäudes, der Nutzung und des Tragverhaltens der wichtigsten Tragkonstruktionen
- Positionspläne als weiterentwickelte Entwurfspläne
- Zusammenstellung der charakteristischen ständigen Einwirkungen von Dach-, Decken- und Wandaufbauten mit Skizzen
- Bemessung der einzelnen Bauteile mit jeweils
  - Skizze des statischen Systems mit Belastungsbild
  - Lastannahmen
  - Lastfallkombination, wenn nur gleichartige Belastungen berücksichtigt werden müssen
  - Ermittlung der Schnittgrößen
  - Bemessung der Holzbauteile, ggf. mit Berücksichtigung der Brandschutzanforderungen
  - Bemessung der Verbindungen und Anschlüsse, ggf. mit Berücksichtigung der Brandschutzanforderungen
- Literaturverzeichnis mit Ordnungsnummern, die in der Berechnung für Hinweise verwendet werden
- Verzeichnis der verwendeten Normen mit Ordnungsnummern, die in der Berechnung für Hinweise verwendet werden
- Verzeichnis der verwendeten Computerprogramme mit Ordnungsnummern, die in der Berechnung für Hinweise verwendet werden
- Sind die Berechnungen und der Positionsplan an das Bauamt, bzw. den Prüfingenieur, verschickt worden?
- Sind die Grüneintragungen des Prüfingenieurs in die Berechnung eingearbeitet worden?
- Sind die Ergebnisse aller Entscheidungen mit Begründung, für die weitere Bearbeitung dokumentiert und allen Beteiligten zugeschickt worden?

6.5.3 Bemessungsbeispiel

Pos. 1: Die OSB-Platten

Skizze des Dachaufbaus

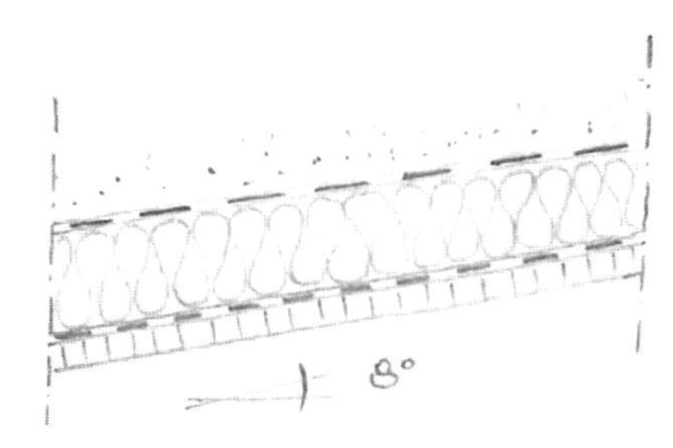

Ständige Einwirkungen:

– Extensivbegrünung		~ 1,00 kN/m2
– Dachhaut		~ 0,05 kN/m2
– Wärmedämmung	20·0,01	= 0,20 kN/m2
– Holzwerkstoffplatte	0,025·6	= 0,15 kN/m2

Summe der ständigen Einwirkungen g_k = 1,40 kN/m2

Auf den Grundriss bezogen: g_k =1,40/cos8° = 1,41 kN/m²Gfl

Schnee: H = 250 m über NN, Schneelastzone II s_k = 0,75 kN/m²Gfl

Bei einer Dachneigung von 8° wirkt der Wind nur abhebend!

Einzellast für Dächer Q_k = 1,0 kN

Lastfallkombination:

r_d = 1,35·1,41 + 1,50·0,75 = 3,03 kN/m²

Die Kombination „Ständige Einwirkungen" und „Personenlast" darf erst bei der Schnittkraftermittlung erfolgen.

System:

Die OSB-Platten mit einer Länge von 2,50 m werden über zwei Feldern versetzt angeordnet. Dadurch entstehen am Ortgang jeweils in jedem zweiten Platten-strang Einfeldträger.

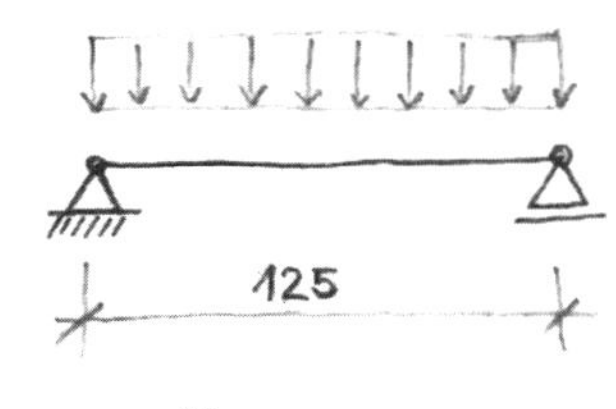

Schnittgrößen:

$$\max M_{\mathrm{d}} = \frac{q \cdot l^2}{8} = \frac{3,03 \cdot 1,25^2}{8} = 0,59 \text{ kNm}$$

ohne Schnee, aber mit Einzellast:

$$\max M_{\mathrm{d}} = 1,35 \cdot \frac{g_{\mathrm{k}} \cdot l^2}{8} + 1,5 \cdot \frac{Q_{\mathrm{k}} \cdot l^2}{4} = 1,35 \cdot \frac{1,41 \cdot 1,25^2}{8} + 1,5 \cdot \frac{1,00 \cdot 1,25}{4} = 0,84 \text{ kNm}$$

Bemessung: gewählt: OSB/3, $d = 25$ mm; $W = 104 \cdot 10^3 \text{mm}^3$; $I_{\mathrm{y}} = 130 \cdot 10^4 \text{mm}^4$

Am Dachüberstand sind die Platten zwar nicht den Niederschlägen, jedoch dem Außenklima ausgesetzt. Daher ist die Nutzungsklasse 2 vorauszusetzen. Die kürzeste Lasteinwirkungsdauer ist sowohl aus der Schneebelastung als auch aus der Einzellast mit “kurz“ anzunehmen. $\Rightarrow k_{\mathrm{mod}} = 0,70$

Nachweis der Tragfähigkeit:

$$\max \sigma_{\mathrm{m,d}} = \frac{M_{\mathrm{d}}}{W} = \frac{0,84 \cdot 10^6}{104 \cdot 10^3} = 8,08 \text{ N/mm}^2 \quad f_{\mathrm{m,0,d}} = \frac{k_{\mathrm{mod}} \cdot f_{\mathrm{m,0,k}}}{\gamma_{\mathrm{M}}} = \frac{0,7 \cdot 14,8}{1,3} = 7,97 \text{kN/cm}^2$$

oder: $f_{\mathrm{m,0,d}} = 1,273 \cdot 6,26 = 7,97 \text{ N/mm}^2$ nach Kapitel 2

$$\frac{\sigma_{\mathrm{m,d}}}{f_{\mathrm{m,d}}} = \frac{8,08}{7,97} = 1,01 \approx 1$$

Nachweis der Gebrauchstauglichkeit:

Da einfeldrige Plattenstücke nur am Rand der Scheibe vorkommen, darf der Nachweis der Durchbiegung am Zweifeldträger erfolgen. Die Nutzungsklasse, da nur im Innenbereich, darf mit 1 angenommen werden.

$$E_{0,\mathrm{mean}} = 4930 \text{ N/mm}^2$$

$$w_{\mathrm{g,inst}} = \frac{g_{\mathrm{k}} \cdot l^4}{184,6 \cdot E \cdot I} = \frac{1,41 \cdot 1250^4}{184,6 \cdot 4930 \cdot 130 \cdot 10^4} = 2,9 \text{ mm (nach [16], S. 4.7)}$$

$$w_{\mathrm{g,fin}} = w_{\mathrm{g,inst}} \cdot (1 + k_{\mathrm{def}}) = 2,9 \cdot (1 + 1,5) = 7,3 \text{ mm}$$

$$w_{\mathrm{q,inst}} = \frac{q_{\mathrm{k}} \cdot l^4}{184,6 \cdot E \cdot I} = \frac{0,75 \cdot 1250^4}{184,6 \cdot 4930 \cdot 130 \cdot 10^4} = 1,5 \text{ mm}$$

$$\frac{l}{300} = \frac{1250}{300} = 4,2 \text{ mm}$$

$$\frac{w_{\mathrm{q,inst}}}{\frac{l}{300}} = \frac{1,5}{4,2} = 0,36 < 1$$

$$w_{\mathrm{q,fin}} = w_{\mathrm{q,inst}} \cdot (1 + \psi_2 \cdot k_{\mathrm{def}}) = 1,5 \cdot (1 + 0 \cdot 1,5) = 1,5 \text{ mm}$$

$w_{\text{fin}} = 7,3 + 1,5 = 8,8$ mm $\quad w_{\text{fin}} - w_{\text{g,inst}} = 8,8 - 2,9 = 5,9$ mm $\quad \boxed{\dfrac{w_{\text{fin}} - w_{\text{g,inst}}}{\dfrac{l}{200}} = \dfrac{5,9}{6,3} = 0,94 < 1}$

Quasi-ständige Bemessungssituation

$w_{\text{fin}} - w_0 = 7,3 + 0 \cdot 1,5 \cdot (1 + 1,5) = 7,3\,\text{mm}$ $\quad \boxed{\dfrac{w_{\text{fin}} - w_0}{\dfrac{l}{200}} = \dfrac{7,3}{6,3} = 1,16 > 1!}$

In DIN 1052 werden im Abschnitt 9.3 (4) Grenzwerte für die Durchbiegung empfohlen, nicht gefordert. Die Entscheidung liegt alleine beim Tragwerksplaner. Da keine angrenzenden Bauteile vorhanden sind, die betroffen sein könnten, und die errechnete Durchbiegung auch keine optische Beeinträchtigung darstellt, wird die Durchbiegung von 7 mm akzeptiert, obwohl der empfohlene Wert für die quasiständige Bemessungssituation nicht eingehalten ist.

Pos 2: Die Fachwerkträger

System und Belastung

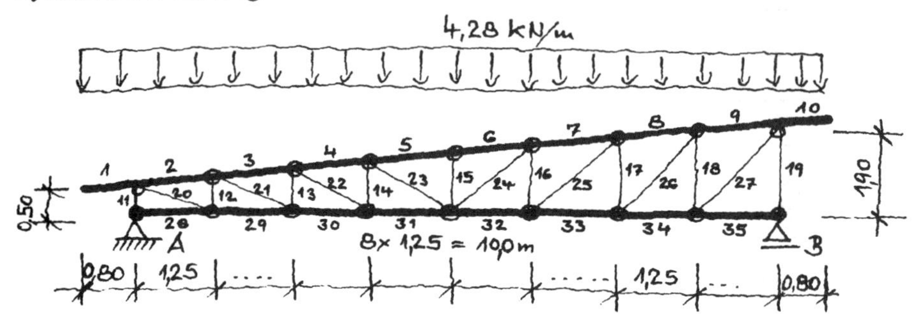

Ständige Einwirkungen:

- Aus dem Dachaufbau (siehe oben) $= 1{,}41$ kN/m^2
- Eigengewicht der Träger $\sim 0{,}20$ kN/m^2
- Summe der ständigen Einwirkungen $g_k = 1{,}61$ kN/m^2

Schnee: $H = 250$ m über NN, Schneelastzone II $s_k \sim 0{,}75$ kN/m^2

Bei einer Dachneigung von 8° wirkt der Wind nur abhebend!

Lastfallkombination:

$(g+s)_d = 1{,}35 \cdot 1{,}61 + 1{,}50 \cdot 0{,}75 = 3{,}30$ kN/m^2

Pro Binder im Abstand von 1,25m: $1{,}25 \cdot 3{,}30 = 4{,}13$ kN/m

Am „globalen" System:

$$\max M_d = \frac{q_d \cdot l^2}{8} = \frac{4{,}13 \cdot 10{,}0^2}{8} = 51{,}6 \text{ kNm}$$

$$\max V_d = \frac{q_d \cdot l}{2} - \frac{q_d \cdot \frac{l}{8}}{2} = \frac{q_d \cdot l \cdot \frac{7}{8}}{2} = \frac{4{,}13 \cdot 10 \cdot \frac{7}{8}}{2} = 18{,}1 \text{ kN}$$

Obergurt am Dachüberstand: $$\min M_d = -\frac{4{,}13 \cdot 0{,}80^2}{2} = -1{,}32 \text{ kNm}$$

über den Pfosten 12 bis 18: $$\min M_d = -\frac{4{,}13 \cdot 1{,}25^2}{12} = -0{,}54 \text{ kNm}$$

Stabkräfte:

$$S_{1,d} = \frac{\max V_d}{\sin 21{,}8°} = \frac{18{,}1}{\sin 21{,}8°} = 48{,}7 \text{ kN}$$

$$\max G^{U}_{m,d} = \frac{\max M_d}{h_{mean}} = \frac{51,6}{1,20} = \pm 43,0 \text{ kN}$$

$$\max G^{O}_{m,d} = \frac{\max M_d}{h_{mean} \cdot \cos\alpha} = \frac{51,6}{1,20 \cdot \cos 8°} = \pm 43,4 \text{ kN}$$

$$P_d = V_d + \left(\frac{1,25}{2} + 0,80\right) \cdot 4,13 = 24,0 \text{ kN}$$

Die übrigen Füllstabkräfte werden in einer Tabelle zusammengestellt.

	Nr.	Höhe bzw. Neigung[°]	V_d	Stabkräfte
Pfosten	11	0,50 m		24,0 kN
	12	0,68 m		15,5 kN
	13	0,85 m		10,3 kN
	14	1,03 m		5,2 kN
	15	1,20 m		5,2 kN
	16	1,38 m		5,2 kN
	17	1,55 m		10,3 kN
	18	1,73 m		15,5 kN
	19	1,90 m		24,0 kN
Streben	20	21,8 °	18,1 kN	48,7 kN
	21	28,4 °	12,9 kN	27,2 kN
	22	34,2 °	7,7 kN	13,8 kN
	23	39,4 °	2,6 kN	4,1 kN
	24	47,7 °	2,6 kN	3,5 kN
	25	51,1 °	7,7 kN	9,9 kN
	26	54,1 °	12,9 kN	15,9 kN
	27	56,7 °	18,1 kN	21,6 kN

Bemessung:

Untergurt: gewählt: 60/120 NH C 24

$A = 72 \cdot 10^2 \text{ mm}^2;\ W = 144 \cdot 10^3 \text{ mm}^3;\ I = 864 \cdot 10^4 \text{mm}^4$

NKL 1; KLD kurz $\Rightarrow k_{mod} = 0,90$

$$\max \sigma_{t,d} = \frac{N_d}{A} = \frac{43,0 \cdot 10^3}{72 \cdot 10^2} = 6,0 \text{ N/mm}^2 \qquad f_{t,0,d} = \frac{k_{mod} \cdot f_{t,0,k}}{\gamma_M} = \frac{0,9 \cdot 14}{1,3} = 9,69 \text{ N/mm}^2$$

oder: $f_{t,0,d} = 1,125 \cdot 8,62 = 9,69 \text{ N/mm}^2$ **nach Kapitel 2**

$$\boxed{\frac{\sigma_{t,d}}{f_{t,0,d}} = \frac{6,0}{9,69} = 0,62 < 1}$$

Obergurt: gewählt: 60/180 NH C 24

$A = 108 \cdot 10^2 \text{ mm}^2;\ W = 324 \cdot 10^3 \text{ mm}^3;\ I = 2\,916 \cdot 10^4 \text{ mm}^4$

Das Knicken aus der Fachwerkebene heraus wird durch die Dachscheibe verhindert. Für den Knicknachweis in Fachwerkebene darf die Knicklänge mit 0,8*s* angenommen werden.

Über dem Pfosten Stab 15: $N_d = 43{,}4$ kN; $M_d = 0{,}54$ kNm

$$s_k = 0{,}8 \cdot \frac{125}{\cos 8°} = 101 \text{ cm}; \quad i = \frac{h}{\sqrt{12}} = \frac{18}{\sqrt{12}} = 5{,}2 \text{ cm}; \quad \lambda = \frac{s_k}{i} = \frac{101}{5{,}2} = 20$$

$$E_{0,05} = \frac{2}{3} \cdot E_{0,\text{mean}} = \frac{2}{3} \cdot 11000 = 7333 \text{ N/mm}^2$$

$$\sigma_{c,\text{crit}} = \pi^2 \cdot \frac{E_{0,05}}{\lambda^2} = \pi^2 \cdot \frac{7333}{20^2} = 181 \text{ N/mm}^2$$

$$\lambda_{\text{rel,c}} = \sqrt{\frac{f_{c,0,k}}{\sigma_{c,\text{crit}}}} = \sqrt{\frac{21}{181}} = 0{,}34$$

$$k = 0{,}5\left[1 + \beta_c \cdot (\lambda_{\text{rel,c}} - 0{,}3) + \lambda_{\text{rel,c}}^2\right] = 0{,}5\left[1 + 0{,}2 \cdot (0{,}34 - 0{,}3) + 0{,}34^2\right] = 0{,}56$$

$$k_c = \frac{1}{k + \sqrt{k^2 - \lambda_{\text{rel,c}}^2}} = \frac{1}{0{,}56 + \sqrt{0{,}56^2 - 0{,}34^2}} = 1$$

oder: $k_c \approx 1$ aus Tabelle 9.1

$$f_{m,0,d} = \frac{k_{\text{mod}} \cdot f_{m,0,k}}{\gamma_M} = \frac{0{,}9 \cdot 24}{1{,}3} = 16{,}6 \text{ N/mm}^2$$

oder: $f_{m,0,d} = 1{,}125 \cdot 14{,}8 = 16{,}6 \text{N/mm}^2$ nach Kapitel 2

$$f_{c,0,d} = \frac{k_{\text{mod}} \cdot f_{c,0,k}}{\gamma_M} = \frac{0{,}9 \cdot 21}{1{,}3} = 14{,}5 \text{ N/mm}^2$$

oder: $f_{c,0,d} = 1{,}125 \cdot 12{,}9 = 14{,}5 \text{ N/mm}^2$ nach Kapitel 2

$$\max \sigma_{m,d} = \frac{M_d}{W} = \frac{0{,}54 \cdot 10^6}{324 \cdot 10^3} = 1{,}66 \text{ N/mm}^2 \qquad \max \sigma_{c,0,d} = \frac{G_d}{A} = \frac{43{,}4 \cdot 10^3}{108 \cdot 10^2} = 4{,}0 \text{ N/mm}^2$$

$$\frac{\sigma_{c,0,d}}{k_c \cdot f_{c,d}} + \frac{\sigma_{m,d}}{f_{m,d}} = \frac{4{,}0}{1 \cdot 14{,}5} + \frac{1{,}66}{16{,}6} = 0{,}38 < 1$$

Mit Moment an der Auskragung:

$$\max \sigma_{\text{m,d}} = \frac{M_{\text{d}}}{W} = \frac{1{,}32 \cdot 10^6}{162 \cdot 10^3} = 8{,}1 \text{ N/mm}^2$$

$$\boxed{\frac{\sigma_{\text{m,d}}}{f_{\text{m,d}}} = \frac{8{,}1}{16{,}6} = 0{,}50 < 1}$$

Pfosten: gewählt: 60/180 NH C 24

$A = 108{\cdot}10^2$ mm²; $W = 324{\cdot}10^3$ mm³; $I = 2\,916{\cdot}10^4$ mm⁴

$$s_{\text{k}} = 190 \text{ cm}; \qquad i = \frac{h}{\sqrt{12}} = \frac{6}{\sqrt{12}} = 1{,}72 \text{ cm}; \qquad \lambda = \frac{s_{\text{k}}}{i} = \frac{190}{1{,}72} = 110$$

$$E_{0,05} = \frac{2}{3} \cdot E_{0,\text{mean}} = \frac{2}{3} \cdot 11000 = 7333 \text{ N/mm}^2$$

$$\sigma_{\text{c,crit}} = \pi^2 \cdot \frac{E_{0,05}}{\lambda^2} = \pi^2 \cdot \frac{7333}{110^2} = 5{,}9 \text{ N/mm}^2$$

$$\lambda_{\text{rel,c}} = \sqrt{\frac{f_{\text{c,0,k}}}{\sigma_{\text{c,crit}}}} = \sqrt{\frac{21}{5{,}9}} = 1{,}89$$

$$k = 0{,}5\left[1 + \beta_{\text{c}} \cdot \left(\lambda_{\text{rel,c}} - 0{,}3\right) + \lambda_{\text{rel,c}}^2\right] = 0{,}5\left[1 + 0{,}2 \cdot (1{,}89 - 0{,}3) + 1{,}89^2\right] = 2{,}45$$

$$k_{\text{c}} = \frac{1}{k + \sqrt{k^2 - \lambda_{\text{rel,c}}^2}} = \frac{1}{2{,}45 + \sqrt{2{,}45^2 - 1{,}89^2}} = 0{,}25$$

oder: $k_{\text{c}} = 0{,}252$ **aus Tabelle 9.1**

$$\max \sigma_{\text{c,0,d}} = \frac{N_{\text{d}}}{A} = \frac{24 \cdot 10^3}{108 \cdot 10^2} = 2{,}22 \text{ N/mm}^2$$

$$\boxed{\frac{\sigma_{\text{c,0,d}}}{k_{\text{c}} \cdot f_{\text{c,0,d}}} = \frac{2{,}22}{0{,}25 \cdot 14{,}5} = 0{,}61 < 1}$$

Strebe: gewählt: 2×30/140 NH C 24 $\qquad A = 84{\cdot}10^2$ mm²

$$\max \sigma_{\text{t,0,d}} = \frac{N_{\text{d}}}{A} = \frac{48{,}7 \cdot 10^3}{84 \cdot 10^2} = 5{,}8 \text{ N/mm}^2$$

$$f_{\text{t,0,d}} = \frac{k_{\text{mod}} \cdot f_{\text{t,0,k}}}{\gamma_{\text{M}}} = \frac{0{,}9 \cdot 14}{1{,}3} = 9{,}6 \text{N/mm}^2$$

Wegen ausmittiger Krafteinleitung Abminderung auf 2/3 **nach Abschnitt 8.2.**

$$\boxed{\frac{\sigma_{\text{t,d}}}{f_{\text{t,0,d}}} = \frac{5{,}8}{0{,}67 \cdot 9{,}6} = 0{,}90 < 1}$$

Anschluss Strebe-Gurt: gewählt: glattschaftige Nägel 3,4×80, vorgebohrt

Lochleibungsfestigkeit:

$$f_{\text{h,0,k}} = 0{,}082 \cdot (1 - 0{,}01 \cdot d) \cdot \rho_{\text{k}} = 0{,}082 \cdot (1 - 0{,}01 \cdot 3{,}4) \cdot 350 = 27{,}7 \text{ N/mm}^2$$

Fließmoment für runde glattschaftige Nägel:

$$M_{\text{y,k}} = 0{,}3 \cdot f_{\text{u,k}} \cdot d^{2,6} = 0{,}3 \cdot 600 \cdot 3{,}4^{2,6} = 4336 \text{ Nmm}$$

Charakteristischer Wert der Tragfähigkeit:

$$R_{\text{k}} = \sqrt{2 \cdot M_{\text{y,k}} \cdot f_{\text{h,1,k}} \cdot d} = \sqrt{2 \cdot 4.336 \cdot 27{,}7 \cdot 3{,}4} = 904 \text{ N} = 0{,}904 \text{ kN}$$

Bemessungswert der Tragfähigkeit:

$$R_{\text{d}} = \frac{k_{\text{mod}} \cdot R_{\text{k}}}{\gamma_{\text{M}}} = \frac{0{,}9 \cdot 0{,}904}{1{,}1} = 0{,}74 \text{kN}$$

oder: $R_{\text{d}} = 1{,}125 \cdot 0{,}58 = 0{,}74$ kN aus Tabelle 12.17

$$n_{\text{req}} = \frac{S}{R_{\text{d}}} = \frac{49{,}9}{0{,}74} = 68\text{Nä} \quad \Rightarrow 34 \text{ Nä pro Seite}$$

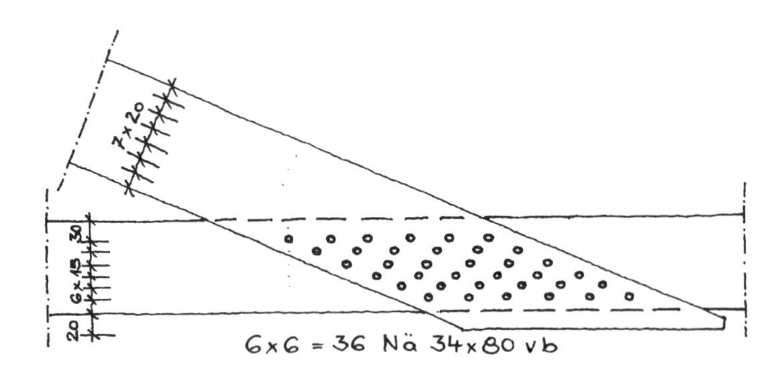

Stabkräfte und erforderliche Anzahl von Nägeln

	Nr.	Höhe bzw. Neigung[°]	V	Stabkräfte	n_{req} für Nägel pro Seite
Pfosten	11	50 cm		24,0 kN	
	12	68 cm		15,5 kN	
	13	85 cm		10,3 kN	
	14	103 cm		5,2 kN	
	15	120 cm		5,2 kN	
	16	138 cm		5,2 kN	
	17	155 cm		10,3 kN	
	18	173 cm		15,5 kN	
	19	190 cm		24,0 kN	
Streben	20	21,8 °	18,1 kN	48,7 kN	33
	21	28,4 °	12,9 kN	27,2 kN	19
	22	34,2 °	7,7 kN	13,8 kN	10
	23	39,4 °	2,6 kN	4,1 kN	3
	24	47,7 °	2,6 kN	3,5 kN	3
	25	51,1 °	7,7 kN	9,9 kN	7
	26	54,1 °	12,9 kN	15,9 kN	11
	27	56,7 °	18,1 kN	21,6 kN	15

6.6 Ausführungsplanung

6.6.1 Allgemeines

Auszug aus [13], § 64 (3)

Durcharbeiten der Ergebnisse der Leistungsphasen 3 und 4 unter Beachtung der durch die Objektplanung integrierten Fachplanungen...

Zeichnerische Darstellung der Konstruktionen mit Einbau- und Verlegeanweisungen

Die Ausführungsplanung ist das „Fenster zur Außenwelt". Die hierfür erstellten Konstruktionspläne werden allen an dem Bauvorhaben Beteiligten zugestellt. Sie prägen somit das Image des Tragwerksplaners stärker als alle anderen Ergebnisse der übrigen Leistungsphasen. Reibungslosigkeit bei der gesamten Abwicklung des Bauvorhabens muss beim Erstellen oberste Priorität bekommen.

Da die Ausführungspläne Grundlage für die Werkstattzeichnungen sind, oftmals auch zu solchen ergänzt werden, ist von ihnen auch die Qualität des Tragwerks sehr stark abhängig.

Der Zeichnende muss hierin alles darstellen und genau bezeichnen, was für die Fertigung wichtig ist. Er sollte in der Lage sein, sich in die Rolle des Fertigenden zu versetzen, um beurteilen zu können, welche Angaben dieser zwingend benötigt. Falsche Sparsamkeit, z.B. bei Maßangaben, stellt sich meist bald als erhöhter Aufwand dar, wenn Rückrufe erforderlich werden, um Fakten abzuklären, die auf den Plänen nicht, oder nur unzureichend, dargestellt sind.

6.6.2 Checkliste Ausführungsplanung [siehe auch [17]]

- **Grundrisse, 1:50 oder 1:100**
  - Ansichtskanten der Holzbauteile mit durchgezogenen mitteldicken Strichen (0,35 mm)
  - Unterstützende Bauteile mit durchgezogenen dicken Strichen, so, als wären sie geschnitten, auch wenn sie unterhalb der Ansichtsebene liegen.
  - Belastende Bauteile, z.B. Wände, gestrichelt mit mitteldicken Strichen

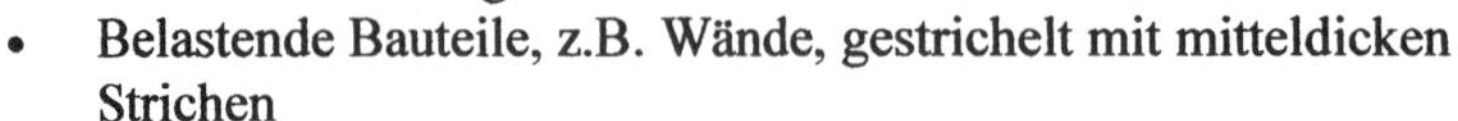

  - Maßketten mit dünnen Strichen (0,18 mm) und dicken Schrägstrichen
  - Querschnittsangaben, z.B. 60/240
  - Begrenzungen von nicht komplett dargestellten Grundrissen mit dünnen strichpunktierten Linien
- **Schnitte, 1:50 oder 1:100**
  - Ansichtskanten der Holzbauteile mit durchgezogenen mitteldicken Strichen (0,35 mm)
  - Geschnittene Bauteile mit durchgezogenen dicken Strichen

- **Details, 1:5 oder 1:10**
  - Vermaßung der Verbindungsmittelabstände
  - Abmessungen der Bleche
  - Eindeutige Darstellung (Anzahl der Schnitte)
- **Plankopf auf allen Plänen, mit Angaben zu**
  - Bauvorhaben, Bauort und Bauherr
  - Tragwerksplaner
  - Kürzel des Planfertigers
  - Planinhalt
  - Maßstab, Projektnummer, Datum und Plannummer (bei geänderten Plänen mit Index)
  - Änderungstabelle mit Indizes

i	Änderung	Datum	gef
a	*Vermaßung der Tore*	*15.3.2005*	*MV*

Maßstab: 1:100; 1:10
Projekt-Nr.: 1130
Datum: 4.3.2005

Plan.-Nr.:
A3a
gefertigt: MV

Bauvorhaben, Bauort, Bauherr:
Neubau einer Werkhalle
Ritterstraße 25
72770 Reutlingen

Planinhalt:
Konstruktionsplan
(Ausführungsplanung)
Grundriss, Schnitte, Details

Ingenieurbüro für Tragwerksplanung

Dipl.-Ing. Peter Mustermann
Auf dem Katzenstieg 69, 74359 Albstadt
Tel.: 071..../.........
Fax: 071..../..........
mustermann@t-unline.de

Bild 6.24 Beispiel für einen Plankopf

Auszug aus einem Ausführungsplan siehe Anhang.

7 Schnittgrößen

7.1 Allgemeines

Wirklichkeitsnahe Schnittgrößen erhält man, wenn die Wirklichkeit durch das **statische Modell**, die Einwirkungen und die **Steifigkeiten** der Bauteile und der Verbindungen bei der Berechnung möglichst gut erfasst wird. Es darf von einem linear-elastischen Baustoffverhalten und von linearen Last-Verschiebungsbeziehungen der Verbindungen ausgegangen werden.

Die Tragkonstruktion eines Bauwerks stellt grundsätzlich ein räumliches System dar und bei in Stabachse auf Druck beanspruchten Bauteilen haben die Verformungen eine Vergrößerung der Schnittgrößen zur Folge. Somit sind wirklichkeitsnahe Schnittgrößen an räumlichen Systemen unter Berücksichtigung der Verformungen zu ermitteln.

Die räumliche Tragfähigkeit des Gesamtsystems kann als offensichtlich gegeben angesehen werden, wenn bei Aufteilung in ebene Teilsysteme diese Systeme stabil sind und dafür die Nachweise erbracht werden. Deshalb werden üblicherweise räumliche Systeme in zwei oder mehr ebene Systeme aufgeteilt, um den Aufwand zu verringern.

Die Vergrößerung der Schnittgrößen infolge der Verformungen wird entweder mit dem Ersatzstabverfahren oder der Theorie II. Ordnung berücksichtigt.

7.1.1 Statisches Modell

Achsen der Stäbe

Die *Achsen der Stäbe* müssen mit den Systemlinien des statischen Modells übereinstimmen. Werden z. B. bei einem parallelgurtigen Fachwerkträger (siehe Bild 7.1) die Systemlinien der Gurte in die Gurtober- und Gurtunterseiten statt in die Stabachse gelegt, berechnet sich für eine Gurthöhe $h = 0{,}12 \cdot H$ die Gurtnormalkraft auf der unsicheren Seite liegend zu

$$N_{\text{ist}} = \frac{M}{H+h} = 0{,}89 \cdot N_{\text{soll}}$$

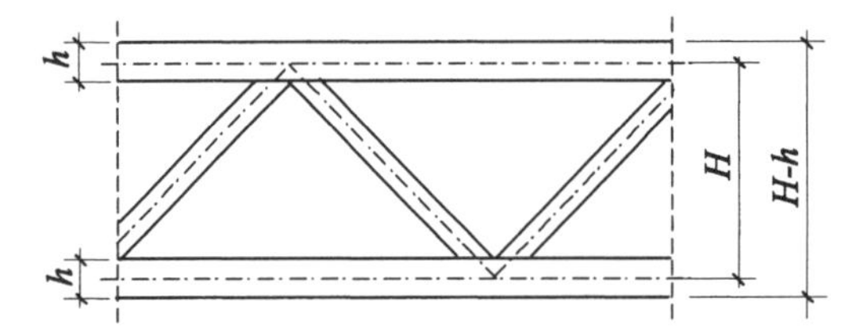

Bild 7.1 Stabachsen identisch mit Systemlinien

Verbindungen der Stäbe

Bei der Verbindung der Stäbe untereinander wird in *direkte und indirekte Verbindungen* unterschieden. Bei direkter Verbindung eines Stabes 1 mit einem Stab 2 wird die Kraft entweder über Kontakt oder über mechanische Verbindungsmittel übertragen. In beiden Fällen handelt es sich um nachgiebige Verbindungen, die bei einer genauen Berechnung durch Dehnfedern (mit Dehnfedersteifigkeiten K_j) und gegebenenfalls Drehfedern (mit Drehfedersteifigkeiten K_φ) im statischen Modell berücksichtigt werden.

Direkte Verbindungen

Im Falle des Kontaktanschlusses ist der Kraftverlauf von Stab 1 zum Stab 2

für die Beispiele in Bild 7.2:

Stabachse 1 → Anschlusspunkt (AP), der auf der Stabachse 1 liegt → fiktiver Stab zwischen AP und Stabachse 2 → Stabachse 2;

für das Beispiel in Bild 7.3:

Stabachse 1 → fiktiver Stab zwischen Stabachse 1 und AP → AP, der nicht auf Stabachse 1 liegt → fiktiver Stab zwischen AP und Stabachse 2 → Stabachse 2.

Der AP stellt im statischen Modell ein Gelenk dar. Der weitere Kraftverlauf im Stab 2 hängt vom statischen Modell ab, in das der Stab 2 eingebunden ist.

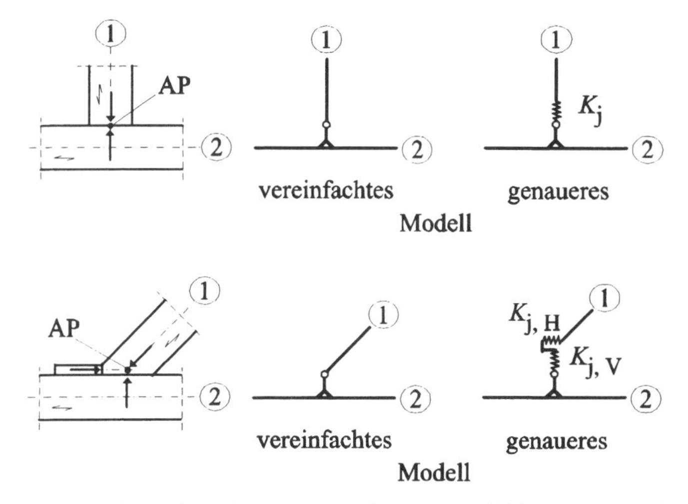

Bild 7.2 Direkte Verbindung über Kontakt; Anschlusspunkt (AP) liegt auf Stabachse 1

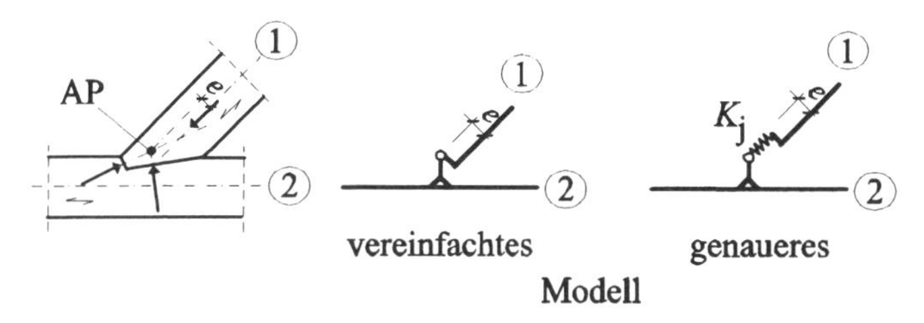

Bild 7.3 Direkte Verbindung über Kontakt; AP liegt nicht auf Stabachse 1

Im Fall der direkten Verbindung über mechanische Verbindungsmittel ergibt sich ein Kraftverlauf von Stab 1 zum Stab 2 für das Beispiel in Bild 7.4:

Stabachse 1 → AP → Stabachse 2, wenn der AP auf dem Schnittpunkt der beiden Stabachsen liegt;

für das Beispiel in Bild 7.5

Stabachse 1 → AP → fiktiver Stab zwischen AP und Stabachse 2 → Stabachse 2, wenn der AP nicht auf der Stabachse 2 liegt.

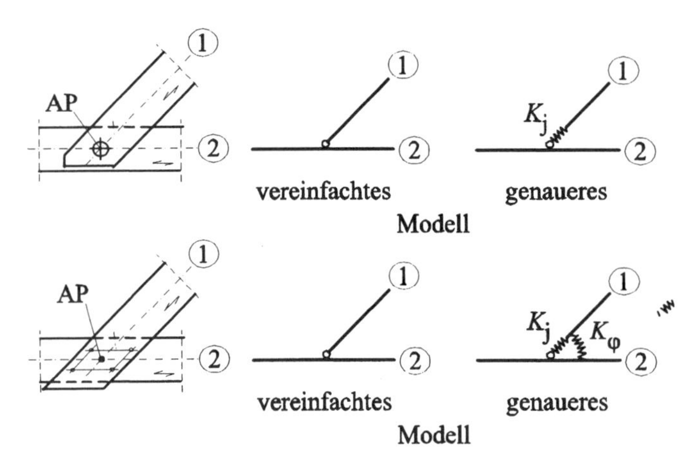

Bild 7.4 Direkte Verbindung; AP liegt auf dem Schnittpunkt der Stabachsen

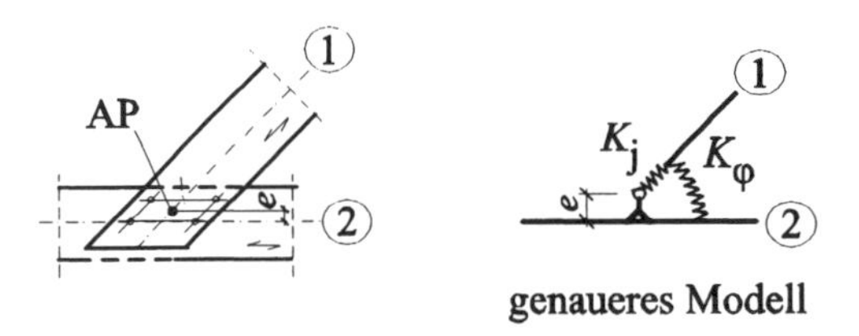

Bild 7.5 Direkte Verbindung; AP liegt nicht auf Stabachse 2

Je nach Ausbildung des Anschlussbildes ist der AP als Gelenk oder als drehsteifer Anschluss zu betrachten. Die Anordnung von Dehnfedern zur Berücksichtigung der Nachgiebigkeit bei der Übertragung von Normal- und Querkraft zeigt Bild 7.6b.

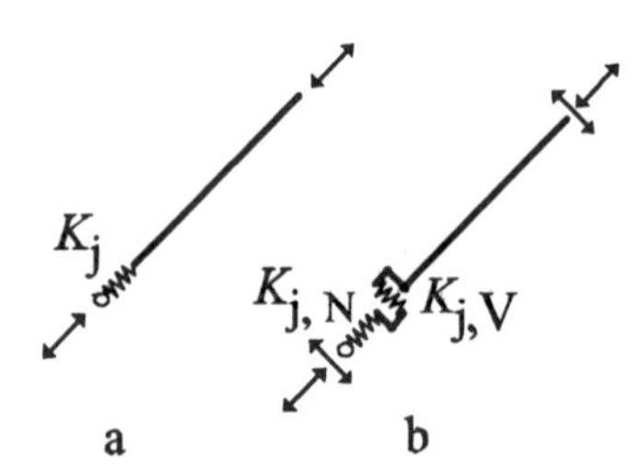

Bild 7.6 Dehnfedern im AP zur Berücksichtigung der Nachgiebigkeit des Anschlusses bei (a) Normalkräften und (b) Normal- und Querkräften

Ob in allen Fällen eine vorhandene Federsteifigkeit rechnerisch berücksichtigt wird, hängt auch von Faktoren wie Robustheit der Konstruktion oder Art und Größe der Einwirkungen und Schnittgrößen ab. Eine Darstellung der Modellierung und Berechnung und weitere Literatur kann z. B. [18] entnommen werden.

Wie die Stabsteifigkeiten, so wirken sich auch die Verbindungssteifigkeiten bei statisch unbestimmten Systemen nicht nur auf die Gesamtverformung, sondern auch auf die Schnittgrößen aus.

Indirekte Verbindungen

Bei indirekten Verbindungen wird die Kraft eines Stabes 1 über ein Verbindungselement (VE) und mechanische Verbindungsmittel an einen Stab 2 übertragen (Bild 7.7a). Das Verbindungselement wird in das statische Modell als Stab eingeführt, dessen Stabenden die Anschlusspunkte bilden. Je nach Ausbildung des Anschlussbildes ist der Anschlusspunkt wie beim direkten Anschluss als Gelenk oder als drehsteifer Anschluss zu betrachten.

Die Drehsteifigkeit der Anschlüsse an ein Verbindungselement ist so zu berücksichtigen, dass das Tragwerk nicht kinematisch wird. Dies wird erreicht, indem

- die Drehsteifigkeit aller Anschlüsse berücksichtigt wird (Bild 7.7b) oder
- eine hinreichende Zahl oder alle Stäbe drehstarr an das Verbindungselement angeschlossen werden oder
- die Anschlusspunkte aller Stäbe drehstarr angenommen werden und an einen gemeinsamen Gelenkpunkt auf dem Verbindungselement angeschlossen werden (Bild 7.7c).

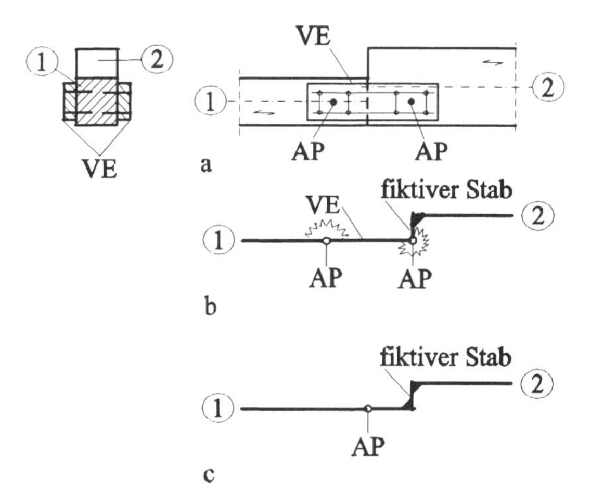

Bild 7.7 Modellbildung mit Verbindungselement

Im häufigen Fachwerkknotenanschluss mit Schlitzblechen (siehe Bild 7.8) berechnet sich die Dehnfedersteifigkeit K^* je Strebenanschluss am Schlitzblech zu

$$K^* = \frac{N}{\dfrac{N}{n_\mathrm{D} \cdot K_\mathrm{j,D}} + \dfrac{\Delta G}{n_{\Delta\mathrm{G}} \cdot K_\mathrm{j,G}} \cdot \cos\alpha} = \frac{1}{\dfrac{1}{n_\mathrm{j,D} \cdot K_\mathrm{j,D}} + \dfrac{2 \cdot \cos^2\alpha}{n_\mathrm{j,D} \cdot K_\mathrm{j,D}}}$$

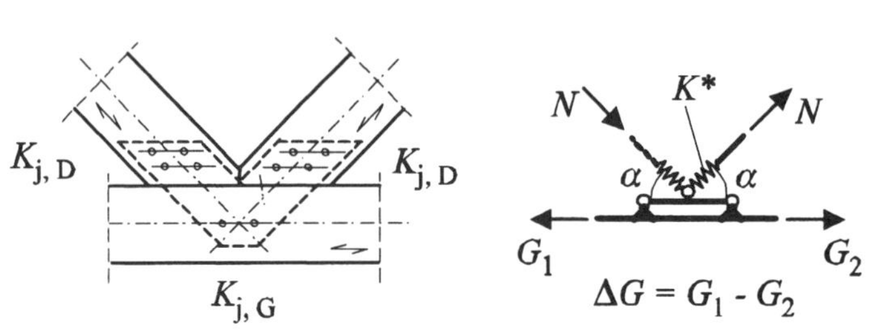

Bild 7.8 Modellierung mit Schlitzblech als Verbindungselement

Die Modellierung der Auflager von Stabtragwerken hat Ausmittigkeiten und gegebenenfalls die Steifigkeit der Unterkonstruktion z. B. durch Federsteifigkeiten zu berücksichtigen.

Die beschriebene, wirklichkeitsnahe Modellierung ist für Vorbemessungen und einfachere Bauwerke nicht erforderlich und darf durch auf der sicheren Seite liegende Annahmen vereinfacht werden.

7.1.2 Steifigkeiten

Zur möglichst wirklichkeitsnahen Modellierung einer Tragstruktur gehören neben dem statischen Modell und zutreffenden Lastannahmen auch die Steifigkeiten der Stäbe und Verbindungen nach Tabelle 7.1.

Tabelle 7.1 Steifigkeiten

Stab	
Dehnsteifigkeit $D = \dfrac{E_\mathrm{0,mean} \cdot A}{\gamma_\mathrm{M}}$	Biegesteifigkeit $B = \dfrac{E_\mathrm{0,mean} \cdot I}{\gamma_\mathrm{M}}$
Schubsteifigkeit $S = \dfrac{G_\mathrm{mean} \cdot A_\mathrm{v}}{\gamma_\mathrm{M}}$	Torsionssteifigkeit $T = \dfrac{G_\mathrm{mean} \cdot I_\mathrm{T}}{\gamma_\mathrm{M}}$
Verbindung	
Dehnfedersteifigkeit $K_\mathrm{j} = \dfrac{2 \cdot \sum_{i=1}^{n} K_\mathrm{ser}}{3 \cdot \gamma_\mathrm{M}}$ n Anzahl der Scherfugen der Stifte n Anzahl der Dübel besonderer Bauart	Drehfedersteifigkeit $K_\varphi = \dfrac{2 \cdot \sum_{i=1}^{n} K_\mathrm{ser,i} \cdot r_\mathrm{i}^2}{3 \cdot \gamma_\mathrm{M}}$ r_i Abstand des VM vom Drehpunkt des Anschlusses (Schwerpunkt des Anschlussbildes)

7.2 Ersatzstabverfahren

7.2.1 Druckstäbe

Beim Ersatzstabverfahren dürfen die Schnittgrößen nach Theorie I. Ordnung berechnet werden. Vorverformungen sind in der Herleitung des Knickbeiwertes k_c (siehe Kap. 9) berücksichtigt.

Einzelabstützungen eines Druckstabes

Bei Zwischenabstützungen nach Bild 7.9 darf mit der Ersatzstablänge a gerechnet werden.

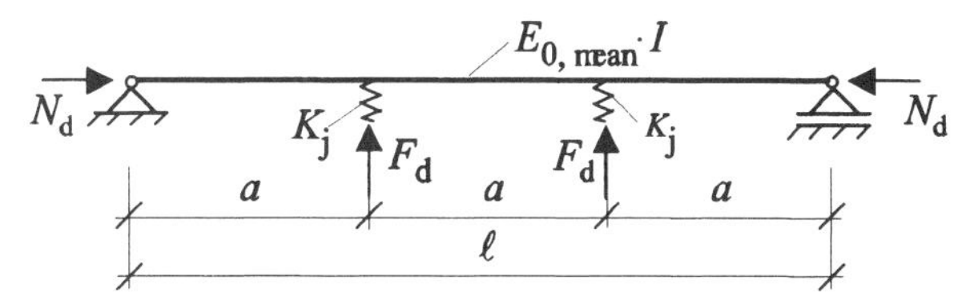

Bild 7.9 Beispiel für Einzelabstützungen eines Druckstabes

Die Vorkrümmung zwischen den Einzelabstützungen darf höchstens betragen:

$\leq a/300$ bei Stäben aus VH und BASH

$\leq a/500$ bei Stäben aus BSH und FSH

Die Federsteifigkeit der Einzelabstützung muss dabei mindestens

$$K_j = \frac{4 \cdot \pi^2 \cdot E_{0,\text{mean}} \cdot I}{a^3} \quad \text{betragen.}$$

$E_{0,\text{mean}} \cdot I$	Biegesteifigkeit des Druckstabes bei Durchbiegung in Richtung der Einzelabstützung
a	Abstand zwischen zwei Abstützungen

Übliche konstruktive Abstützungen sind ausreichend steif, so dass sich ein Nachweis der Federsteifigkeit der Einzelabstützung erübrigt. Erfolgt z. B. die Einzelabstützung über einen biegeweichen Stab, ist die Überprüfung der Mindeststeifigkeit am nachfolgenden Beispiel durchgeführt worden.

Beispiel:

Verbandsdiagonale D wird von Pfette P in Stabmitte abgestützt.

D: 120/120 mm VH C 24 $\quad \ell_D = 6{,}0 \cdot \sqrt{2} = 8{,}48$ m

P: 140/200 mm VH C 24 $\quad \ell_P = 6{,}0$ m

Federsteifigkeit der Einzelabstützung durch die Pfette

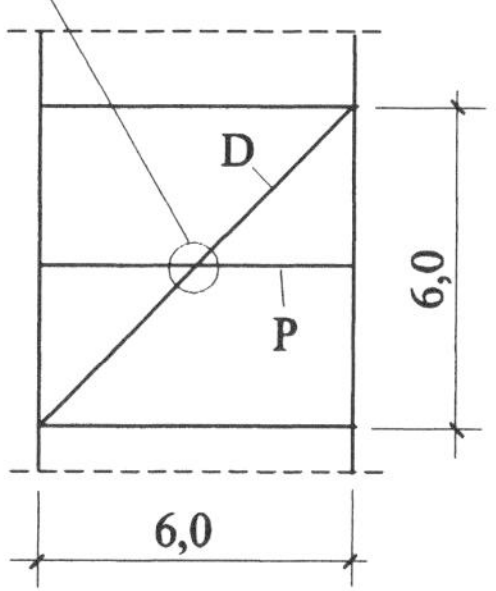

Bild 7.10 Draufsicht

$$K_j = \frac{F}{w} = \frac{F \cdot 48 \cdot (EI)_P}{F \cdot \ell_P^3} = \frac{48 \cdot 11000 \cdot 140 \cdot 200^3}{12 \cdot 6000^3} = 228 \text{ N/mm}$$

Mindeststeifigkeit

$$\frac{4 \cdot \pi^2 \cdot (EI)_D}{(\ell_D / 2)^3} = \frac{4 \cdot \pi^2 11000 \cdot 120^4}{12 \cdot (8480/2)^3} = 98 \text{ N/mm}$$

Nachweis: $K_j = 228 \text{ N/mm} > 98 \text{ N/mm}$

Der Bemessungswert der Abstützeinzellast lautet:

$F_d = N_d \cdot (1 - k_c) /50$ für VH und BASH

$F_d = N_d \cdot (1 - k_c) /80$ für BSH und FSH

mit

N_d Bemessungswert der mittleren Normalkraft im Druckstab
k_c Knickbeiwert für den nicht ausgesteiften Druckstab nach Abschnitt 9.1

Aussteifungskonstruktion für die Einzelabstützungen

Die Aussteifungskonstruktion für die Einzelabstützungen darf zusätzlich zu anderen Einwirkungen für eine als gleichmäßig verteilt angenommene Ersatzlast $q_d = \frac{N_d \cdot (1 - k_c)}{30 \cdot \ell}$ bemessen werden.

Der Faktor $(1 - k_c)$ berücksichtigt die Knicksteifigkeit des Stabes mit der unausgesteiften Gesamtlänge.

7.2.2 Biegestäbe

Beim Ersatzstabverfahren für Biegestäbe dürfen die Schnittgrößen nach Theorie I. Ordnung berechnet werden. Vorverformungen sind in der Herleitung des Kippbeiwertes k_m (siehe Kapitel 10) berücksichtigt.

Einzelabstützungen des Druckgurts eines Biegestabes

Bedingung für die Federsteifigkeit der Einzelabstützung wie bei Einzelabstützungen eines Druckstabes.

Bemessungswert der Abstützeinzellast wie bei Einzelabstützungen eines Druckstabes mit

$$N_d = (1 - k_m) \cdot \frac{M_d}{h}$$

k_m Kippbeiwert für den nicht ausgesteiften Biegestab nach Kapitel 10
M_d Bemessungswert des größten Biegemoments im Stab
h Höhe des Stabquerschnitts

Der Faktor ($1 - k_m$) berücksichtigt die Kippsteifigkeit des Trägers mit der unausgesteiften Gesamtlänge.

Aussteifungskonstruktion für Druckgurte von Biegestäben oder Fachwerkträgern

Die Aussteifungskonstruktion ist zusätzlich zu äußeren Einwirkungen (z.B. Windlast)

für die Ersatzlasten $q_d = k_\ell \cdot \frac{n \cdot N_d}{30 \cdot \ell}$ und

$Q_d = q_d \cdot \ell / 2$ zu bemessen mit

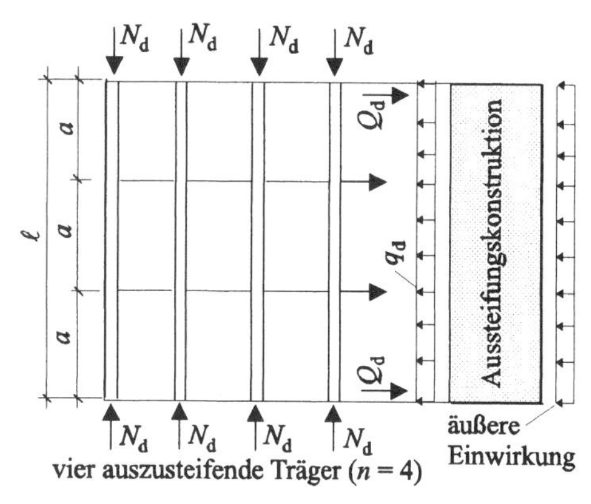

Bild 7.11 Aussteifung von Druckgurten (Grundriss)

$k_\ell \quad = \sqrt{15/\ell} \leq 1$

k_ℓ berücksichtigt, dass bei großen Stützweiten die Vorverformung nicht mehr linear mit ℓ zunimmt

n_d Anzahl der auszusteifenden Biegestäbe oder Fachwerkträger

N_d siehe Einzelabstützungen des Druckgurts eines Biegestabes

N_d mittlere Normalkraft im Druckgurt bei Fachwerkträgern

Nachweis der rechnerischen Ausbiegung v der Aussteifungskonstruktion infolge q_d und äußeren Einwirkungen mit einem Grenzwert von $\ell / 500$.

Gabellager

Die bei Biegestäben erforderliche Gabellagerung an den Stabenden ist so zu bemessen, dass sie mindestens ein Torsionsmoment $T_d = M_d \cdot \left[\frac{1}{80} - \frac{1}{60} \cdot \frac{e}{h} \cdot (1 - k_m) \right]$ aufnehmen kann.

M_d Bemessungsmoment des größten Biegemoments im Stab

e Mittenabstand der Aussteifungskonstruktion von der horizontalen Festhaltung des Stabes am Auflager

h Höhe des Stabquerschnitts

k_m Kippbeiwert für den nicht ausgesteiften Stab nach Kapitel 10

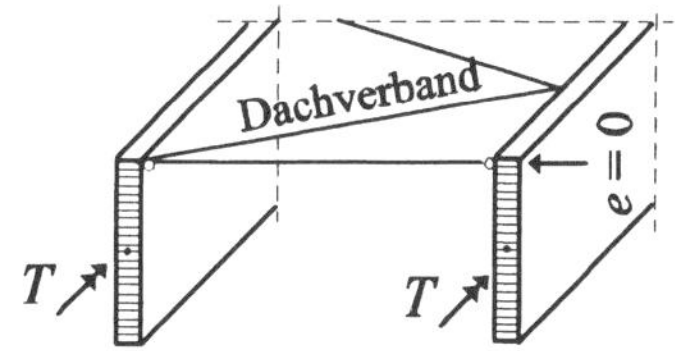

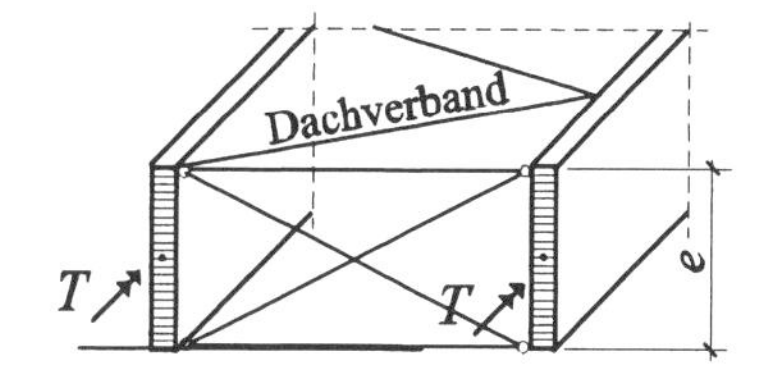

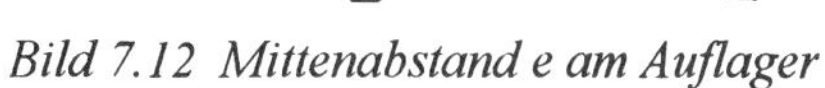

Bild 7.12 Mittenabstand e am Auflager

7.3 Theorie II. Ordnung

Anwendung der Theorie II. Ordnung oder des Ersatzstabverfahrens bei auf Druck beanspruchten Systemen ist erforderlich, wenn für die Stäbe des Systems die Bedingung

$\ell_{ef} \cdot \sqrt{\dfrac{N_d \cdot \gamma_M}{E_{mean} \cdot I}} \leq 1$ nicht mehr eingehalten ist

ℓ_{ef} Ersatzstablänge — N_d Bemessungswert der Druckkraft im Stab

$\gamma_M = 1{,}3$ — I Flächenmoment 2. Grades

Regeln für Theorie II. Ordnung

- Rechenwert der Ausmitte $e = 0{,}0025 \cdot \ell$ mit ℓ als Stablänge bzw. Abstand der Knotenpunkte;
- Ansatz von Vorkrümmungen bei verschieblichen Rahmensystemen nicht erforderlich;
- Rechenwert des Schrägstellungswinkels φ im Bogenmaß in Abhängigkeit von der Tragwerkshöhe h:

  $\varphi = 0{,}005$ für $h \leq 5$ m

  $\varphi = 0{,}005 \cdot \sqrt{5/h}$ für $h > 5$ m

Steifigkeitskennwerte nach 7.1.2, ausgenommen Einzelstäbe, bei denen E_{mean} durch E_{05} zu ersetzen ist. Dies kann damit begründet werden, dass nicht alle Stäbe eines Systems die 5%-Quantilwerte der Steifigkeit haben. Für die Berechnung eines einzelnen Stabes, als Tragwerk oder als statisch bestimmt gelagerter Stab in einem Tragwerk, müssen dagegen als Steifigkeitskennwerte die 5%-Quantilwerte verwendet werden. Damit werden nach dem Ersatzstabverfahren und nach Theorie II. Ordnung für den Einzelstab ähnliche Ergebnisse erhalten. Es gelten dann die Werte nach Tabelle 7.2.

Tabelle 7.2 Steifigkeiten für einzelne Stäbe für den Grenzzustand der Tragfähigkeit

	Anfangszustand	Endzustand
Bauteile	$\dfrac{E_{0,05}}{\gamma_M}$; $\dfrac{G_{05}}{\gamma_M}$	$\dfrac{E_{0,05}}{\gamma_M \cdot (1+k_{def})}$; $\dfrac{G_{05}}{\gamma_M \cdot (1+k_{def})}$
Verbindungen	$\dfrac{2}{3} \cdot K_{ser} \cdot \dfrac{E_{0,05}}{\gamma_M \cdot E_{mean}}$	$\dfrac{2}{3} \cdot K_{ser} \cdot \dfrac{E_{0,05}}{(1+k_{def}) \cdot \gamma_M \cdot E_{mean}}$

Da für die Steifigkeitskennwerte K von Verbindungen keine 5%-Quantilwerte angegeben sind, wird der Mittelwert im Verhältnis des charakteristischen Elastizitätsmoduls zum Mittelwert des Elastizitätsmoduls abgemindert.

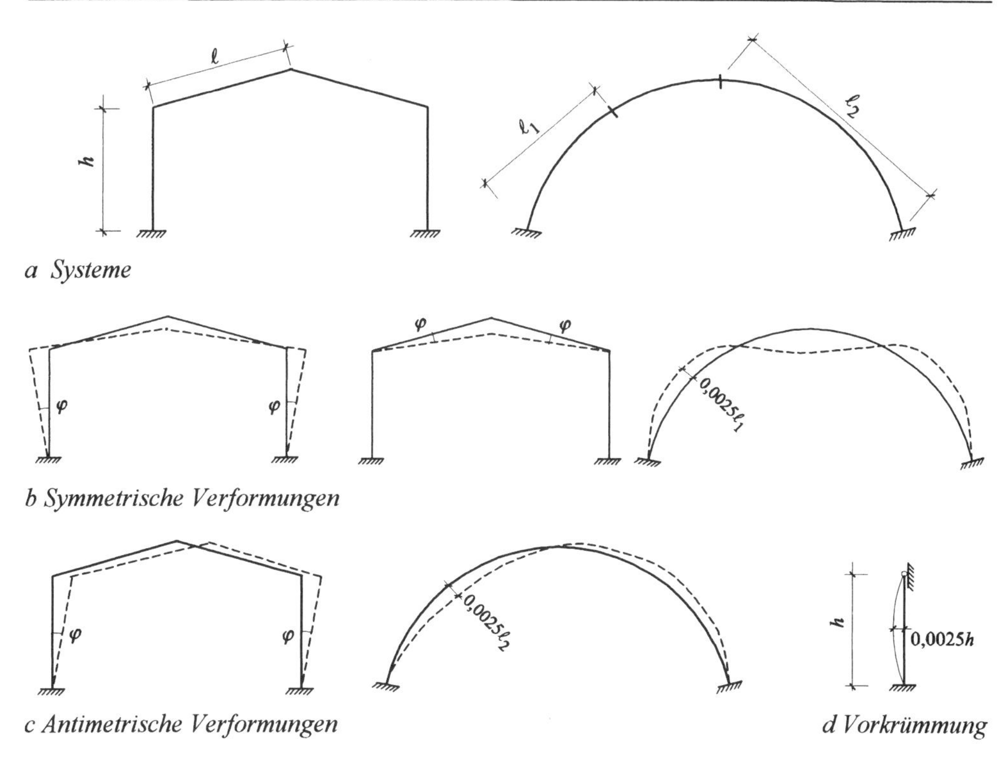

Bild 7.13 Beispiele von Vorverformungen für Stäbe, Rahmen und Bögen

Tabelle 7.3 Steifigkeiten für Systeme für den Grenzzustand der Tragfähigkeit

	Anfangszustand	Endzustand
Bauteile	$\frac{E_{mean}}{\gamma_M}$; $\frac{G_{mean}}{\gamma_M}$	$\frac{E_{mean}}{\gamma_M \cdot (1+k_{def})}$; $\frac{G_{mean}}{\gamma_M \cdot (1+k_{def})}$
Verbindungen	$\frac{2}{3} \cdot K_{ser} \cdot \frac{1}{\gamma_M}$	$\frac{2}{3} \cdot K_{ser} \cdot \frac{1}{(1+k_{def}) \cdot \gamma_M}$

Die Bilder Bild 7.14 und Bild 7.15 veranschaulichen die Möglichkeiten, die man zur Berücksichtigung des Einflusses von Vorverformungen auf die Schnittgrößen hat.

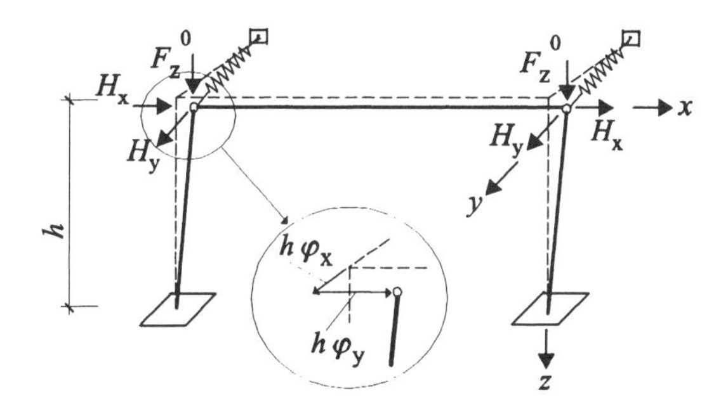

Bild 7.14 Räumliches Modell zur Berechnung nach Theorie II. Ordnung

Bild 7.14 zeigt die Modellierung eines Zweigelenkrahmens in der x-z-Ebene und der Abstützungen der Rahmenecken in der Dachebene in y-Richtung. Die Vorverformungen nach Bild 7.13 führen zu den Auslenkungen an den Stützenköpfen. Am vorverformten System werden die Schnittgrößen infolge der äußeren Lasten ermittelt. Dies erfordert die Eingabe der Geometrie des vorverformten System in das Berechnungsprogramm.

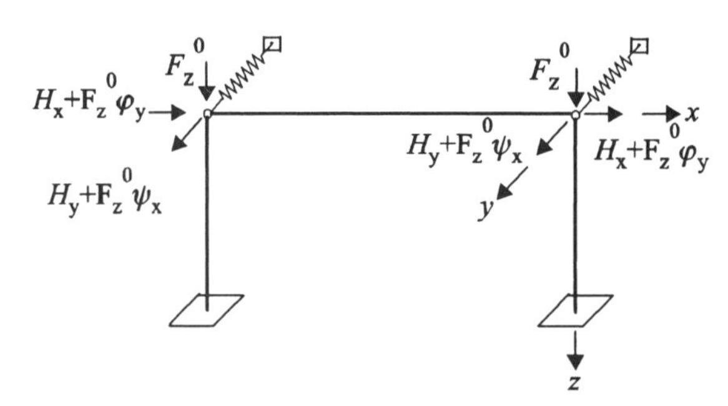

Bild 7.15 Aufteilung in zwei ebene Systeme

Bild 7.15 zeigt dasselbe System wie in Bild 7.14, bei dem anstelle der Vorverformungen Ersatzlasten angesetzt werden. Am unverformten System werden die Schnittgrößen infolge der äußeren Lasten und der Ersatzlasten ermittelt. Die Verformungen in der x-y-Ebene müssen kontrolliert werden, weil die Größe der Ersatzlasten $H(\psi_x)$ von den Verformungen abhängen. Dieser Nachweis der Verformungen ist deshalb mit den Bemessungslasten zu führen.

7.4 Fachwerke

Bei einem idealen Fachwerksystem geht man von gelenkiger und zentrischer Verbindung der Stäbe und Einleitung der Lasten in den Knotenpunkten aus. Die Systemlinien stimmen mit den Achsen der Stäbe überein. Die Berechnung liefert mit geringem Aufwand die Stabkräfte. Aus Dreiecken zusammengesetzte Bauteile dürfen vereinfacht als Fachwerksystem berechnet werden,

- wenn ein Teil der Auflagerfläche unterhalb des Auflagerknotenpunktes liegt. Da vor allem an den Auflagerpunkten Ausmittigkeiten häufig unvermeidbar sind, ist das Maß der Ausmittigkeit in allgemeiner Form begrenzt. Bild 7.14 zeigt Möglichkeiten der Lage der Auflagerfläche unter dem Anschlusspunkt des Auflagerknotens mit in diesem Beispiel direkter Verbindung. Die Grenzfälle b) und d), bei denen der Anschlusspunkt des Auflagerknotens über dem Rand der Auflagerfläche liegt, schließen die Anwendung der vereinfachten Berechnung nicht aus.

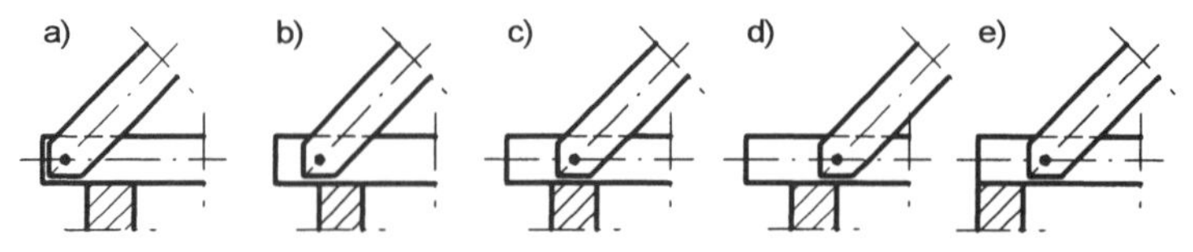

Bild 7.16 Lage der Auflagerfläche: (a) unzulässig exzentrisch, (b) bis (d) Bereich zulässiger Exzentrizität, (e) unzulässig exzentrisch (aus [20])

- wenn die Fachwerkträgerhöhe H in Feldmitte mehr als $0{,}15 \cdot \ell$ beträgt mit ℓ als Stützweite. Die Forderung, dass die Fachwerkträgerhöhe $H > 15\ \%$ der Spannweite ℓ sein soll, ist vergleichbar mit dem Richtwert $H/\ell > 1/6$, für dessen Einhaltung bei üblichen Fachwerkausführungen davon ausgegangen werden darf, dass die Steifigkeit als ausreichend groß angesehen wird und der Durchbiegungsnachweis nicht maßgebend wird. Auf die Einhaltung der Bedingung $H/\ell > 0{,}15 = 1/6{,}7$ könnte eventuell verzichtet werden, wenn bei der Durchbiegungsberechnung der Wert der elastischen Durchbiegung infolge der Verformung der Fachwerkstäbe zur näherungsweisen Berücksichtigung der Anschlussnachgiebigkeiten verdoppelt wird. Wird der genauere Durchbiegungsnachweis geführt, muss die Bedingung $H/\ell > 0{,}15$ nicht eingehalten werden.
- wenn $H >$ siebenfache maximale Gurthöhe $h_{f,max}$. Die durchlaufenden Gurte des Fachwerkträgers mit der maximalen Gurthöhe h übertragen entsprechend ihrer Biegesteifigkeit $E_f I_f$ einen Teil des einwirkenden Biegemoments. Der Anteil M_f, den ein Gurt vom Gesamtmoment M aufnimmt, berechnet sich zu

$$M_f = \frac{E_f \cdot I_f}{2 \cdot E_f \cdot I_f + 2 \cdot \gamma \cdot E_f \cdot A_f \cdot (H/2)^2} \cdot M = \varphi \cdot M$$

A_f $= b \cdot h$ Querschnittsfläche eines Gurtes

γ ist der Abminderungsbeiwert zur Berücksichtigung der Nachgiebigkeiten der Querverbindungen zwischen den Gurten infolge Längenänderung der Füllstäbe und infolge der Nachgiebigkeiten in den Anschlüssen. Zur Berechnung von γ für Fachwerkträger siehe [19].

$\gamma = 0$ nur die beiden Gurte übertragen das Moment ($M_f = M/2$)

$\gamma = 1$ der Steineranteil der Gurte wirkt voll mit bei der Biegesteifigkeit

Der Momentenanteil eines Gurtes ergibt sich damit zu

$$M_f = \varphi \cdot M = \frac{M}{2 + 6 \cdot \gamma \cdot (H/h)^2}$$

- wenn der kleinste Winkel einer Verbindung zwischen Ober- und Untergurt $\geq 15°$ beträgt. Ober- und Untergurt werden bei Dreieckbindern oder Mansardbindern aneinander angeschlossen. Im Regelfall sind es die maximalen Stabkräfte des Fachwerksystems, die an dieser Stelle zusammentreffen. Bei kleinen Winkeln zwischen den beiden Stäben sind größere Anschlussausmittigkeiten und große Anschlussflächen in vielen Fällen unvermeidbar. Eine vereinfachte Berechnung mit der Annahme zentrischer und gelenkiger Stabverbindung weicht dann zu weit von der tatsächlichen Ausführung ab.

Sind die obigen Bedingungen nicht erfüllt, ist die vereinfachte Berechnung trotzdem zulässig, wenn die Biegesteifigkeit durchlaufender Stäbe und die Verschiebungen in den Verbindungen im statischen Modell berücksichtigt werden.

Gelenkige Stabverbindungen sind eine der Voraussetzungen für das ideale Fachwerk und dessen einfache Berechnung. Lasten quer zur Stabachse außerhalb der Knoten treten vor allem bei den Gurten auf und sind nicht mit dem idealen Fachwerk vereinbar. In solchen Fällen dürfen die in den Knoten durchlaufenden Gurte als Mehrfeldträger berechnet werden. Die Modellierung des Tragwerks für die Berechnung als Fachwerk muss Ausmittigkeiten bei den Gurtachsen vermeiden und darf bei den Füllstäben nur Abweichungen der Systemlinie von der Stabachse innerhalb der Ansichtsfläche des betreffenden Stabes zulassen.

Anschlusspunkte zwischen den Stäben oder zwischen Stab und Verbindungselement, die nicht auf der Stabachse liegen, haben Zusatzbeanspruchungen der Stäbe infolge Biegung zur Folge, die zu berücksichtigen sind (siehe Bild 7.17).

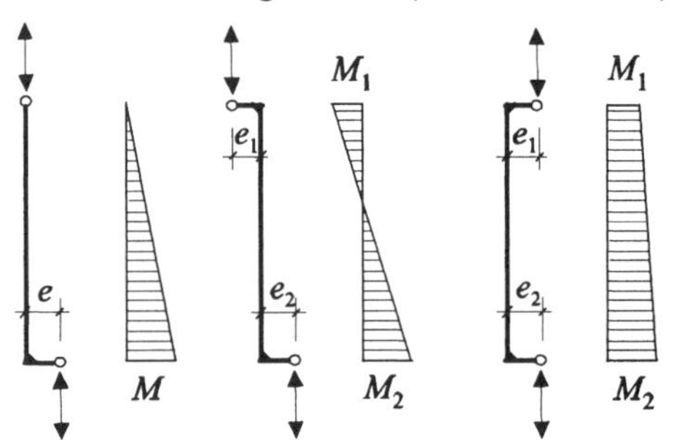

Bild 7.17 Biegemomente infolge Ausmittigkeiten

Eine Ausnahme von der Regel, dass Biegemomente in den Stäben infolge ausmittiger Anschlusspunkte zu berücksichtigen sind, darf bei flächigen Anschlüssen von Füllstäben an den durchlaufenden Gurt genutzt werden, wenn die Ausmitte *e* (siehe Bild 7.18) kleiner als die halbe Gurthöhe *h* ist. Dies entspricht der bisherigen Regelung, die sich bewährt hat. Bei gleichen Gurtfeldweiten verteilt sich das Moment $R \cdot e$ in Bild 7.18 gleichmäßig auf den Gurt links und rechts des Knotens. Die Momentenlinie in Bild 7.18 geht von folgender Vereinfachung aus: $F_1 \cdot \cos\alpha_1 \cdot a_1 - F_2 \cdot \cos\alpha_2 \cdot a_2 \approx 0$

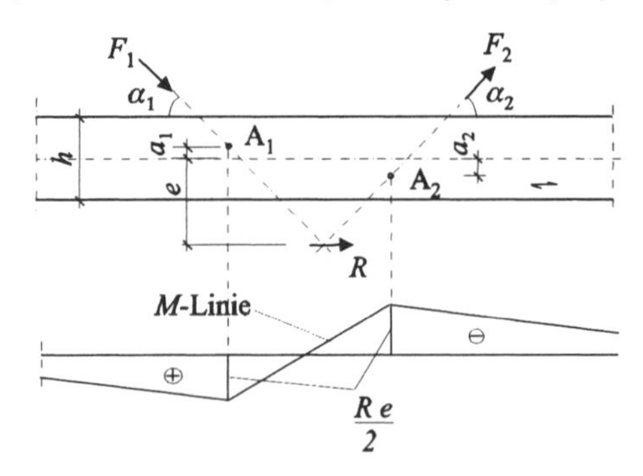

Bild 7.18 Momentenverlauf im Gurt bei ausmittigen Füllstabanschlüssen

Beanspruchungen und Verformungen im Bereich von Verbindungen

Normalkraft-, Schubkraft- und Biegeverformungen von Knotenplatten, Laschen und Nagelplatten sind im Vergleich zu den Verformungen der Verbindungen und der Stäbe vernachlässigbar.

Das Maximalmoment der ausgerundeten Momentenlinie berechnet sich mit der Auflagerkraft V und der Auflagerlänge ℓ_A nach Bild 7.19 zu

$$\overline{M} = M - V \cdot \frac{\ell_A}{8}$$

Stützmomente in Fachwerkknoten durchlaufender Gurte dürfen in Anlehnung an Bild 7.19 ausgerundet werden. Die konstant angenommene Querlast V/ℓ_A ist mit der Auflagerkraft V aus den Gurtlasten und mit der Länge in der Gurtachse des für V erforderlichen Anschlussbildes zu berechnen.

Knotenplatten, die mit stiftförmigen Verbindungsmitteln flächig angeschlossen sind, oder Nagelplatten bewirken eine Erhöhung der Schubtragfähigkeit des Stabes, wenn die Verbindungselemente einen Großteil der Stabhöhe abdecken.

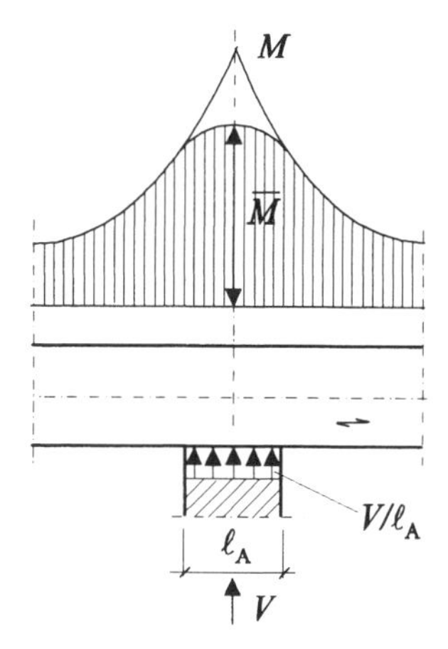

Bild 7.19 Momentausrundung

Auflagernahe Querlasten werden teilweise direkt in das Auflager am unteren Rand des Fachwerkgurtes eingeleitet. Dadurch reduziert sich die rechnerische Querkraft auf die Schubspannung erzeugende Querkraft V_{red}.

Für die Fälle mit $a/h > 0,7$, z. B. nach Bild 7.20, ist der Nachweis der Querzugspannung, die durch $F \cdot \sin\alpha$ im Gurt verursacht wird, nicht erforderlich. In Anlehnung an die bisherige Regel für Verbindungen mit Dübeln besonderer Bauart ist ein Querzugnachweis auch entbehrlich, wenn der Gurt höchstens 300 mm hoch ist und der Anschlusspunkt in der Stabachse oder darüber liegt, d. h. im ungünstigsten Fall a/h den Wert 0,5 annimmt.

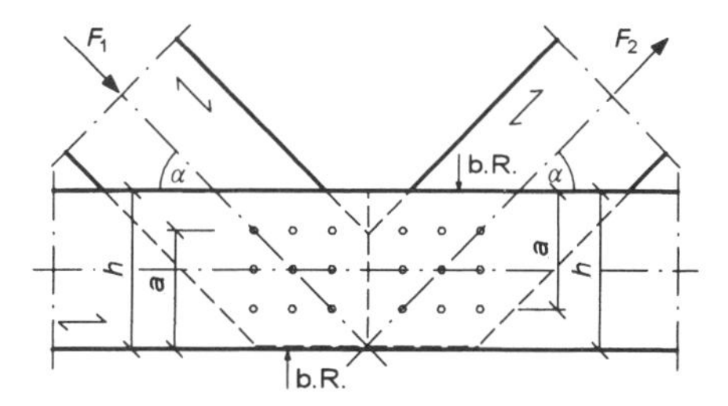

Bild 7.20 Beispiele der Definition des Maßes a aus [20] (b. R.: belasteter Rand)

Stöße in Füllstäben kommen praktisch nicht vor. Stöße in Gurten hingegen sind wegen begrenzter Längen bei Stäben aus Vollholz, aus Gründen des Transports oder der Montage in vielen Fällen nicht zu vermeiden. Wenn man den Stoß als drehstarr annehmen darf, ist keine Schnittgrößen- und Verformungsberechnung durchzuführen, bei der die Drehsteifigkeit an der Stelle des Stoßes im statischen System rechnerisch erfasst werden muss. Die Annahme eines drehstarren Stoßes ist vertretbar, wenn

- bei einer maßgebenden Normalkraft N_d im Gurt der Bemessungswert R_d der Tragfähigkeit der Verbindung im Stoß mindestens $1,5 \cdot N_d$ beträgt oder

- bei einem maßgebenden Biegemoment M_d im Gurt der Bemessungswert R_d der Biegetragfähigkeit der Verbindung im Stoß mindestens $3 \cdot M_d$ beträgt.

Bei Beanspruchung Biegung mit Normalkraft sind beide Bedingungen zu erfüllen.

Kontakt zwischen Stäben in indirekten Verbindungen

Beim Kontakt zwischen den Stäben in indirekten Verbindungen von Fachwerkknoten bleiben bis auf die Ausnahmen in Bild 7.21 und

Bild 7.22 Kontaktkräfte rechnerisch unberücksichtigt. Alle Kräfte sind über die Verbindungselemente von einem Stab in den anderen zu übertragen. In den Fällen nach Bild 7.21 ist der Kontaktanschluss für die halbe, rechtwinklig zur Kontaktfläche wirkende Kraft oder Kraftkomponente nachzuweisen. Die andere Hälfte muss durch die Verbindungsmittel zwischen Verbindungselement und Stab übertragen werden.

Bei sonstigen Kontaktanschlüssen ist ebenfalls die Kraft stets rechtwinklig zur Kontaktfläche gerichtet und wird zu 100 % durch Druckspannungen übertragen.

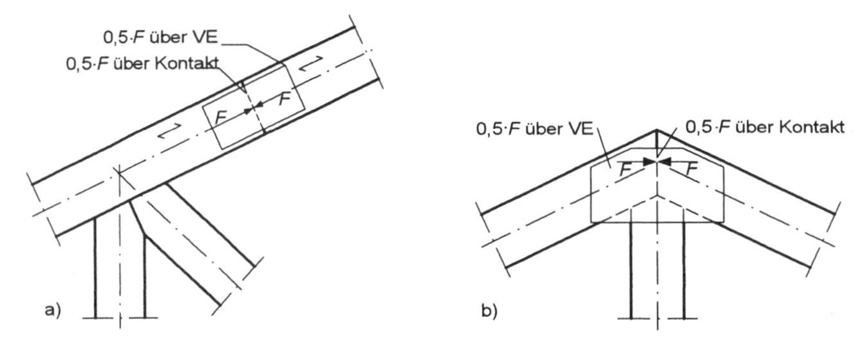

Bild 7.21 Rechnerisch zu 50 % ansetzbare Kontaktflächen aus [20]: (a) Faserparalleler Stoß (Gurtstoß), (b) Kontaktverbindung der Gurte im Firstknoten

Bei Traufknoten von z. B. Nagelplattenbindern darf die Kraftübertragung durch Kontakt außerhalb der Nagelplatten zusätzlich berücksichtigt werden (siehe

Bild 7.22). Kontaktelemente übertragen Kräfte rechtwinklig zur Kontaktfläche und sind mit den Balkenelementen gelenkig verbunden. Die Steifigkeit der Kontaktelemente sollte den Winkel zwischen Kraft- und Faserrichtung in beiden Stäben berücksichtigen.

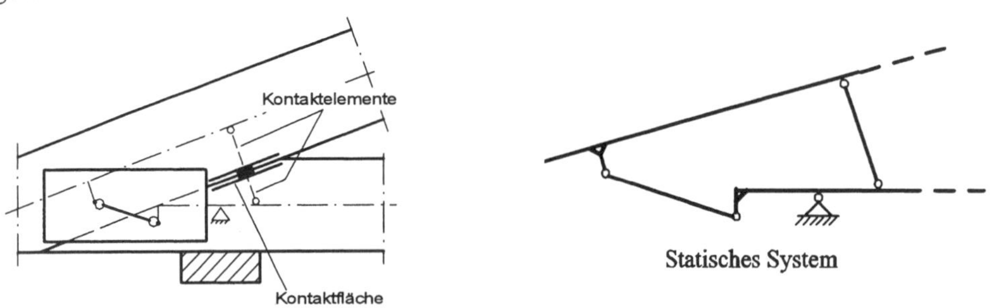

Bild 7.22 Modellieren von Kontaktelementen in Traufknoten aus [20]

8 Zugstäbe

8.1 Mittige Zugkraft und symmetrische Krafteinleitung

Die Zugspannung $\sigma_{t,0,d}$ wird mit dem Bemessungswert der mittigen Zugkraft F_d und der Nettoquerschnittsfläche A_n berechnet und mit dem Bemessungswert der Zugfestigkeit $f_{t,0,d}$ verglichen:

Schnitt 1-1: A = Bruttofläche

Schnitt 2-2: $A_n = A - \Delta A$

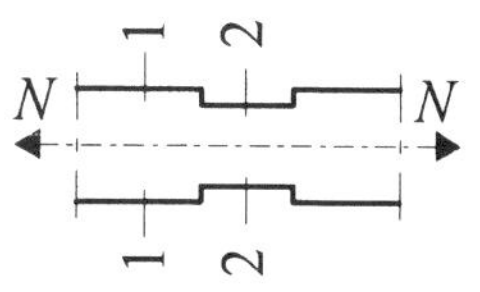

Bild 8.1 Zugstab

$$\sigma_{t,0,d} = \frac{N_d}{A_n}$$

$$\frac{\sigma_{t,0,d}}{f_{t,0,d}} \leq 1$$ im Standardfall mit $f_{t,0,d}$ nach Kapitel 3

In den vom Standardfall abweichenden Fällen ist $f_{t,0,d}$ mit k^* zu multiplizieren.

Tabelle 8.1 Faustformeln für $\Delta A = 0,2 \cdot A$ im Standardfall[1)]

Baustoff	$N_{max,d}$ in N mit A in mm^2	A_{req} in mm^2 mit N_d in N
Nadelholz C 24	$6,9 \cdot A$	$0,145 \cdot N_d$
Nadelholz C 30	$8,8 \cdot A$	$0,113 \cdot N_d$
Nadelholz C 40	$11,8 \cdot A$	$0,085 \cdot N_d$
Laubholz D 30	$8,8 \cdot A$	$0,113 \cdot N_d$
Laubholz D 40	$11,8 \cdot A$	$0,085 \cdot N_d$
Brettschichtholz GL 24h	$8,1 \cdot A$	$0,123 \cdot N_d$
Brettschichtholz GL 32h	$11,1 \cdot A$	$0,090 \cdot N_d$
Serrholz F25/10 || zur Faser	$8,8 \cdot A$	$0,113 \cdot N_d$

1) Für NKL 3 oder andere KLED sind $N_{max,d}$ mit k^* (siehe Tabelle 2.7) zu multiplizieren und A_{req} durch k^* zu dividieren.

8.2 Mittige Zugkraft und einseitige Krafteinleitung

Für einseitig beanspruchte Bauteile in symmetrischen Zugverbindungen (siehe Bild 8.2) mit ausziehfesten Verbindungsmitteln wie Schrauben, Bolzen, Passbolzen und Nägeln in nicht vorgebohrten Nagellöchern wird die Biegebeanspruchung infolge einseitiger Krafteinleitung durch die Abminderung von $f_{t,0,d}$ um ein Drittel berücksichtigt, sodass der Nachweis lautet $\dfrac{N_d / A_n}{0{,}67 \cdot f_{t,0,d}} \leq 1$

Werden die nicht ausziehfesten Stabdübel oder Dübel besonderer Bauart verwendet, so ist $f_{t,0,d}$ um 60 % abzumindern $\dfrac{N_d / A_n}{0{,}4 \cdot f_{t,0,d}} \leq 1$

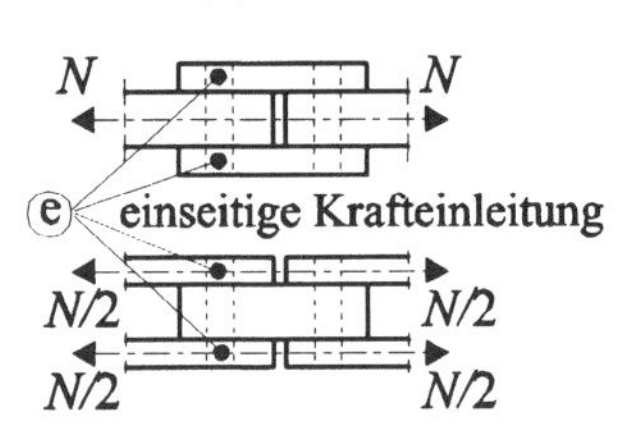

Bild 8.2 Einseitige Krafteinleitung

8.3 Ausmittige Zugkraft

Siehe Abschnitt 10.1.3, Biegung und Zug.

Beispiel

Für einen Zugstab mit der dargestellten einseitigen Schwächung ist der Nachweis der Tragfähigkeit im Schnitt 1-1 zu führen.

Zugkraft: $F_{t,d}$ = 135 kN

Stab: 160/160 mm, VH C 30

Schlitzblech: t = 10 mm, S 235

VM: SDü S 235

KLED: mittel

NKL: 2

$M_{ex,d} = 135 \cdot 0{,}015 = 2{,}03$ kNm mit der Ausmitte e = 15 mm

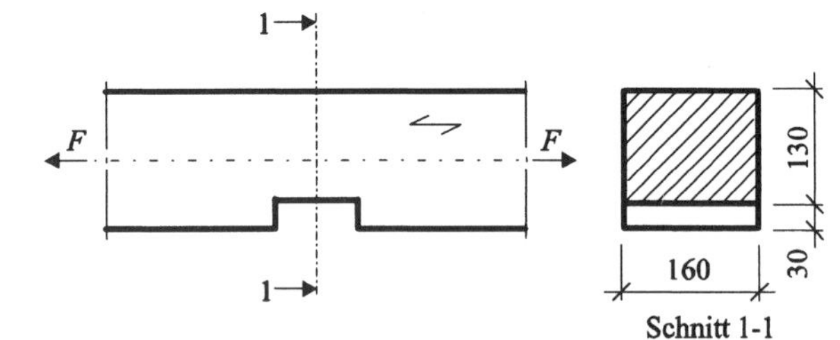

Bild 8.3 Zugstab mit einseitiger Schwächung

$A_n = 160 \cdot 130 = 20{,}8 \cdot 10^3 \text{ mm}^2$

$W_n = 160 \cdot 130^2 / 6 = 0{,}451 \cdot 10^6 \text{ mm}^3$

$$\sigma_{t,0,d} = \frac{135 \cdot 10^3}{20{,}8 \cdot 10^3} = 6{,}49 \text{ N/mm}^2 \qquad f_{t,0,d} = 11{,}1 \text{ N/mm}^2$$

$$\sigma_{m,d} = \frac{2{,}03 \cdot 10^6}{0{,}451 \cdot 10^6} = 4{,}50 \text{ N/mm}^2 \qquad f_{m,d} = 18{,}5 \text{ N/mm}^2$$

Nachweis: $\dfrac{6{,}49}{11{,}1} + \dfrac{4{,}50}{18{,}5} = 0{,}585 + 0{,}243 = 0{,}83 < 1$

9 Druckstäbe

9.1 Mittige Druckkraft

Das Versagen eines Druckstabes kann bereits bei $\sigma_c = N/A << f_c$ durch Stabilitätsverlust eintreten. Diesen Stabilitätsverlust nennt man Knicken des Stabes. Neben der Druckfestigkeit des Materials beeinflussen die Stabgeometrie mit Vorkrümmungen, die Biegesteifigkeit, Biegefestigkeit und Lagerungsbedingungen des Stabes die Tragfähigkeit eines Druckstabes.

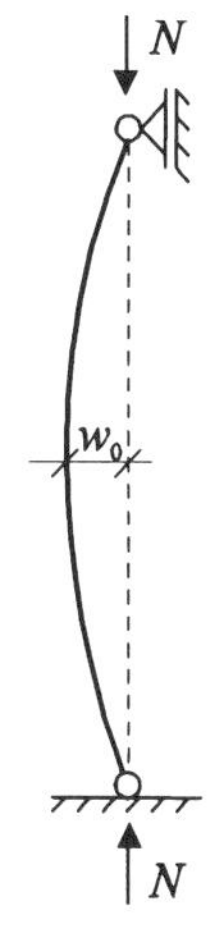

Bild 9.1

Der Nachweis der Tragfähigkeit von Druckstäben ist entweder nach Theorie II. Ordnung oder nach dem Ersatzstabverfahren zu führen.

Bei der Berechnung nach der (Spannungs-)Theorie II. Ordnung werden die Schnittgrößen am verformten Stab oder Stabsystem bestimmt.

Beim Ersatzstabverfahren werden druckbeanspruchte Stäbe durch einen beidseitig gelenkig gelagerten Stab (siehe Bild 9.1) mit der wirksamen Knicklänge ℓ_{ef} ersetzt.

Der Knicknachweis nach dem Ersatzstabverfahren umfasst die folgenden Schritte:

Ermittlung der Ersatzstablänge ℓ_{ef}

$\ell_{ef} = \beta \cdot \ell$ mit dem Knicklängenbeiwert β und der Stablänge ℓ

Die mit β nach Bild 9.2 berechneten Ersatzstablängen ℓ_{ef} gelten für Knicken in der dargestellten Tragwerksebene. Weitere Knicklängenbeiwerte können den nachfolgenden Bildern oder dem Beitrag B7 in [4] entnommen werden.

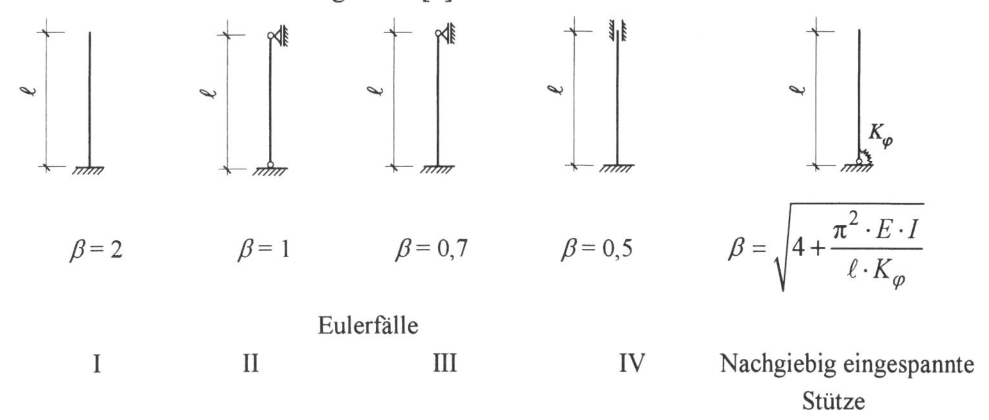

Bild 9.2 Knicklängenbeiwerte für die Eulerfälle und die nachgiebig eingespannte Stütze

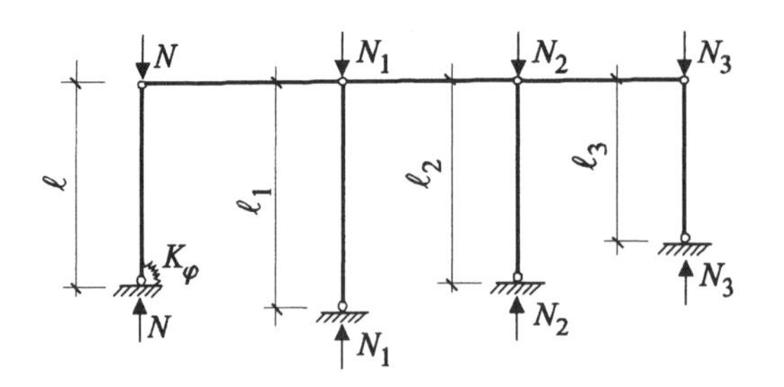

$$\beta = \pi \cdot \sqrt{\frac{5 + 4 \cdot \alpha}{12} + \frac{(1+\alpha) \cdot E \cdot I}{\ell \cdot K_{\varphi}}}$$

$$\alpha = \frac{\ell}{N} \cdot \sum \frac{N_i}{\ell_i} \qquad \ell_{ef} = \beta \cdot \ell$$

Bild 9.3 Stützenreihe

Verschiebliches Kehlbalkendach		
s_u	$< 0{,}7 \cdot s$	$\geq 0{,}7 \cdot s$
ℓ_{ef}	$0{,}8 \cdot s$	s
Unverschiebliches Kehlbalkendach		
$\ell_{ef} = s_u$ bzw. s_o		

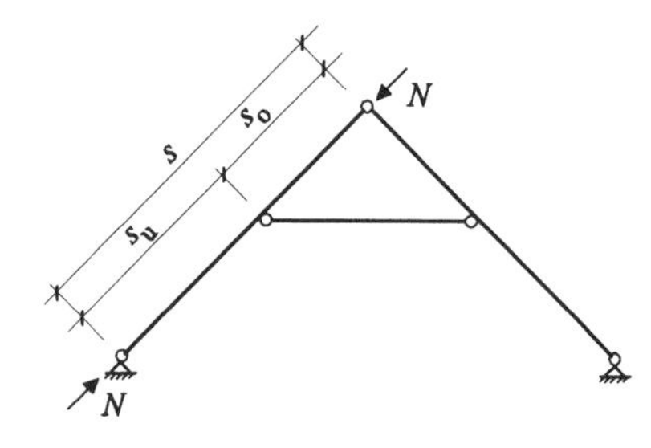

Bild 9.4 Kehlbalkendach

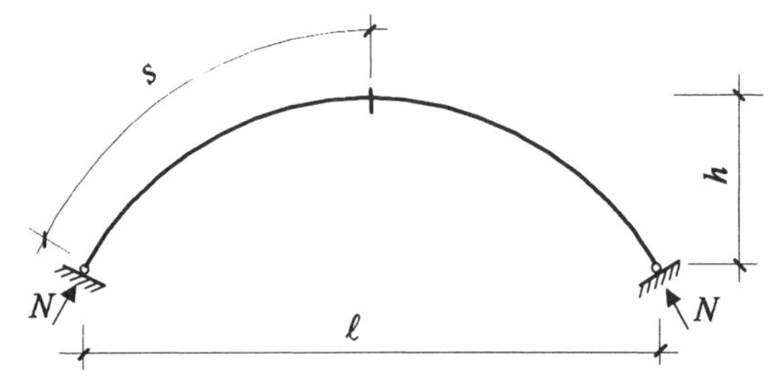

Bild 9.5 Bogen

$0{,}15 \leq h/\ell \leq 0{,}5$: $\beta = 1{,}25$

$\ell_{ef} = 1{,}25 \cdot s$

Querschnitt ≈ konstant

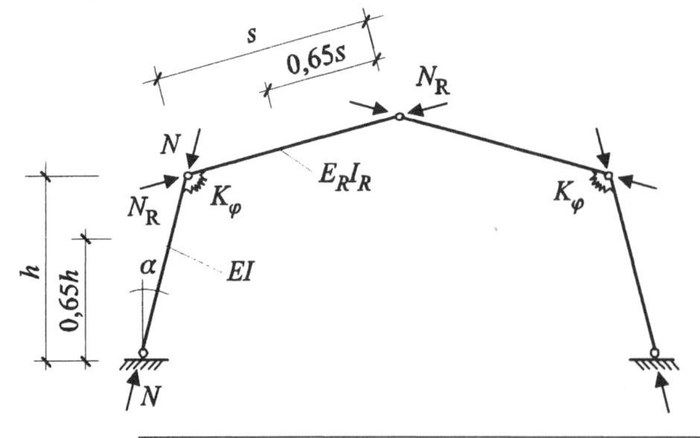

Stiel: $\ell_{ef} = \beta_S \cdot h \; (\alpha \leq 15°)$

Riegel: $\ell_{ef} = \beta_R \cdot s \; (\alpha \leq 15°)$

N ist die Längskraft im Stiel

N_R ist die Längskraft im Riegel

$$\beta_S = h \cdot \sqrt{4 + \frac{\pi^2 \cdot E \cdot I}{h} \cdot \left(\frac{1}{K_{\varphi}} + \frac{s}{3 \cdot E_R \cdot I_R}\right) + \frac{E \cdot I \cdot N_R \cdot s^2}{E_R \cdot I_R \cdot N \cdot h^2}} \qquad \beta_R = \beta_S \cdot \sqrt{\frac{E_R \cdot I_R \cdot N}{E \cdot I \cdot N_R}} \cdot \frac{h}{s}$$

Bild 9.6 Zwei- und Dreigelenkrahmen

Querschnitts- und Baustoffwahl

Querschnitte und Querschnittswerte für z. B. Kanthölzer siehe Seite 241/242

Baustoffe und Baustoffeigenschaften siehe Kapitel 3

Abschätzung der Querschnittsfläche einer Vollholzstütze mit quadratischem Querschnitt, wenn die Krafteinleitung nicht maßgebend ist:

$$A_{req} \approx 40 \cdot N_d \cdot \left(1 + \sqrt{1 + 150 \cdot \frac{\ell_{ef}^2}{N_d}}\right) \quad \text{in mm}^2$$

mit

N_d zentrische Druckkraft in kN

ℓ_{ef} Ersatzstablänge in m

Der Abschätzgleichung liegt VH C 24 mit $k_{mod} = 0{,}8$ und der Bereich $50 < \lambda < 150$ zugrunde.

Ermittlung des Schlankheitsgrades

$$\lambda = \frac{\ell_{ef}}{i}$$

Ersatzstablänge $\ell_{ef} = \beta \cdot \ell$

Trägheitsradius $i = \sqrt{I / A}$

für Kreisquerschnitt mit Durchmesser d $\quad i = d/4$

für Rechteckquerschnitt b/h $\quad i_y = 0{,}289 \cdot h$

$i_z = 0{,}289 \cdot b$

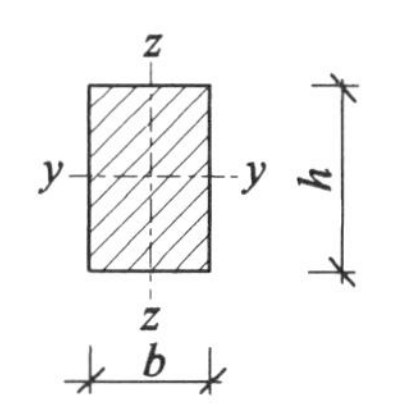

Bestimmung des Knickbeiwertes k_c

Der Knickbeiwert k_c berechnet sich zu

$$k_c = \min\left\{\frac{1}{k + \sqrt{k^2 - \lambda_{rel,c}^2}}\,;1\right\} \quad \text{mit}$$

$$k = 0{,}5 \cdot \left[1 + \beta_c \cdot \left(\lambda_{rel,c} - 0{,}3\right) + \lambda_{rel,c}^2\right] \quad \text{und} \quad \lambda_{rel,c} = \sqrt{\frac{f_{c,0,k}}{\sigma_{c,crit}}} = \frac{\lambda}{\pi} \cdot \sqrt{\frac{f_{c,0,k}}{E_{0,05}}}$$

$\beta_c = 0{,}2$ für VH und BASH

$\beta_c = 0{,}1$ für BSH und HW

Aus Tabelle 9.1 und Tabelle 9.2 ist in Abhängigkeit von λ und vom gewählten Material des Stabes der Knickbeiwert zu entnehmen. Zwischenwerte dürfen linear interpoliert werden. Die Zusammenfassung von Festigkeitsklassen in den Tabellen ergibt Abweichungen zur sicheren Seite von ≤ 3,5 % bei Nadelholz, ≤ 8,5 % bei Laubholz und ≤ 2 % bei BS-Holz.

Tabelle 9.1 Knickbeiwerte k_c für Vollholz

λ[1)]	C 24–C 40	D 30–D 40	D 60	λ	C 24–C 40	D 30–D 40	D 60
15	1,00	1,00	1,00	135	0,172	0,166	0,217
20	0,991	0,989	0,999	140	0,161	0,155	0,202
25	0,970	0,968	0,982	145	0,150	0,145	0,189
30	0,946	0,943	0,963	150	0,141	0,136	0,178
35	0,918	0,914	0,941	155	0,132	0,127	0,167
40	0,884	0,878	0,916	160	0,124	0,120	0,157
45	0,842	0,834	0,886	165	0,117	0,113	0,148
50	0,792	0,781	0,849	170	0,111	0,107	0,140
55	0,733	0,720	0,806	175	0,105	0,101	0,132
60	0,670	0,655	0,756	180	0,099	0,096	0,125
65	0,607	0,591	0,702	185	0,094	0,091	0,119
70	0,547	0,532	0,645	190	0,089	0,086	0,113
75	0,492	0,477	0,590	195	0,085	0,082	0,108
80	0,443	0,430	0,538	200	0,081	0,078	0,102
85	0,400	0,387	0,490	205	0,077	0,074	0,098
90	0,363	0,351	0,447	210	0,073	0,071	0,093
95	0,330	0,318	0,408	215	0,070	0,068	0,089
100	0,301	0,290	0,374	220	0,067	0,065	0,085
105	0,275	0,266	0,343	225	0,064	0,062	0,082
110	0,252	0,244	0,316	230	0,062	0,059	0,078
115	0,232	0,224	0,291	235	0,059	0,057	0,075
120	0,215	0,207	0,269	240	0,057	0,055	0,072
125	0,199	0,192	0,250	245	0,054	0,052	0,069
130	0,185	0,178	0,232	250	0,052	0,050	0,066

Tabelle 9.2 Knickbeiwerte k_c für BSH

λ[1)]	GL 24h– GL 36h	GL 24c GL 28c	GL 32c GL 36c	λ	GL 24h– GL 36h	GL 24c GL 28c	GL 32c GL 36c
15	1,00	1,00	1,00	135	0,203	0,225	0,217
20	0,998	1,00	0,999	140	0,189	0,210	0,203
25	0,988	0,991	0,990	145	0,177	0,196	0,189
30	0,977	0,981	0,980	150	0,166	0,183	0,177
35	0,964	0,969	0,967	155	0,155	0,172	0,166
40	0,947	0,954	0,952	160	0,146	0,162	0,156
45	0,925	0,936	0,932	165	0,137	0,152	0,147
50	0,894	0,911	0,906	170	0,130	0,144	0,139
55	0,853	0,878	0,870	175	0,122	0,136	0,131
60	0,798	0,833	0,822	180	0,116	0,128	0,124
65	0,733	0,777	0,763	185	0,110	0,122	0,118
70	0,664	0,713	0,697	190	0,104	0,116	0,112
75	0,598	0,648	0,632	195	0,099	0,110	0,106
80	0,538	0,587	0,570	200	0,094	0,104	0,101
85	0,484	0,530	0,515	205	0,090	0,100	0,096
90	0,437	0,480	0,466	210	0,086	0,095	0,092
95	0,396	0,436	0,422	215	0,082	0,091	0,088
100	0,360	0,397	0,384	220	0,078	0,087	0,084
105	0,329	0,363	0,351	225	0,075	0,083	0,080
110	0,301	0,332	0,322	230	0,072	0,079	0,077
115	0,277	0,306	0,296	235	0,069	0,076	0,073
120	0,255	0,282	0,273	240	0,066	0,073	0,070
125	0,236	0,261	0,252	245	0,063	0,070	0,068
130	0,219	0,242	0,234	250	0,061	0,067	0,065

[1)] Schlankheitsgrad $\lambda = \ell_{ef} / i$ mit $i = \sqrt{I / A}$, Flächenmoment 2. Ordnung I und Querschnittsfläche A.

Berechnung des Bemessungswertes der Druckspannung

Befinden sich im mittleren Drittel des Ersatzstabes Querschnittsschwächungen, die eine Weiterleitung der Druckspannungen unterbrechen, ist die Druckspannung $\sigma_{c,0,d}$ mit der Nettofläche A_n zu ermitteln.

Knicknachweis

Vergleich des Bemessungswertes der Druckspannung mit dem k_c-fachen Bemessungswert der Druckfestigkeit:

$$\frac{N_d / A}{k_c \cdot f_{c,0,d}} \leq 1$$

mit
A Querschnittsfläche
k_c Knickbeiwert
$f_{c,0,d}$ nach Kapitel 3

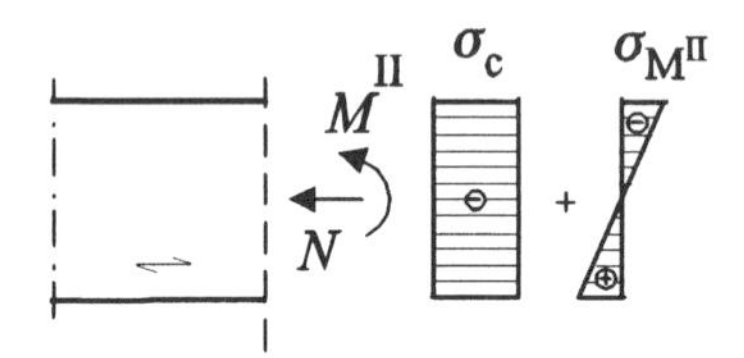

Bild 9.7 Schnittgrößen und Spannungen im zentrisch gedrückten Stab

Vorkrümmungen und baupraktische Ausmittigkeiten, die nach Theorie II. Ordnung zu Biegemomenten und weiteren Verformungen führen, sind beim Ersatzstabverfahren mit berücksichtigt. Die Abminderung des Bemessungswertes der Druckfestigkeit $f_{c,0,d}$ mit dem Knickbeiwert k_c im Knicknachweis bedeutet im mechanischen Modell des Ersatzstabes die Erhöhung der gleichmäßig verteilten Druckspannung $\sigma_{c,d} = N_d/A$ durch die Biegerandspannung $\sigma(M^{II})$:

$$\sigma_{c,d} + \sigma(M^{II}) = \sigma_{c,d} + \left(\frac{1}{k_c} - 1\right) \cdot \sigma_{c,d} = \frac{\sigma_{c,d}}{k_c}$$

Tabelle 9.3 Faustformeln für NH C 24 im Standardfall[1)]

Rechteckquerschnitt b/h			Kreisquerschnitt[2)] $\varnothing\, d$		
$\ell_{ef,y}/h$ bzw. $\ell_{ef,z}/b$	$N_{max,d}$ in N mit A in mm^2	A_{req} in mm^2 mit N_d in N	ℓ_{ef}/d	$N_{max,d}$ in N mit d in mm	d_{req} in mm mit N_d in N
10	$11{,}9 \cdot A$	$0{,}084 \cdot N_d$	10	$10{,}8 \cdot d^2$	$0{,}31 \cdot \sqrt{N_d}$
20	$7{,}2 \cdot A$	$0{,}138 \cdot N_d$	20	$5{,}4 \cdot d^2$	$0{,}43 \cdot \sqrt{N_d}$
30	$3{,}7 \cdot A$	$0{,}279 \cdot N_d$	25	$3{,}7 \cdot d^2$	$0{,}52 \cdot \sqrt{N_d}$
40	$2{,}1 \cdot A$	$0{,}468 \cdot N_d$	30	$2{,}6 \cdot d^2$	$0{,}62 \cdot \sqrt{N_d}$
50	$1{,}4 \cdot A$	$0{,}718 \cdot N_d$	40	$1{,}5 \cdot d^2$	$0{,}81 \cdot \sqrt{N_d}$

1) Für NKL 3 oder andere KLED sind $N_{max,d}$ mit k^* (siehe Tabelle 2.7) zu multiplizieren und A_{req} durch k^* bzw. d_{req} durch $\sqrt{k^*}$ zu dividieren.

2) Randzone ungeschwächt, nur von Bast und Rinde befreit.

9.2 Ausmittige Druckkraft

Siehe Abschnitt 10.1.4, Biegung und Druck.

10 Biegestäbe

10.1 Gerade Biegestäbe mit konstantem Querschnitt

10.1.1 Einachsige Biegung

Bei biegebeanspruchten Stäben ohne ausreichende seitliche Abstützung besteht die Gefahr, dass der druckbeanspruchte Querschnittsteil seitlich ausweicht und sich verdreht (Kippen, siehe Bild 10.1). Beim Ersatzstabverfahren wird das Kippverhalten mit dem Kippbeiwert k_m berücksichtigt.

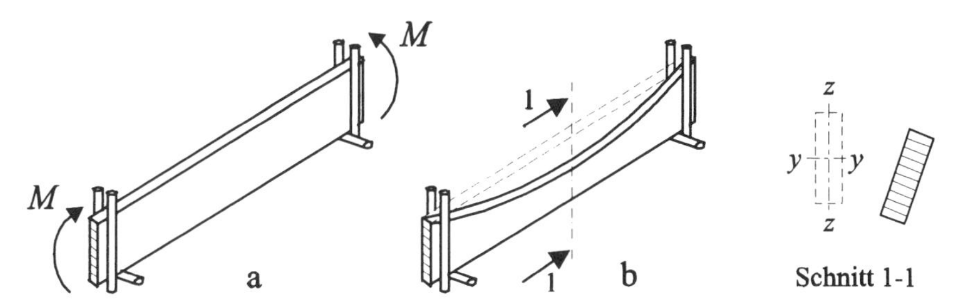

Bild 10.1 Kippen eines Biegeträgers mit konstantem Moment
a: Träger mit Belastung; b: gekippter Träger

Der vollständige Nachweis eines Stabes unter Biegebeanspruchung umfasst somit auch den Nachweis der Kippstabilität.

Biegung und Kippen

$$\frac{\sigma_{m,d}}{k_m \cdot f_{m,d}} \leq 1$$

mit

$$\sigma_{m,d} = \frac{M_d}{W_n}$$

Bild 10.2 Biegespannungsverteilung

$\sigma_{m,d}$	Bemessungswert der Biegerandspannung, siehe Bild 10.2
M_d	Bemessungswert des maximalen Biegemoments im Stab
W_n	Nettowiderstandsmoment an der Stelle des Moments M_d
$f_{m,d}$	Bemessungswert der Biegefestigkeit
k_m	Kippbeiwert
k_m	$= 1{,}0$, wenn $\ell_{ef} \leq 140\ b^2/h$
ℓ_{ef}	Ersatzstablänge für das Kippen (siehe Bild 10.3)

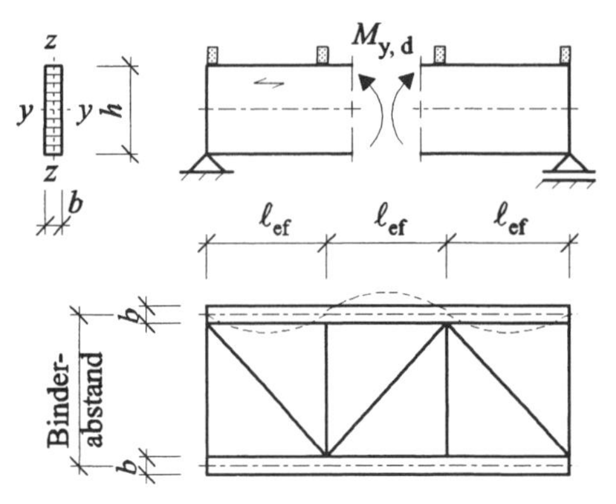

b/h	$\ell_{ef} \leq$	ℓ_{ef} in m		
		für b in mm		
		60	80	100
1/2	70 · b	4,20	5,60	7,00
1/2,5	56 · b	3,36	4,48	5,60
1/3	47 · b	2,82	3,76	
1/4	35 · b	2,10		

Bild 10.3 Beispiel für die Ersatzstablänge

Der Kippbeiwert k_m ist abhängig vom Kippschlankheitsgrad, der für Rechteckquerschnitte lautet

$$\lambda_{rel,m} = \sqrt{\frac{f_{m,k}}{\sigma_{m,crit}}}$$

$$= \sqrt{\frac{f_{m,k}}{\pi \cdot \sqrt{E_{0,05} \cdot G_{0,5}}}} \cdot \sqrt{\frac{\ell_{ef} \cdot h}{b^2}}$$

Tabelle 10.1 Kippbeiwert k_m

$\lambda_{rel,m}$	$\leq 0{,}75$	$0{,}75 < \lambda_{rel,m} \leq 1{,}4$	$> 1{,}4$
k_m	1	$1{,}56 - 0{,}75 \cdot \lambda_{rel,m}$	$1/\lambda_{rel,m}^2$

Der Kippbeiwert k_m für Rechteckquerschnitte ist von den Materialeigenschaften f_m, E_0 und G, den Querschnittsmaßen b und h sowie von der wirksamen Kipplänge ℓ_{ef} (Ersatzstablänge für das Kippen) abhängig.

Ersatzstablänge für das Kippen ℓ_{ef}

Die wirksame Kipplänge (Ersatzstablänge) ℓ_{ef} wird mit den Kipplängenbeiwerten a_1 und a_2 nach Tabelle 10.2 berechnet zu

$$\ell_{ef} = \frac{\ell}{a_1 \cdot \left[1 - a_2 \frac{a_z}{\ell} \cdot \sqrt{\frac{B}{T}}\right]} \quad \text{mit}$$

ℓ Länge des Trägers

$B = E \cdot I_z$ Biegesteifigkeit um die z-Achse (Rechteckquerschnitt: $B = \frac{E \cdot h \cdot b^3}{12}$)

$T = G \cdot I_t$ Torsionssteifigkeit (Rechteckquerschnitt: $T \cong \frac{G \cdot h \cdot b^3}{3}$)

a_z Abstand des Lastangriffes vom Schubmittelpunkt

Beim gabelgelagerten Einfeldträger dürfen die Einflüsse einer Nachgiebigkeit K_G der Torsionseinspannung am Auflager, einer elastischen Bettung K_y gegen Verschieben und einer elastischen Bettung K_ϑ gegen Verdrehen durch Beiwerte α und β berücksichtigt werden:

$$\ell_{ef} = \frac{\ell}{a_1 \cdot \left[1 - a_2 \cdot \frac{a_z}{\ell} \cdot \sqrt{\frac{B}{T}}\right]} \cdot \frac{1}{\alpha \cdot \beta}$$

mit

$$\alpha = \sqrt{\frac{1}{1 + \frac{3,5 \cdot T}{K_G \cdot \ell}}} \quad \text{und} \quad \beta = \sqrt{\left(1 + \frac{K_y \cdot \ell^4}{B \cdot \pi^4}\right) \cdot \left(1 + \frac{\left(K_\vartheta + e^2 \cdot K_y\right) \cdot \ell^2}{T \cdot \pi^2}\right) + \frac{e \cdot K_y \cdot \ell^3}{\sqrt{B \cdot T} \cdot \pi^3}}$$

Bezeichnungen am Rechteckquerschnitt

Es bedeuten:

M Schubmittelpunkt

S Schwerpunkt

K_ϑ elastische Bettung (Verdrehung) in N

K_y elastische Bettung (Verschiebung) in N/mm^2

K_G Drehfeder am Auflager in Nmm

e Abstand Schubmittelpunkt/Bettung in mm

ϑ Verdrehung um die z-Achse

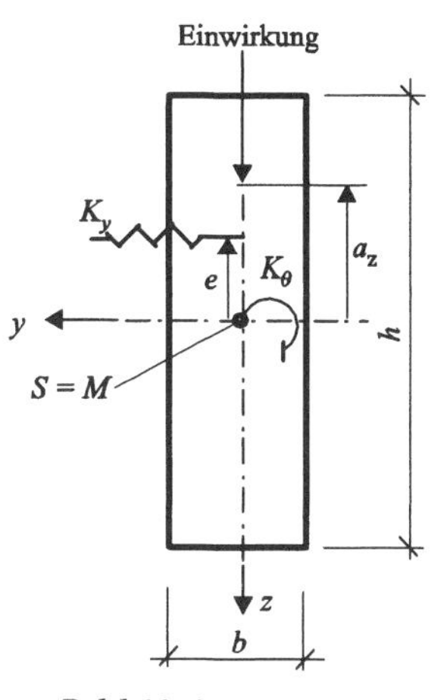

Bild 10.4

Für Biegestäbe ohne elastische Bettungen ($K_\vartheta = K_y = 0$), mit starrer Gabellagerung ($K_G \to \infty$) und Lastangriff im Schubmittelpunkt vereinfacht sich die Gleichung für die wirksame Kipplänge zu $\ell_{ef} = \ell / a_1$

Setzt man den Kipplängenbeiwert a_1 aus Tabelle 10.2 ein, erhält man für den Einfeldträger unter

konstanter Momentenbelastung: $\ell_{ef} = 1,0 \cdot \ell$

Gleichstreckenbelastung: $\ell_{ef} = 0,885 \cdot \ell$

Das kritische Kippmoment $M^0_{y,crit}$ und die kritische Biegespannung $\sigma_{m,crit}$ dürfen berechnet werden zu:

$$M^0_{y,crit} = \frac{\pi}{\ell_{ef}} \cdot \sqrt{B \cdot T} \quad \text{und} \quad \sigma_{m,crit} = \frac{M^0_{y,crit}}{W_y}$$

Hierin bedeuten:

B Biegesteifigkeit um die z-Achse mit $E_{0,05}$

T Torsionssteifigkeit mit G_{05}

W_y Widerstandsmoment für die Druckspannung bei Biegung um die y-Achse

Tabelle 10.2 Kipplängenbeiwerte a_1 und a_2

System	Momentenverlauf	a_1	a_2
Gabelgelagerter Einfeldträger $v = v'' = 0 \quad \theta = 0$ 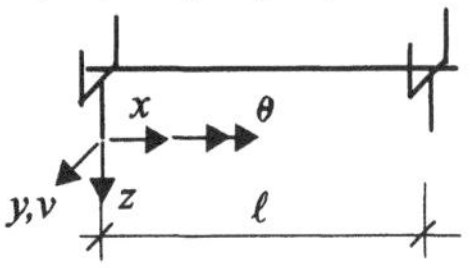x θ y,v z ℓ **Draufsicht** 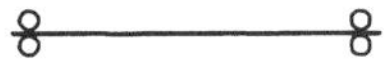	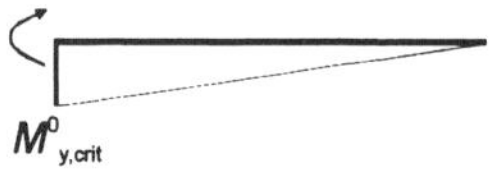$M^0_{y,crit}$	1,77	0
	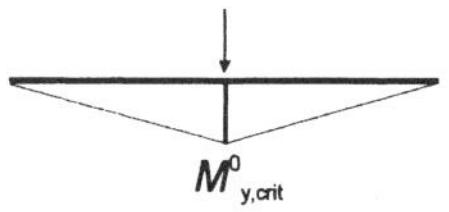$M^0_{y,crit}$	1,35	1,74
	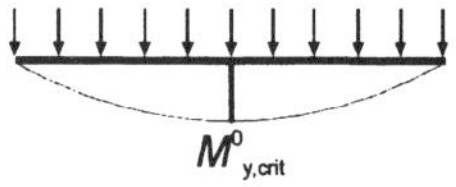$M^0_{y,crit}$	1,13	1,44
	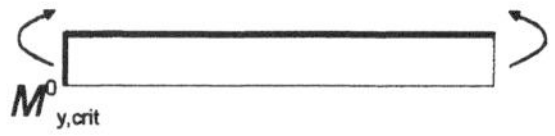$M^0_{y,crit}$	1	0
Kragarm $v = v' = 0 \quad \theta = 0$ 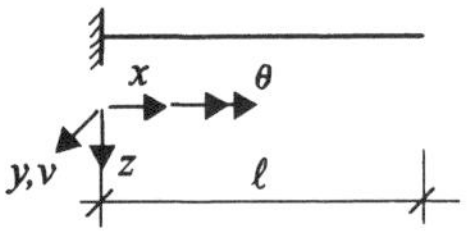x θ y,v z ℓ	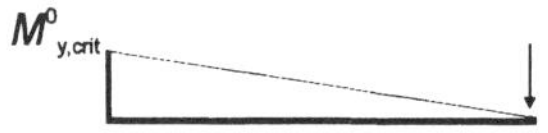$M^0_{y,crit}$	1,27	1,03
	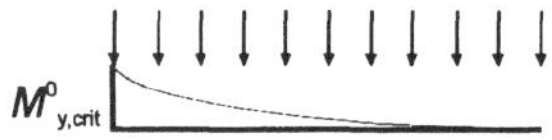$M^0_{y,crit}$	2,05	1,50
Beidseitig eingespannter Träger $v = v' = 0 \quad \theta = 0$ 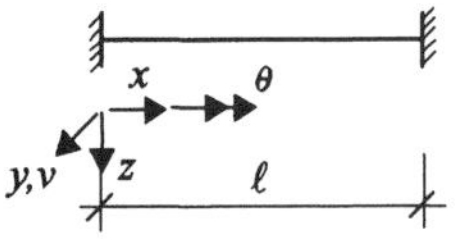x θ y,v z ℓ **Draufsicht** 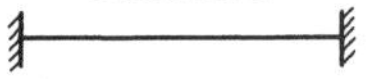	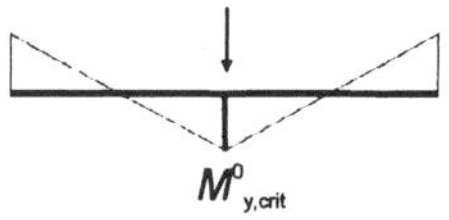$M^0_{y,crit}$	6,81	0,40
	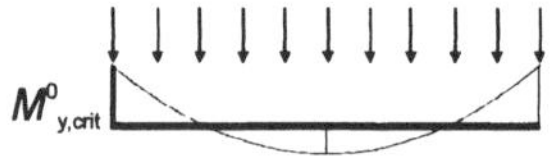$M^0_{y,crit}$	5,12	0,40
Mittelfeld Durchlaufträger $v = v' = 0 \quad \theta = 0$ 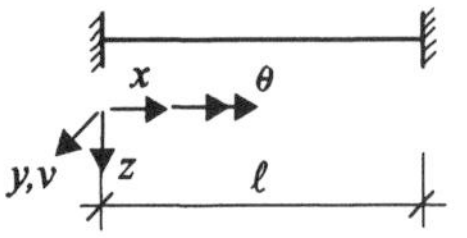x θ y,v z ℓ **Draufsicht** 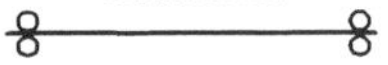	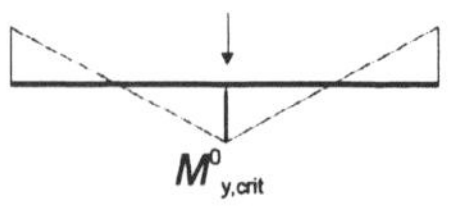$M^0_{y,crit}$	1,70	1,60
	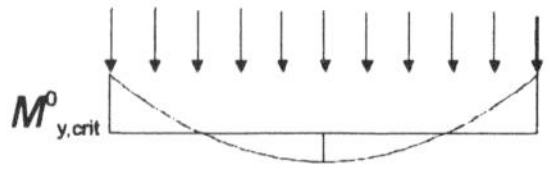$M^0_{y,crit}$	1,30	1,60

Tabelle 10.3 Kippbeiwert k_m in Abhängigkeit von $\ell_{ef} \cdot h / b^2$ für NH, LH und BSH

	NH	LH	BSH			
$\frac{\ell_{ef} \cdot h}{b^2}$	C24	D 30	GL 24h	GL 24c	GL 36h	GL 36c
100	1,000	1,000	1,000	1,000	1,000	1,000
140	0,988	0,953	1,000	1,000	1,000	1,000
180	0,911	0,872	0,993	0,964	0,943	0,932
220	0,843	0,799	0,933	0,901	0,878	0,866
260	0,780	0,733	0,879	0,844	0,818	0,806
300	0,722	0,671	0,828	0,791	0,763	0,750
340	0,668	0,614	0,781	0,741	0,712	0,697
380	0,617	0,560	0,737	0,695	0,664	0,648
420	0,569	0,509	0,694	0,650	0,618	0,601
460	0,523	0,465	0,654	0,608	0,574	0,557
500	0,481	0,428	0,615	0,567	0,532	0,514
540	0,445	0,396	0,578	0,528	0,493	0,476
580	0,415	0,369	0,543	0,492	0,459	0,443
620	0,388	0,345	0,508	0,460	0,429	0,415
660	0,364	0,324	0,478	0,432	0,403	0,389
700	0,343	0,305	0,450	0,408	0,380	0,367
740	0,325	0,289	0,426	0,386	0,359	0,347
780	0,308	0,274	0,404	0,366	0,341	0,330
820	0,293	0,261	0,384	0,348	0,324	0,313
860	0,280	0,249	0,367	0,332	0,309	0,299
900	0,267	0,238	0,350	0,317	0,296	0,286

Zwischenwerte dürfen linear interpoliert werden.

Schubspannungsnachweis

Die Schubspannungen berechnen sich allgemein zu

$$\tau = \frac{V \cdot S}{I \cdot b}$$

mit

V Querkraft

S Statisches Moment (Flächenmoment 1. Grades)

I Flächenmoment 2. Grades

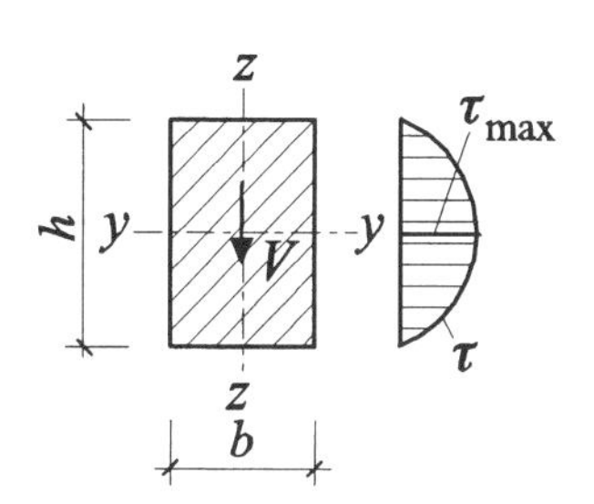

Bild 10.5

b Querschnittsbreite an der Stelle, an der τ ermittelt wird

Die maximale Schubspannung infolge Querkraft in der Spannungsnulllinie eines Rechteckquerschnitts berechnet sich zu:

$$\tau_{max} = \frac{V \cdot S}{I \cdot b} = \frac{V \cdot b \cdot h^2 / 8}{\frac{b \cdot h^3}{12} \cdot b} = \frac{3}{2} \cdot \frac{V}{b \cdot h}$$

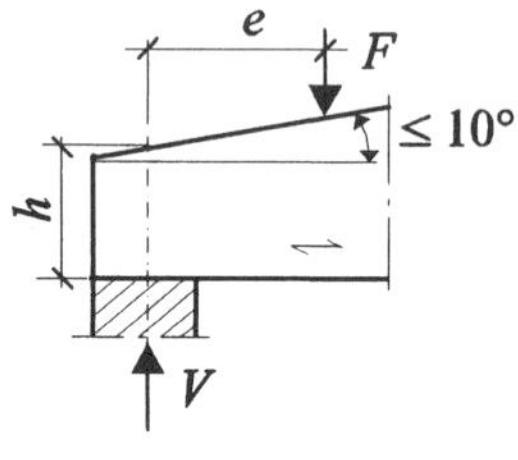

Bild 10.6

Nachweis: $\frac{1{,}5 \cdot V_d / A}{f_{v,d}} \leq 1$

V_d Bemessungswert der Querkraft im Stab

$f_{v,d}$ Bemessungswert der Schubfestigkeit des Baustoffs

A Querschnittsfläche an der Stelle V_d

Träger mit Auflagerung am unteren Rand und Lastangriff am oberen Rand (siehe Bild 10.6) dürfen mit der Querkraft im Abstand h vom Auflagerrand des End- oder Zwischenauflagers nachgewiesen werden.

Auflagernahe ($e \leq 2{,}5 \cdot h$) Einzellasten gemäß Bild 10.5 dürfen mit $V_{red} = V \cdot e/(2{,}5 \cdot h)$ nachgewiesen werden.

Die Bemessungswerte der Schubfestigkeit in Bereichen, die mindestens 1,5 m vom Hirnholz entfernt liegen, dürfen um 30 % erhöht werden.

Für Biegestäbe ist in den meisten Fällen auch der **Nachweis der Gebrauchstauglichkeit** nach Kapitel 13 zu führen.

Werden die Auflagerkräfte über Pressung am unteren Rand der Biegeträgers eingeleitet, sind die **Nachweise der Auflagerpressung** nach Abschnitt 12.5.1 zu führen.

10.1.2 Zweiachsige Biegung

Biegung und Kippen

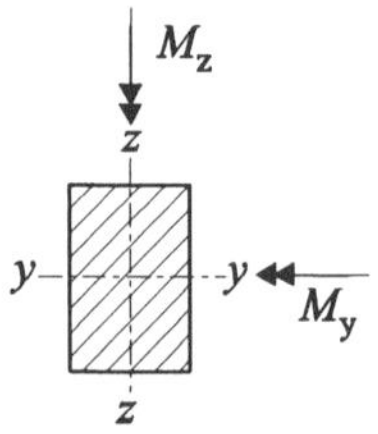

$M_{y,d}$ Biegemoment um die y-Achse

$M_{z,d}$ Biegemoment um die z-Achse

$W_{y,n}$ Netto-Widerstandsmoment um die y-Achse

$W_{z,n}$ Netto-Widerstandsmoment um die z-Achse

k_m Kippbeiwert für □-Querschnitte

Bild 10.7 Zweiachsige Biegung

$\sigma_{m,y,d} = M_{y,d} / W_{y,n}$ $\qquad$ $\sigma_{m,z,d} = M_{z,d} / W_{z,n}$

Rechteckquerschnitte aus VH mit $h/b \leq 4$

$$\frac{\sigma_{m,y,d} / k_m + 0{,}7 \cdot \sigma_{m,z,d}}{f_{m,d}} \leq 1 \quad \text{und} \quad \frac{0{,}7 \cdot \sigma_{m,y,d} / k_m + \sigma_{m,z,d}}{f_{m,d}} \leq 1$$

Rechteckquerschnitte aus homogenem BSH

$$\frac{\sigma_{m,y,d}/k_m + k_{red}\cdot\sigma_{m,z,d}/k_\ell}{f_{m,d}} \le 1 \quad \text{und} \quad \frac{k_{red}\cdot\sigma_{m,y,d}/k_m + \sigma_{m,z,d}/k_\ell}{f_{m,d}} \le 1$$

Rechteckquerschnitte aus kombiniertem BSH, FSH, BASH, SPH, BSPH

$$\frac{\sigma_{m,y,d}}{k_m\cdot f_{m,y,d}} + \frac{k_{red}\cdot\sigma_{m,z,d}}{f_{m,z,d}} \le 1 \quad \text{und} \quad \frac{k_{red}\cdot\sigma_{m,y,d}}{k_m\cdot f_{m,y,d}} + \frac{\sigma_{m,z,d}}{f_{m,z,d}} \le 1$$

mit

$k_{red} = 0{,}7$ für Rechteckquerschnitte mit h/b ≤ 4

$k_{red} = 1{,}0$ für $h/b > 4$ und sonstige Querschnitte

$k_\ell\ = 1{,}2$ für ≥ 4 Lamellen

$k_\ell\ = 1{,}0$ für < 4 Lamellen

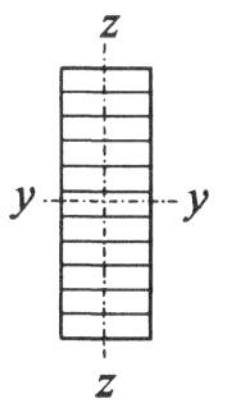

Bild 10.8 Beispiel: BSH mit 11 Lamellen

10.1.3 Biegung und Zug

$$\frac{\sigma_{t,0,d}}{f_{t,0,d}} + \frac{\sigma_{m,y,d}}{k_m\cdot f_{m,y,d}} + \frac{k_{red}\cdot\sigma_{m,z,d}}{f_{m,z,d}} \le 1 \quad \text{und}$$

$$\frac{\sigma_{t,0,d}}{f_{t,0,d}} + \frac{k_{red}\cdot\sigma_{m,y,d}}{k_m\cdot f_{m,y,d}} + \frac{\sigma_{m,z,d}}{f_{m,z,d}} \le 1$$

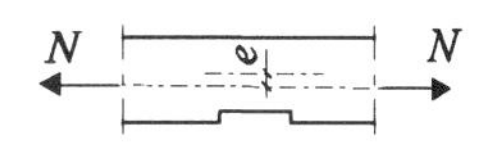

Bild 10.9 Beispiel: exzentrischer Zug mit $M_y = N\cdot e$

k_ℓ darf gegebenenfalls berücksichtigt werden.

Bezeichnungen siehe Kapitel 8 und Abschnitt 10.1.2.

10.1.4 Biegung und Druck

Nachweis der Querschnittstragfähigkeit ohne Knick- und Kippgefahr ($k_c = k_m = 1$):

$$\left(\frac{\sigma_{c,0,d}}{f_{c,0,d}}\right)^2 + \frac{\sigma_{m,y,d}}{f_{m,y,d}} + \frac{k_{red}\cdot\sigma_{m,z,d}}{f_{m,z,d}} \le 1$$

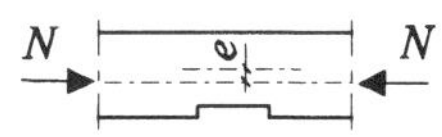

und

$$\left(\frac{\sigma_{c,0,d}}{f_{c,0,d}}\right)^2 + \frac{k_{red}\cdot\sigma_{m,y,d}}{f_{m,y,d}} + \frac{\sigma_{m,z,d}}{f_{m,z,d}} \le 1$$

Bild 10.10 Beispiel: exzentrischer Druck mit $M_y = N\cdot e$

Nachweis des Biegedrillknickens:

$$\frac{\sigma_{c,0,d}}{k_c\cdot f_{c,0,d}} + \frac{\sigma_{m,y,d}}{k_m\cdot f_{m,y,d}} + \frac{k_{red}\cdot\sigma_{m,z,d}}{f_{m,z,d}} \le 1 \quad \text{und} \quad \frac{\sigma_{c,0,d}}{k_c\cdot f_{c,0,d}} + \frac{k_{red}\cdot\sigma_{m,y,d}}{k_m\cdot f_{m,y,d}} + \frac{\sigma_{m,z,d}}{f_{m,z,d}} \le 1$$

Bezeichnungen siehe Kapitel 9 und Abschnitt 10.1.2.

k_ℓ darf gegebenenfalls berücksichtigt werden.

10.2 Pultdachträger

Für den üblichen Fall des Einfeldträgers unter Gleichstreckenlast ergibt sich die maximale Biegerandspannung an der Stelle

$$x = \frac{\ell}{1 + h_{ap} / h_s}$$ siehe Bild 10.11.

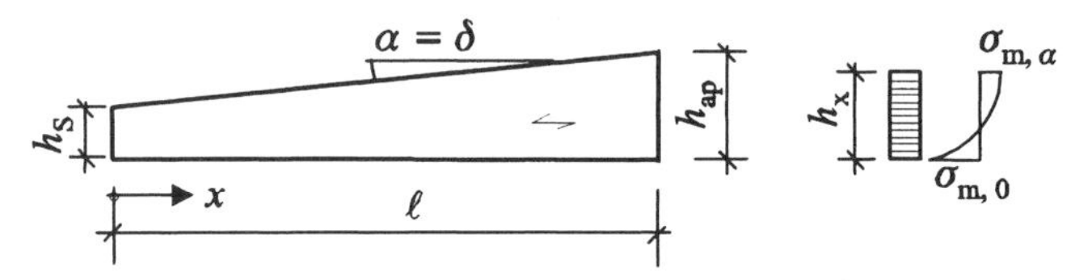

Bild 10.11 Pultdachträger

Die Biegespannungen im Pultdachträger sind nicht geradlinig verteilt wie beim Träger mit konstanter Höhe (siehe Bild 10.11).

$$\sigma_{m,\alpha,d} = \frac{M_d}{W} \leq k_{\alpha,t(c)} \cdot f_{m,d} \qquad \sigma_{m,0,d} = k_{\ell,0} \cdot \frac{M_d}{W} \leq f_{m,d}$$

$$k_{\alpha,t} = \frac{1}{\sqrt{\left(\frac{f_{m,d} \cdot \sin^2\alpha}{f_{t,90,d}}\right)^2 + \left(\frac{f_{m,d} \cdot \sin\alpha \cdot \cos\alpha}{f_{v,d}}\right)^2 + \cos^4\alpha}}$$ für den Biegezugrand

Für VH, BSH, BASH, FSH ohne Querlagen: $f_{v,d}$ mit 0,75 multiplizieren

$$k_{\alpha,c} = \frac{1}{\sqrt{\left(\frac{f_{m,d} \cdot \sin^2\alpha}{f_{c,90,d}}\right)^2 + \left(\frac{f_{m,d} \cdot \sin\alpha \cdot \cos\alpha}{f_{v,d}}\right)^2 + \cos^4\alpha}}$$ für den Biegedruckrand

Für VH, BSH, BASH, FSH ohne Querlagen: $f_{v,d}$ mit 1,5 multiplizieren

$k_{\ell,0} = 1 + 4 \cdot \tan^2\alpha$, siehe auch *Tabelle 10.4*.

Tabelle 10.4 Beiwert $k_{\ell,0}$

α	1°	2°	3°	4°	5°	6°	7°	8°	9°	10°
$k_{\ell,0}$	1	1,01	1,01	1,02	1,03	1,04	1,06	1,08	1,10	1,12

Der Nachweis am Rand schräg zur Faserrichtung der Holzes wird maßgebend, wenn

$k_{\ell,0} < 1/ k_{\alpha,t(c)}$ bzw. $k_{\ell,0} \cdot k_{\alpha,t(c)} < 1$

Im Biegespannungsnachweis am Rand schräg zur Faserrichtung ist der Nachweis der Spannungskombination über die Beiwerte $k_{\alpha,t}$ nach Tabelle 10.5 und $k_{\alpha,c}$ nach Tabelle 10.6 enthalten.

Tabelle 10.5 Beiwert $k_{\alpha,t}$

α	GL 24	GL 28	GL 32	GL 36
0°	1	1	1	1
1°	0,976	0,968	0,959	0,948
2°	0,913	0,886	0,858	0,829
3°	0,828	0,784	0,741	0,700
4°	0,738	0,683	0,633	0,587
5°	0,652	0,593	0,541	0,496
6°	0,575	0,516	0,465	0,423
7°	0,508	0,451	0,404	0,365
8°	0,450	0,396	0,353	0,318
9°	0,400	0,350	0,311	0,279
10°	0,357	0,311	0,275	0,247

Tabelle 10.6 Beiwert $k_{\alpha,c}$

α	GL 24	GL 28	GL 32	GL 36
0°	1	1	1	1
1°	0,994	0,992	0,989	0,987
2°	0,977	0,969	0,959	0,949
3°	0,950	0,933	0,915	0,895
4°	0,916	0,890	0,862	0,834
5°	0,877	0,842	0,806	0,770
6°	0,835	0,792	0,750	0,709
7°	0,793	0,743	0,697	0,653
8°	0,750	0,697	0,647	0,602
9°	0,709	0,653	0,602	0,557
10°	0,670	0,612	0,561	0,517

10.3 Satteldachträger mit geradem unteren Rand

Längsspannungen an der Stelle x

Der Nachweis der maximalen Biegespannung unter Gleichstreckenlast ist an der Stelle

$x = \frac{\ell \cdot h_s}{2 \cdot h_{ap}}$ wie für einen Pultdachträger zu führen.

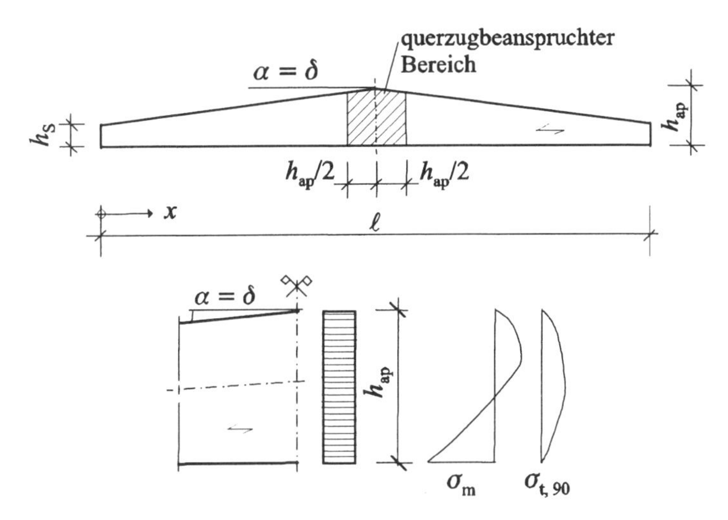

Bild 10.12 Satteldachträger mit geradem unteren Rand

Längsspannung im Firstquerschnitt

Grenzzustandsgleichung: $\dfrac{\sigma_{m,d}}{f_{m,d}} \leq 1$

$$\sigma_{m,d} = k_\ell \cdot \frac{M_{ap,d}}{W_{ap}} \quad \text{mit } k_\ell = 1+1{,}4 \cdot \tan\alpha + 5{,}5 \cdot \tan^2\alpha \text{ nach } \textit{Tabelle 10.7}$$

Tabelle 10.7 Beiwerte k_ℓ und k_p für Satteldachträger mit geradem unteren Rand

α	0°	1°	2°	3°	4°	5°	6°	7°	8°	9°	10°
k_ℓ	1,000	1,026	1,056	1,088	1,125	1,165	1,208	1,255	1,305	1,360	1,418
k_p	0,000	0,003	0,007	0,010	0,014	0,017	0,021	0,025	0,028	0,032	0,035

Querspannung im Firstquerschnitt

Grenzzustandsgleichung: $\dfrac{\sigma_{t,90,d}}{k_{dis} \cdot (h_0 / h_{ap})^{0,3} \cdot f_{t,90,d}} + \left(\dfrac{\tau_d}{f_{v,d}}\right)^2 \leq 1$

$$\sigma_{t,90,d} = k_p \cdot \frac{M_{ap,d}}{W_{ap}}$$

$k_{dis} = 1{,}3$ $\quad h_0 = 600$ mm $\qquad k_p = 0{,}2 \cdot \tan\alpha$ nach *Tabelle 10.7*

Definiert man für BSH im Standardfall

$$f_{t,90,d}^S = \frac{k_{mod}}{\gamma_M} \cdot k_{dis} \cdot \left(\frac{h_0}{h_{ap}}\right)^{0,3} \cdot f_{t,90,k} = \frac{0,8}{1,3} \cdot 1,3 \cdot \left(\frac{600}{h_{ap}}\right)^{0,3} \cdot 0,5 = 0,4 \cdot \left(\frac{600}{h_{ap}}\right)^{0,3}$$

lautet der Nachweis der Querzugspannung im Firstbereich

$$\frac{\sigma_{t,90,d}}{f_{t,90,d}^S} + \left(\frac{\tau_d}{f_{v,d}}\right)^2 \leq 1 \qquad \text{mit } f_{t,90,d}^S \text{ nach Tabelle 10.8.}$$

Wirkt im Firstbereich zusätzlich eine Querkraft, so darf der Anteil der Schubbeanspruchung am Ausnutzungsgrad der Spannungskombination quadriert werden.

Tabelle 10.8 Bemessungswert der Querzugfestigkeit $f_{t,90,d}^S$ in N/mm² im Firstquerschnitt von Satteldachträgern aus BSH mit geradem und gekrümmtem unteren Rand im Standardfall

h_{ap} in mm	200	300	400	500	600	700	800	900	1000	1200	1400	1600	1800	2000
$f_{t,90,d}^S$	0,556	0,492	0,452	0,422	0,400	0,382	0,367	0,354	0,343	0,325	0,310	0,298	0,288	0,279

Für $\sigma_{t,90,d} \geq 0,6 \cdot f^S_{t,90,d}$ ist eine konstruktive Verstärkung im querzugbeanspruchten Bereich zur Aufnahme zusätzlicher klimatisch bedingter Querzugspannungen erforderlich. Die Verstärkungselemente sind in diesem Fall für eine Zugkraft

$$F_{t,90,d} = \frac{1}{4} \cdot \frac{\sigma_{t,90,d} \cdot b \cdot a_1}{n} \cdot \frac{b}{160} = \frac{\sigma_{t,90,d} \cdot b^2 \cdot a_1}{640 \cdot n}$$

nachzuweisen. Nachweise siehe Abschnitt 10.6.

a_1 Abstand der Verstärkungen in Trägerlängsrichtung in Höhe der Trägerachse in mm

b Trägerbreite in mm

n Anzahl der Verstärkungselemente innerhalb der Länge a_1

Bauteile mit querzugbeanspruchten Bereichen in NKL 3 oder bei $\sigma_{t,90,d} / f^S_{t,90,d} > 1$ sind immer nach Abschnitt 10.6 zu verstärken. Es sollte zunächst versucht werden durch konstruktive Schutzmaßnahmen zu erreichen, dass das Bauteil nicht in NKL 3 eingestuft werden muss. Bei vollständiger Aufnahme der Zugkräfte rechtwinklig zur Faserrichtung des Holzes wird das Holz rechnerisch nicht mehr auf Querzug beansprucht. Dann kann der Nachweis der Querzugbeanspruchung im Holz entfallen.

10.4 Gekrümmte Träger

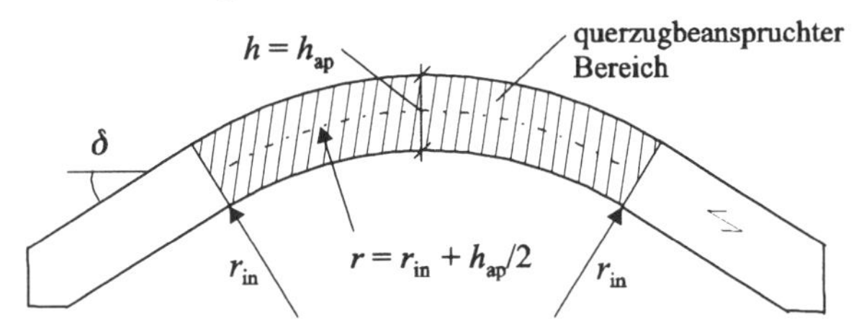

Bild 10.13 Gekrümmter Träger konstanter Höhe

Längsspannung am konkaven Rand

Grenzzustandsgleichung: $\dfrac{\sigma_{m,d}}{k_r \cdot f_{m,d}} \leq 1$

mit

$$\sigma_{m,d} = k_\ell \cdot \frac{M_{ap,d}}{W_{ap}}$$

$k_\ell = 1 + 0,35 \cdot k_{ap} + 0,6 \cdot k^2_{ap}$ nach *Tabelle 10.10*

$k_{ap} = h_{ap} / r$

$k_r = 1$ für $r_{in} / t \geq 240$

$k_r = 0,76 + 0,001 \cdot r_{in} / t$ für $r_{in} / t < 240$

t Lamellendicke

Tabelle 10.9 Beiwert k_r

$\dfrac{r - h/2}{t}$	240	200	160	120	80
k_r	1,00	0,96	0,92	0,88	0,84

Querspannung im querzugbeanspruchten Bereich

Grenzzustandsgleichung: $\dfrac{\sigma_{t,90,d}}{0,885 \cdot f^{S}_{t,90,d}} + \left(\dfrac{\tau_d}{f_{v,d}}\right)^2 \leq 1$

$$\sigma_{t,90,d} = k_p \cdot \frac{M_{ap,d}}{W_{ap}}$$

$k_p = 0,25 \cdot k_{ap}$ nach *Tabelle 10.10*

$f^{S}_{t,90,d}$ nach Tabelle 10.8

Für $\sigma_{t,90,d} \geq 0,53 \cdot f^{S}_{t,90,d}$ ist eine konstruktive Verstärkung im querzugbeanspruchten Bereich zur Aufnahme zusätzlicher, klimatisch bedingter Querzugspannungen erforderlich (siehe Abschnitt 10.3).

Bauteile mit querzugbeanspruchten Bereichen in NKL 3 oder bei $\sigma_{t,90,d} / f^{S}_{t,90,d} > 1$ sind immer nach Abschnitt 10.6 zu verstärken. Es sollte zunächst versucht werden durch konstruktive Schutzmaßnahmen zu erreichen, dass das Bauteil nicht in NKL 3 eingestuft werden muss. Bei vollständiger Aufnahme der Zugkräfte rechtwinklig zur Faserrichtung des Holzes wird das Holz rechnerisch nicht mehr auf Querzug beansprucht. Dann kann der Nachweis der Querzugbeanspruchung im Holz entfallen.

Tabelle 10.10 Beiwerte k_ℓ und k_p für gekrümmte Träger

$h_{ap/r}$	0	0,05	0,1	0,15	0,2	0,25	0,3	0,35	0,4	0,45	0,5
k_ℓ	1	1,02	1,04	1,07	1,09	1,13	1,16	1,20	1,24	1,28	1,33
k_p	0	0,013	0,025	0,038	0,050	0,063	0,075	0,088	0,100	0,113	0,125

10.5 Satteldachträger mit gekrümmtem unteren Rand

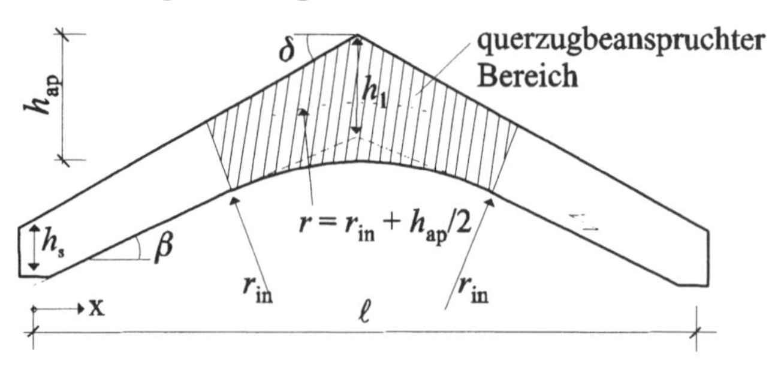

Bild 10.14 Satteldachträger mit gekrümmtem unteren Rand

Längsspannungen an der Stelle x

Die Nachweise eines Einfeldträgers unter Gleichstreckenlast an der Stelle $x = \frac{\ell \cdot h_s}{2 \cdot h_1}$ sind wie für einen Pultdachträger zu führen.

Längsspannungen im Firstquerschnitt

Grenzzustandsgleichung: $\frac{\sigma_{m,d}}{k_r \cdot f_{m,d}} \leq 1$

k_r nach Tabelle 10.9

$\sigma_{m,d} = k_\ell \cdot \frac{M_{ap,d}}{W_{ap}}$ mit $k_\ell = k_1 + k_2 \cdot k_{ap} + k_3 \cdot k_{ap}^2 + k_4 \cdot k_{ap}^3$ nach Tabelle 10.11

$k_{ap} = h_{ap}/r$

k_1	k_2	k_3	k_4
$1 + 1{,}4 \cdot \tan\delta + 5{,}4 \cdot \tan^2\delta$	$0{,}35 - 8 \cdot \tan\delta$	$0{,}6 + 8{,}3 \cdot \tan\delta - 7{,}8 \cdot \tan^2\delta$	$6 \cdot \tan^2\delta$

Querspannung im Firstquerschnitt

Grenzzustandsgleichung: $\frac{\sigma_{t,90,d}}{f_{t,90,d}^S} + \left(\frac{\tau_d}{f_{v,d}}\right)^2 \leq 1$

$f_{t,90,d}^S$ nach Tabelle 10.8

$\sigma_{t,90,d} = k_p \cdot \frac{M_{ap,d}}{W_{ap}}$ mit $k_p = k_5 + k_6 \cdot k_{ap} + k_7 \cdot k_{ap}^2$ nach *Tabelle 10.11*

$k_{ap} = h_{ap}/r$

k_5	k_6	k_7
$0{,}2 \cdot \tan\delta$	$0{,}25 - 1{,}5 \cdot \tan\delta + 2{,}6 \cdot \tan^2\delta$	$2{,}1 \cdot \tan\delta - 4 \cdot \tan^2\delta$

Für $\sigma_{t,90,d} \geq 0{,}6 \cdot f_{t,90,d}^S$ ist eine konstruktive Verstärkung im querzugbeanspruchten Bereich zur Aufnahme zusätzlicher, klimatisch bedingter Querzugspannungen erforderlich (siehe Abschnitt 10.3).

Bauteile mit querzugbeanspruchten Bereichen in NKL 3 oder bei $\sigma_{t,90,d} / f_{t,90,d}^S > 1$ sind immer nach Abschnitt 10.6 zu verstärken. Es sollte zunächst versucht werden durch konstruktive Schutzmaßnahmen zu erreichen, dass das Bauteil nicht in NKL 3 eingestuft werden muss. Bei vollständiger Aufnahme der Zugkräfte rechtwinklig zur Faserrichtung des Holzes wird das Holz rechnerisch nicht mehr auf Querzug beansprucht. Dann kann der Nachweis der Querzugbeanspruchung im Holz entfallen.

Tabelle 10.11 Beiwerte k_ℓ und k_p für Satteldachträger mit gekrümmtem unteren Rand

k_ℓ						
δ	h_{ap}/r					
	0	0,1	0,2	0,3	0,4	0,5
0°	1,000	1,041	1,094	1,159	1,236	1,325
2°	1,055	1,071	1,105	1,156	1,225	1,312
4°	1,124	1,115	1,128	1,165	1,225	1,309
6°	1,207	1,172	1,165	1,186	1,236	1,316
8°	1,303	1,242	1,214	1,219	1,259	1,334
10°	1,415	1,327	1,277	1,265	1,294	1,363
12°	1,542	1,427	1,354	1,325	1,341	1,403
14°	1,685	1,542	1,446	1,398	1,400	1,455
16°	1,845	1,675	1,554	1,486	1,474	1,520
18°	2,025	1,825	1,679	1,590	1,562	1,598
20°	2,225	1,995	1,822	1,711	1,665	1,690

k_p						
δ	h_{ap}/r					
	0	0,1	0,2	0,3	0,4	0,5
0°	0,000	0,025	0,050	0,075	0,100	0,125
2°	0,007	0,028	0,050	0,073	0,098	0,124
4°	0,014	0,031	0,051	0,073	0,097	0,125
6°	0,021	0,035	0,052	0,073	0,098	0,126
8°	0,028	0,039	0,055	0,075	0,099	0,127
10°	0,035	0,044	0,058	0,077	0,101	0,130
12°	0,043	0,050	0,063	0,081	0,104	0,133
14°	0,050	0,056	0,068	0,086	0,109	0,137
16°	0,057	0,063	0,075	0,092	0,115	0,142
18°	0,065	0,071	0,083	0,100	0,121	0,149
20°	0,073	0,080	0,092	0,108	0,130	0,156

10.6 Verstärkung gekrümmter Träger und Satteldachträger aus BSH

Für Träger, bei denen die Zugkräfte rechtwinklig zur Faser vollständig durch Verstärkungselemente aufgenommen werden, sind die Verstärkungen in der mittleren Hälfte des querzugbeanspruchten Bereichs für eine Zugkraft $F_{t,90,d}$ zu bemessen:

$$F_{t,90,d} = \frac{\sigma_{t,90,d} \cdot b \cdot a_1}{n}$$

Die Verstärkungen in den äußeren Vierteln des querzugbeanspruchten Bereichs sind für eine Zugkraft $F_{t,90,d}$ zu bemessen:

$$F_{t,90,d} = \frac{2}{3} \cdot \frac{\sigma_{t,90,d} \cdot b \cdot a_1}{n}$$

mit

- $\sigma_{t,90,d}$ Bemessungswert der Zugspannung rechtwinklig zur Faserrichtung nach den Gleichungen für Satteldachträger auf Seite 126 bzw. 129 und für gekrümmte Träger auf Seite 128
- b Trägerbreite
- a_1 Abstand der Verstärkungen in Trägerlängsrichtung in Höhe der Trägerachse
- n Anzahl der Verstärkungselemente im Bereich innerhalb der Länge a_1

Bei der Aufnahme der Zugkraft $F_{t,90,d}$ durch eingeklebte Stahlstäbe ist für die Klebfugenspannung nachzuweisen, dass

$$\frac{\tau_{ef,d}}{f_{k1,d}} \leq 1 \quad \text{mit}$$

$$\tau_{ef,d} = \frac{2 \cdot F_{t,90,d}}{\pi \cdot \ell_{ad} \cdot d_r}$$

$F_{t,90,d}$ Bemessungswert der Zugkraft je Stahlstab

ℓ_{ad} halbe Einklebelänge des Stahlstabes

d_r Stahlstabaußendurchmesser

$f_{k1,d} =$ 2,46 N/mm² (Bemessungswert der Klebfugenfestigkeit im Standardfall unabhängig von ℓ_{ad})

Die Stahlstäbe müssen mit Ausnahme in einer Randlamelle über die gesamte Trägerhöhe durchgehen.

Für Träger, bei denen die Zugkräfte rechtwinklig zur Faser vollständig durch Verstärkungselemente aufgenommen werden, sollte der Abstand der Stahlstäbe an der Trägeroberkante untereinander mindestens 250 mm, jedoch nicht mehr als 75 % der Trägerhöhe h_{ap} betragen.

Bei der Aufnahme der Zugkraft $F_{t,90,d}$ durch seitlich aufgeklebte Verstärkungen ist für die Klebfugenspannung nachzuweisen, dass

$$\frac{\tau_{ef,d}}{f_{k3,d}} \leq 1 \quad \text{mit}$$

$$\tau_{ef,d} = \frac{2 \cdot F_{t,90,d}}{\ell_r \cdot h}$$

$F_{t,90,d}$ Bemessungswert der Zugkraft je Verstärkungsplatte

h Trägerhöhe

ℓ_r Länge der Verstärkung in der Trägerachse

$f_{k3,d} =$ 0,923 N/mm² im Standardfall

Für die Zugspannung in den aufgeklebten Verstärkungen ist nachzuweisen, dass

$$\frac{\sigma_{t,d}}{f_{t,d}} \leq 1 \quad \text{mit}$$

$$\sigma_{t,d} = \frac{F_{t,90,d}}{t_r \cdot \ell_r}$$

t_r Dicke einer Verstärkung

$f_{t,d}$ Bemessungswert der Zugfestigkeit des Verstärkungsmaterials in Richtung der Zugkraft $F_{t,90}$

Beispiel:

Für den dargestellten Binder in der NKL 1 ist der Nachweis der Querspannung im Querschnitt an der Stelle m zu führen. Gegebenenfalls erforderliche Verstärkungen sind mit eingeklebten Gewindebolzen ∅ 12 mm vorzunehmen und nachzuweisen.

Ständige Lasten: g_k = 3,0 kN/m (einschließlich Eigenlast Binder)

Schneelast: s_k = 5,0 kN/m

Träger: 180/1650 mm, BSH GL 24h

Lamellendicke t = 30 mm

a: festes Auflager

b: horizontal verschiebliches Auflager

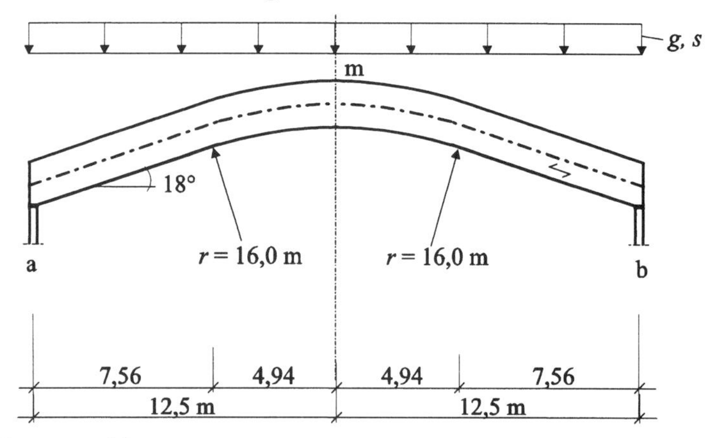

Bild 10.15 System und Lasten

Fall 1: Geländehöhe des Bauwerkstandortes < 1000 m ü. NN

Fall 2: Geländehöhe des Bauwerkstandortes > 1000 m ü. NN

Bemessungswert der Einwirkung in der maßgebenden LK g + s

$$r_d = 1{,}35 \cdot 3{,}0 + 1{,}5 \cdot 5{,}0 = 11{,}6 \text{ kN/m}$$

Bemessungswert des maximalen Biegemomentes

$$M_{\max,d} = 11{,}6 \cdot 25^2 / 8 = 906 \text{ kNm}$$

Widerstandsmoment

$$W_{ap} = 180 \cdot 1650^2 / 6 = 81{,}7 \cdot 10^6 \text{ mm}^3$$

$$h_{ap} / r = 1{,}65 / 16{,}8 = 0{,}098 \cong 0{,}1 \qquad \rightarrow \qquad k_p = 0{,}025$$

$$\sigma_{t,90,d} = 0{,}025 \cdot \frac{906 \cdot 10^6}{81{,}7 \cdot 10^6} = 0{,}277 \text{ N/mm}^2$$

Fall 1:

$$f_{t,90,d}^{S} = 1{,}125 \cdot \left[0{,}298 - \frac{50}{200} \cdot (0{,}298 - 0{,}288)\right] = 0{,}332 \text{ N/mm}^2$$

Nachweis: $\dfrac{0{,}277}{0{,}885 \cdot 0{,}332} = 0{,}94 > 0{,}6 \rightarrow$ konstruktive Verstärkung erforderlich

$$F_{t,90,d} = \frac{1}{4} \cdot \frac{0{,}277 \cdot 180 \cdot a_1}{n} \cdot \frac{180}{160} = 14{,}0 \cdot a_1$$ in N mit a_1 in mm und $n = 1$

$$\ell_{ad} = 1650/2 - 30 = 795 \cong 790 \text{ mm}$$

$f_{k1,d} = 2{,}46$ N/mm^2 Bemessungswert der Festigkeit der Klebfuge zwischen Stahlstab und Bohrlochwandung im Standardfall.

$$\tau_{ef,d} = \frac{2 \cdot 14{,}0 \cdot a_1}{\pi \cdot 790 \cdot 12} \leq 1{,}125 \cdot 2{,}46$$

$a_1 \leq 2940$ mm

maximal 0,75 · 1650 = 1240 mm

Gewählt: 9 Gewindebolzen ∅ 12 mm DIN 976-1 im gekrümmten Bereich

mit Abstand in der Stabachse von a_1 = 1,18 m.

Länge des gekrümmten Bereichs = $\pi \cdot (16{,}0 + 1{,}65/2) \cdot \dfrac{36°}{180°} = 10{,}6$ m

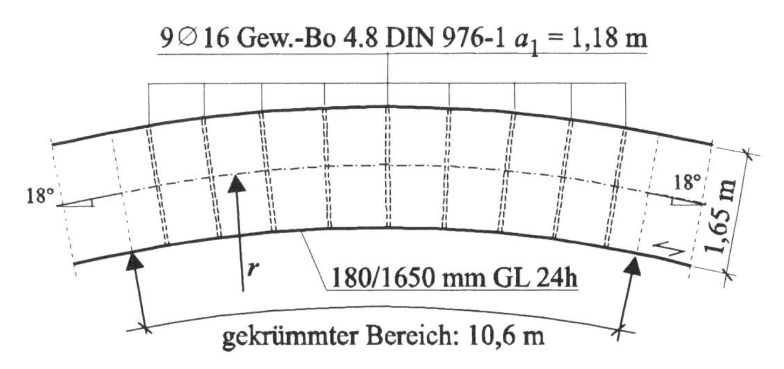

Bild 10.16 Konstruktive Verstärkung des gekrümmten Bereiches

Fall 2:

$$f_{t,90,d}^{S} = 0{,}332/1{,}125 = 0{,}295 \text{ N/mm}^2$$

Nachweis: $\dfrac{0{,}277}{0{,}885 \cdot 0{,}295} = 1{,}06 > 1 \rightarrow$ vollständige Verstärkung erforderlich

Mittlere Hälfte

$$F_{t,90,d} = \frac{0,277 \cdot 180 \cdot a_l}{n} = 24,9 \cdot a_l \text{ in N mit } a_l \text{ in mm und } n = 2$$

$$\ell_{ad} = 1650/2 - 30 = 795 \cong 790 \text{ mm}$$

$$f_{k1,d} = 2,46 \text{ N/mm}^2$$

$$\tau_{ef,d} = \frac{2 \cdot 24,9 \cdot a_l}{\pi \cdot 790 \cdot 12} \leq 2,46$$

$a_l \leq 1470$ mm

maximal 0,75 · 1650 = 1240 mm

Gewählt: 2×4 = 8 Gewindebolzen ∅ 12 mm DIN 976-1 in der mittleren Hälfte des gekrümmten Bereiches mit Abstand in der Stabachse von a_l = 1,20 m

Äußeres Viertel

$$F_{t,90,d} = \frac{2}{3} \cdot \frac{0,277 \cdot 180 \cdot a_l}{n} = 33,2 \cdot a_l \quad \text{in N mit } a_l \text{ in mm und } n = 1$$

$$\ell_{ad} = 1650/2 - 30 = 795 \cong 790 \text{ mm}$$

$$f_{k1,d} = 2,46 \text{ N/mm}^2$$

$$\tau_{ef,d} = \frac{2 \cdot 33,2 \cdot a_l}{\pi \cdot 790 \cdot 12} \leq 2,46$$

$a_l \leq 1100$ mm

maximal 0,75 · 1650 = 1240 mm

Gewählt: Jeweils 3 Gewindebolzen ∅ 12 mm DIN 976-1 in den äußeren Vierteln des gekrümmten Bereiches mit Abstand in der Stabachse von a_l = 0,95 m.

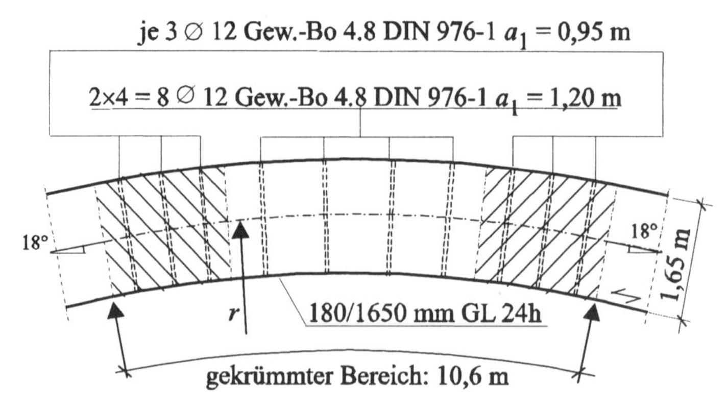

Bild 10.17 Vollständige Verstärkung des gekrümmten Bereiches

11 Scheiben aus Tafeln

11.1 Allgemeines

Die nachfolgend beschriebenen Tafeln sind flächige Bauteile, die auch in ihrer Ebene wirkenden Lasten aufnehmen und weiterleiten können, und somit baustatisch eine Scheibentragwirkung aufweisen, siehe Bild 11.1.

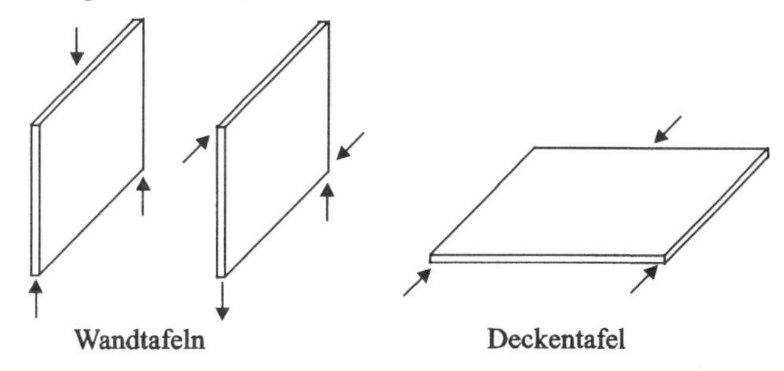

Bild 11.1 Wand- und Deckentafeln als Scheiben

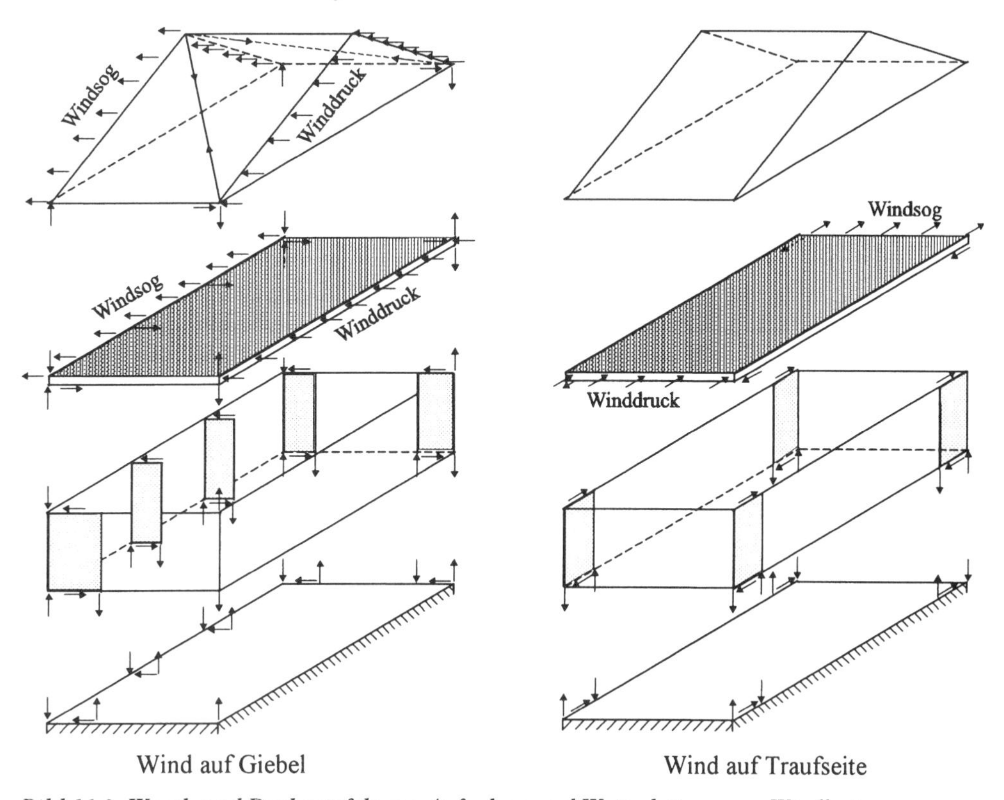

Bild 11.2 Wand- und Deckentafeln zur Aufnahme und Weiterleitung von Windlasten

Diese Scheibentragwirkung wird in Wänden, Decken und Dächern genutzt, um horizontale Einwirkungen wie z. B. Windlasten aufzunehmen und in die Fundamente abzuleiten. Bild 11.3 zeigt schematisch den Einsatz von Decken- und Wandtafeln als Scheiben in einem eingeschossigen Haus in Tafelbauart.

Weiterführende Literatur findet sich z. B. in [21], [22].

Tafeln

Tafeln bestehen aus einem Verbund von Rippen und ein- oder beidseitiger ebener Beplankung aus Holzwerkstoffplatten. Der Verbund erfolgt durch mechanische Verbindungsmittel oder durch Klebung. Nachfolgend wird der Verbund durch Klebung nicht behandelt.

Tafelelemente

Werden Tafeln aus einzelnen Tafelelementen zusammengesetzt, dann sind diese Tafelelemente z. B. nach Bild 11.3 so zu verbinden, dass der Schubfluss der angrenzenden Beplankungsränder von Element zu Element übertragen werden kann.

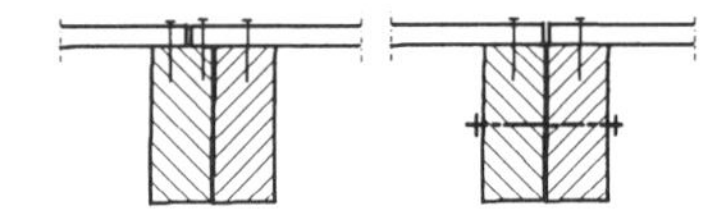

Bild 11.3 Übertragung des Schubflusses bei Tafeln aus mehreren Elementen

Rippen

Die Tafeln müssen an allen Rändern durch Randrippen begrenzt sein, siehe Bild 11.4. Parallel zu einem Rand verlaufen im Abstand a_r die Innenrippen. Die druck- oder biegebeanspruchten Rippen gelten als ausreichend gegen Kippen und Knicken in Tafelebene gesichert, wenn sie mit einer beidseitigen aussteifenden Beplankung kontinuierlich (siehe Verbindung) verbunden sind. Dies gilt auch für Rippen mit einseitiger aussteifender Beplankung, wenn das Seitenverhältnis h/b des Rechteckquerschnitts den Wert 4 nicht überschreitet. Randrippen dürfen nicht gestoßen sein oder die Tragfähigkeit des Stoßes muss größer sein als der 1,5-fache Wert der Beanspruchung an der Stoßstelle.

Platten der Beplankung

Die Platten der Beplankung sind in Reihen rechtwinklig (Bild 11.4a) oder parallel (Bild 11.4b) zu den durchlaufenden Rippen angeordnet, wobei die Plattenstöße der einen Richtung immer auf den Rippen erfolgen (Schnitt 2-2). Die Plattenränder in der anderen Richtung sind frei (Schnitt 1-1) oder wie in Bild 11.4c durch Stoßhölzer schubsteif verbunden (Schnitt 3-3). Freie Plattenränder sind bei Wandtafeln unzulässig.

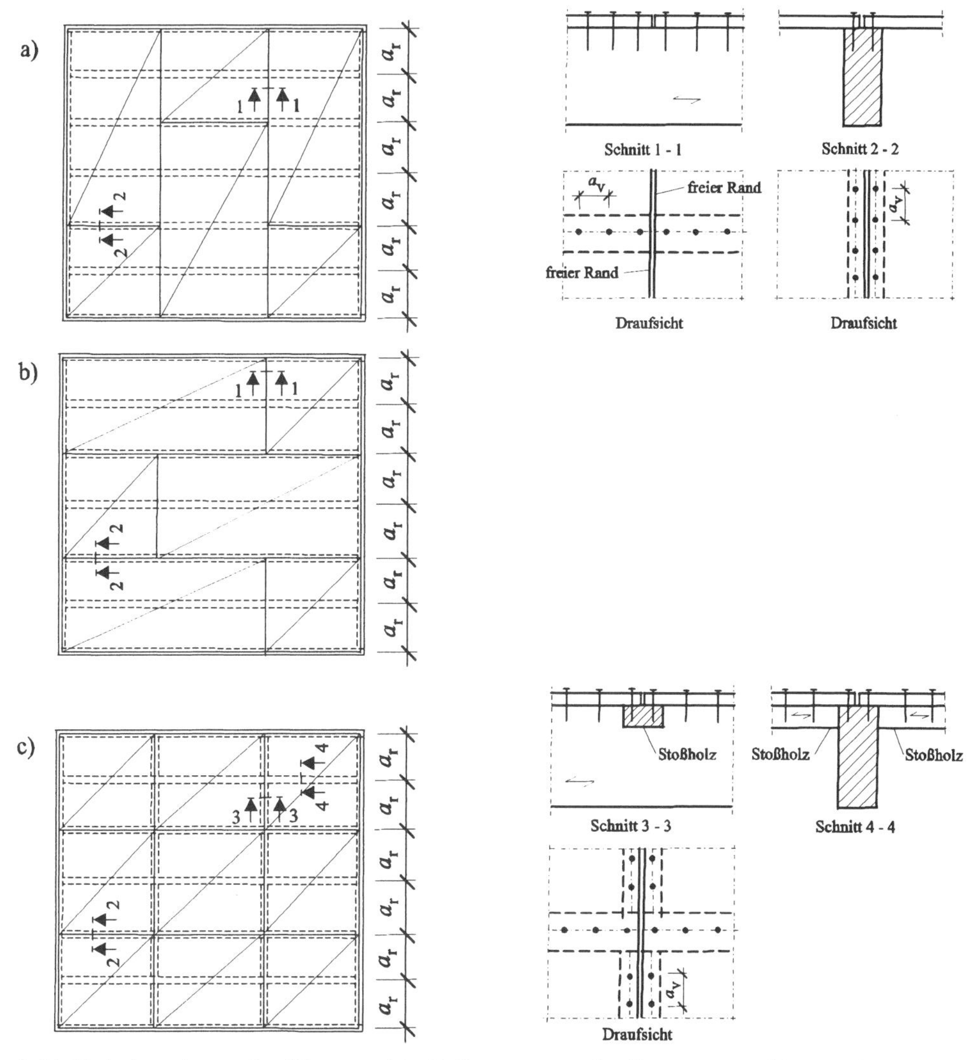

Bild 11.4 Anordnung der Platten: a) in Reihen quer zu den Innenrippen, b) in Reihen parallel zu den Innenrippen, c) mit nicht versetzten Plattenstößen (nur zulässig bei durch Stoßhölzer schubsteif verbundenen Platten)

Verbund Beplankung /Rippe

Der Verbund von Beplankung und Rippe wird durch den bereichsweise für jede Rippe konstant angenommenen Schubfluss $s_{v,0}$ in N/mm in Rippenlängsrichtung und gegebenenfalls durch die rechtwinklig zur Rippenlängsrichtung wirkende kontinuierliche Beanspruchung $s_{v,90}$ in N/mm beansprucht. Der Abstand a_v der Verbindungsmittel ist an allen Plattenrändern auf den Rippen und auf den Stoßhölzern konstant.

Verbindung

Eine kontinuierliche Verbindung von Beplankung und Rippen darf angenommen werden, wenn der Abstand der Verbindungsmittel entlang den Plattenrändern bei Nägeln und Klammern höchstens 150 mm, bei Schrauben höchstens 200 mm beträgt. In anderen Bereichen darf der Abstand höchstens 300 mm betragen. Der Verbindungsmittelabstand a_v muss mindestens $20 \cdot d$ betragen, sofern kein genauerer Nachweis der Tragfähigkeit der Platte geführt wird. Als Randabstände der Verbindungsmittel für Platten und Rippen darf bei Tafeln mit allseitig schubsteif verbundenen Plattenrändern das Maß $a_{2,c}$ gewählt werden. In Randbereichen, in denen die Rippen rechtwinklig zu ihrer Stabachse beansprucht werden, können andere Randabstände erforderlich sein. Bei allen Tafeln mit freien Plattenrändern muss als Randabstand der Verbindungsmittel das Maß $a_{2,t}$ für $\alpha = 90°$ gewählt werden.

Öffnungen

Einzelne Öffnungen in der Beplankung dürfen bei der Berechnung der Beanspruchungen vernachlässigt werden, wenn sie kleiner als 200×200 mm sind. Bei mehreren Öffnungen muss hierbei die Summe der Längen kleiner als 10 % der Tafellänge und die Summe der Höhen kleiner als 10 % der Tafelhöhe sein. Die Auswirkungen größerer Öffnungen sind nachzuweisen.

11.2 Dach- und Deckentafeln

Geometrie und Lagerung

Dach- und Deckentafeln sind rechteckige Tafeln mit einer Länge ℓ und einer Höhe h, die in ihrer Ebene an ihrem oberen und unteren Rand durch eine Gleichstreckenlast in Richtung der Tafelhöhe beansprucht werden, siehe z. B. Bild 11.5.

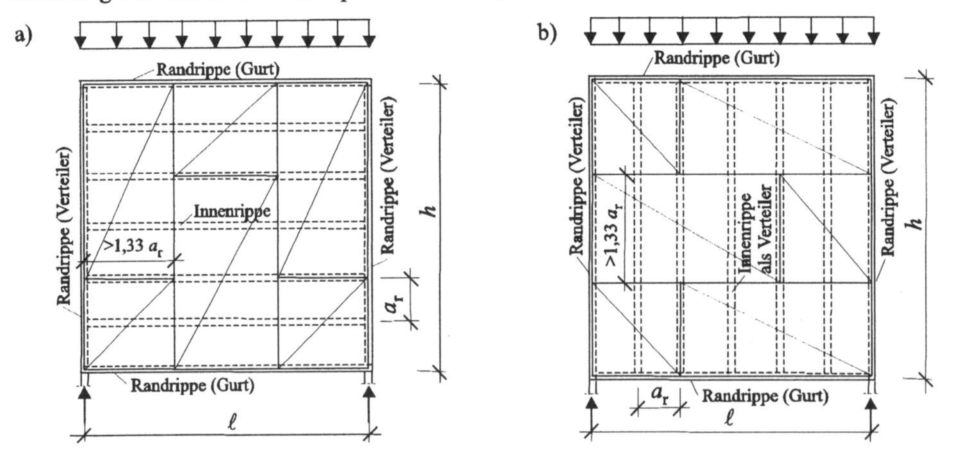

Bild 11.5 Deckentafeln mit freien Plattenrändern: a) Lasteinleitung über den Gurt, b) Lasteinleitung über Innenrippen (Verteiler)

Freie Plattenränder

Freie Plattenränder sind quer zu den Innenrippen zulässig (siehe Bild 11.5). Hierbei sind folgende Bedingungen einzuhalten:

- die Platten sind um mindestens einen Rippenabstand a_r versetzt angeordnet,
- die Seitenlänge der Platten in Rippenrichtung beträgt mindestens $1{,}33 \cdot a_r$

- die Platten sind auch an die Rippen, auf denen die Platten nicht gestoßen sind, mit Verbindungsmitteln im Abstand a_v angeschlossen,
- die Stützweite ℓ der Tafel beträgt weniger als 12,5 m oder es sind höchstens drei Plattenreihen vorhanden,
- die Tafelhöhe h in Lastrichtung beträgt mindestens $\ell/4$,
- der Bemessungswert der Einwirkungen ist nicht größer als 5,0 kN/m.

Tafelhöhe

Die Tafelhöhe h darf bei Tafeln, bei denen die Last über Rippen (Verteiler) in die Tafel eingeleitet wird, die über die volle Tafelhöhe durchgehen, rechnerisch nicht größer als die Stützweite ℓ angesetzt werden (Bild 11.6).

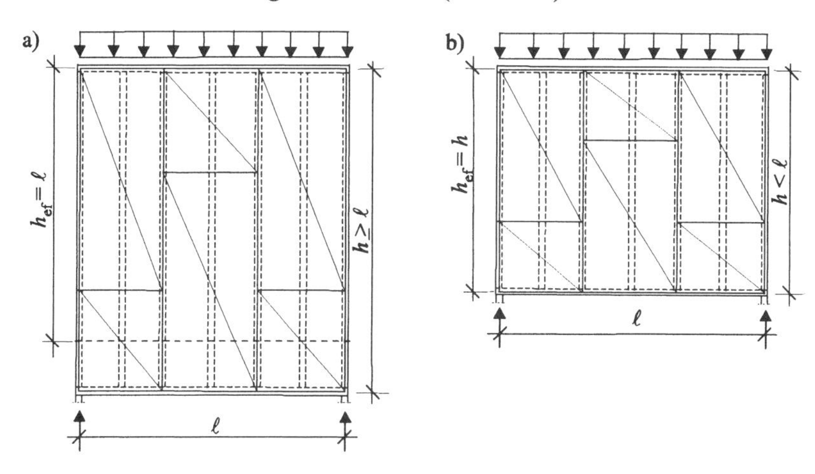

Bild 11.6 Rechnerische Tafelhöhe h_{ef} bei Lasteinleitung über Rippen (Verteiler) in die Tafel

Wenn das Tragverhalten nicht genauer berechnet und die Lasteinleitung nicht nachgewiesen wird, ist bei anderen Systemen die rechnerische Tafelhöhe h_{ef} gemäß Bild 11.7 anzusetzen mit:

a) Last auf einem Rand

$h_{ef} = h$ für $h \leq \ell/4$

$h_{ef} = \ell/4$ für $h > \ell/4$

b) Last auf beiden Rändern

$h_{ef} = h$ für $h \leq \ell/2$

$h_{ef} = \ell/2$ für $h > \ell/2$

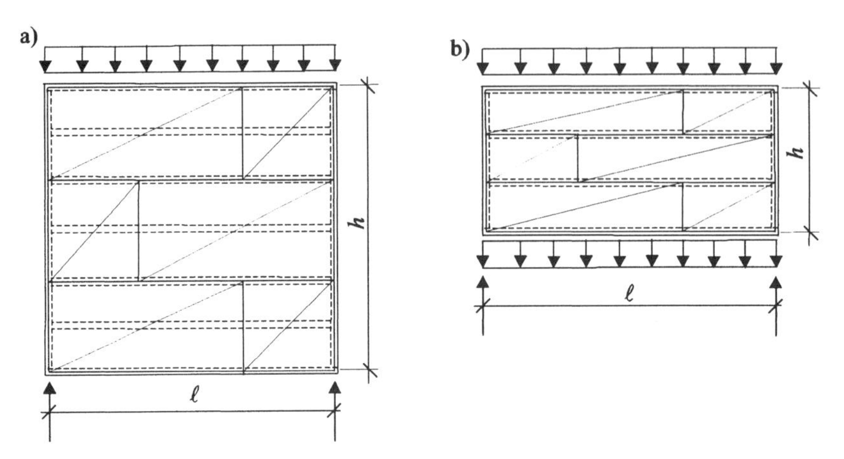

Bild 11.7 Rechnerische Tafelhöhe h_{ef} bei Lasteinleitung über Randrippe (Gurt): a) Last auf einem Rand, b) Last auf beiden Rändern

Beanspruchungen der Tafel

Die Beanspruchungen der Tafeln dürfen vereinfachend nach der Balkentheorie berechnet werden. Die obere und untere Randrippe sind als allein wirksamer Gurt für die Kraft aus dem maximalen Biegemoment zu bemessen. Die Beplankung ist für den Schubfluss $s_{v,0}$ aus der maximalen Querkraft zu bemessen, wobei der Schubfluss als über die Tafelhöhe konstant angenommen werden darf. Die Beanspruchung $s_{v,90}$ aus der Lasteinleitung darf unter Berücksichtigung der Einschränkungen für die rechnerische Tafelhöhe vernachlässigt werden.

Durchbiegungsnachweis

Für Dach- und Deckentafeln ist ein Nachweis der Tafeldurchbiegung nicht erforderlich, wenn

- die Tafelhöhe mindestens $\ell/4$ beträgt,
- die Seitenlängen der Platten mindestens 1,0 m betragen,
- der Verbindungsmittelabstand a_v an allen Rändern der Tafel eingehalten wird.

Tragfähigkeitsnachweise siehe 11.4.

11.3 Wandtafeln

Eine Wandtafel ist eine rechteckige Tafel der Länge ℓ und der Höhe h mit in regelmäßigen Abständen angeordneten lotrechten Rippen und einer horizontalen Kopf- und Fußrippe. Die Tafel wird in ihrer Ebene über die Kopfrippe horizontal durch eine Kraft F_v (Bild 11.8) und vertikal durch eine Gleichlast oder Druckkräfte F_c (Bild 11.10) beansprucht. Die seitlichen Randrippen sind druck- und bei geringer Auflast direkt zugfest mit der Unterkonstruktion verbunden. Die Fußrippe ist horizontal und vertikal gelagert. Die ein- oder beidseitige Beplankung besteht aus über die volle Tafelhöhe durchgehenden Platten, die auf vertikalen Rippen gestoßen sein können. Die

Mindestbreite der Platten beträgt $h/4$. Die Beplankung darf horizontal einmal gestoßen sein, wenn die Plattenränder schubsteif verbunden sind.

Bei der Scheibenbeanspruchung der Wandtafel unterscheidet man

- horizontale Beanspruchung
- vertikale Beanspruchung
- kombinierte Beanspruchung

Wandtafeln unter horizontaler Scheibenbeanspruchung

Normalkraft der Randrippen

$$F_{c,d} = F_{t,d} = F_{v,d} \cdot \frac{h}{\ell}$$

Wenn $\ell > 0{,}5 \cdot h$ ist, darf für den Nachweis der Schwellenpressung angenommen werden:

$$F_{c,d} = \begin{cases} 0{,}67 \cdot F_{v,d} \cdot \frac{h}{\ell} & \text{Beplankung beidseitig} \\ 0{,}75 \cdot F_{v,d} \cdot \frac{h}{\ell} & \text{Beplankung einseitig} \end{cases}$$

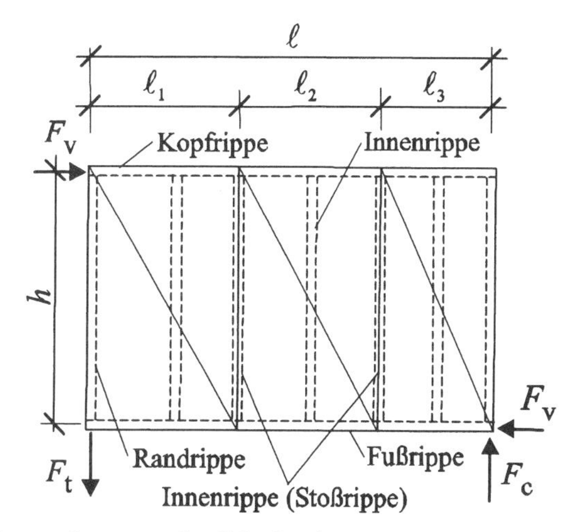

Bild 11.8 Wandtafel unter horizontaler Scheibenbeanspruchung und Anschlusskräfte der Randrippen an die Unterkonstruktion

Normalkraft der Innenrippen

Für den Nachweis der Schwellenpressung darf angenommen werden:

$$F_{c,d} = 0{,}20 \cdot F_{v,d} \cdot \frac{h}{\ell}$$

Beanspruchung der Verbindungsmittel

Mit den Verbindungsmitteln zwischen Beplankung und Rippen ist der Schubfluss

$s_{v,0,d} = F_{v,d} / \ell$ zu übertragen.

Nachweis der horizontalen Verformung

Für Wandtafeln unter horizontaler Scheibenbeanspruchung ist ein Nachweis der horizontalen Verformung nicht erforderlich, wenn

- die Tafellänge mindestens $h/4$ beträgt
- die Breite der Platten mindestens $h/4$ beträgt
- die Tafel direkt in einer steifen Unterkonstruktion gelagert ist.

Wände mit Öffnungen

Die durch Tür- oder Fensteröffnungen ungestörten Wandbereiche sind gemäß Bild 11.9 als einzelne Tafeln zu betrachten und jede Tafel ist für sich zu verankern. Die Beanspruchungen der Beplankung und der vertikalen Rippen einer gemeinsam wirkenden Gruppe von Wandtafelelementen, die mit einer durchlaufenden Kopf- und Fußrippe verbunden sind, sind gleich. Die Berechnung von $F_{c,d}$, $F_{t,d}$ und $s_{v,0,d}$ erfolgt mit den in diesem Abschnitt 11.3 angegebenen Gleichungen, wobei für ℓ die Summe der Einzellängen der Tafelelemente anzunehmen ist.

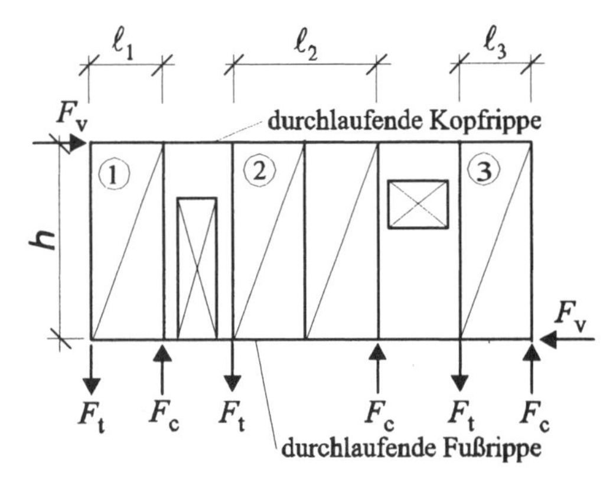

Bild 11.9 Beispiel einer Wand mit Öffnungen bestehend aus einer Gruppe von Wandtafeln

Wandtafeln unter vertikaler Scheibenbeanspruchung

Die vertikalen Lasten in Wandtafeln werden über die Rippen und die Beplankung im Verhältnis ihrer Beanspruchbarkeiten abgetragen, siehe Bild 11.10.

Lastanteil der Rippen:

$$\Sigma F_{c,ri,d} = F_{c,d} \cdot \frac{\Sigma F_{c,ri,d}}{\Sigma F_{c,ri,d} + \ell \cdot f_{v,90,d}}$$

Lastanteil der Beplankung:

$$s_{v,90,d} = \frac{F_{c,d}}{\ell} \cdot \frac{\ell \cdot f_{v,90,d}}{\Sigma F_{c,ri,d} + \ell \cdot f_{v,90,d}}$$

Tragfähigkeitsnachweise siehe 11.4.

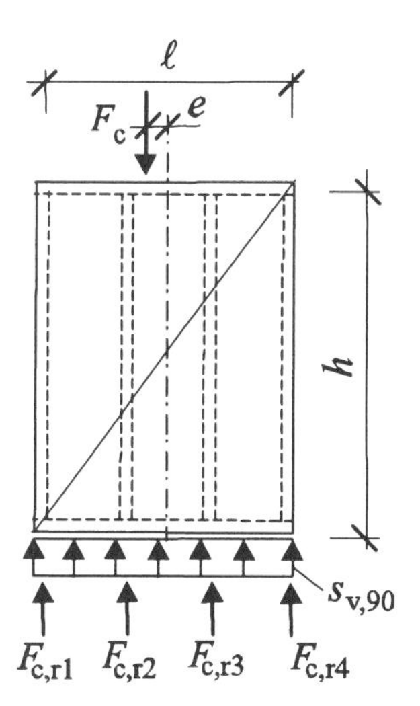

Bild 11.10 Wandtafel unter vertikaler Scheibenbeanspruchung

Wandtafeln unter kombinierter Scheibenbeanspruchung

Bei gleichzeitiger Beanspruchung einer Wandtafel durch Horizontal- und Vertikalkräfte darf der kleinere Wert der Beanspruchung $s_{v,0}$ und $s_{v,90}$ vernachlässigt werden, wenn die charakteristische Tragfähigkeit der Beplankung mit dem Faktor 0,7 abgemindert wird.

11.4 Tragfähigkeitsnachweise

Für die vereinfacht berechneten Beanspruchungen der Beplankung sind die folgenden Bedingungen einzuhalten:

$$\frac{s_{v,0,d}}{f_{v,0,d}} \leq 1 \quad \text{und} \quad \frac{s_{v,90,d}}{f_{v,90,d}} \leq 1$$

mit

$$f_{v,0,d} = \min \begin{cases} k_{v1} \cdot R_d / a_v \\ k_{v1} \cdot k_{v2} \cdot f_{v,d} \cdot t \\ k_{v1} \cdot k_{v2} \cdot f_{v,d} \cdot 35 \cdot t^2 / a_r \end{cases} \quad \text{und} \quad f_{v,90,d} = \min \begin{cases} R_d / a_v \\ k_{v2} \cdot f_{c,d} \cdot t \\ k_{v2} \cdot f_{c,d} \cdot 20 \cdot t^2 / a_r \end{cases}$$

Hierin bedeuten:

$s_{v,0,d}$ Bemessungswert des Schubflusses der Beplankung in Richtung der Rippenlängsachse

$f_{v,0,d}$ Bemessungswert der längenbezogenen Schubfestigkeit der Beplankung unter Berücksichtigung der Tragfähigkeit der Verbindung und der Platten sowie des Beulens

$f_{v,d}$ Bemessungswert der Schubfestigkeit der Platten

$s_{v,90,d}$ Bemessungswert der Beanspruchung der Beplankung rechtwinklig zur Rippenlängsachse

$f_{v,90,d}$ Bemessungswert der längenbezogenen Festigkeit der Beplankung unter Berücksichtigung der Tragfähigkeit der Verbindung und der Platten sowie des Beulens

$f_{c,d}$ Bemessungswert der Druckfestigkeit der Platten

R_d Bemessungswert der Tragfähigkeit eines Verbindungsmittels auf Abscheren

a_v Abstand der Verbindungsmittel untereinander

$k_{v1} =$ 1,0 für Tafeln mit allseitig schubsteif verbundenen Plattenrändern

$k_{v1} =$ 0,66 für Tafeln mit nicht allseitig schubsteif verbundenen Plattenrändern

$k_{v2} =$ 0,33 bei einseitiger Beplankung

$k_{v2} =$ 0,5 bei beidseitiger Beplankung

t Dicke der Platten

a_r Abstand der Rippen

12 Verbindungen

12.1 Allgemeines

Bei Holzkonstruktionen sind die Verbindungen zwischen den einzelnen Bauteilen von besonderer Bedeutung, weil von ihnen die Tragfähigkeit und Gebrauchstauglichkeit der Konstruktion in hohem Maße abhängen. Man unterscheidet bei den Holzverbindungen starre und nachgiebige Verbindungen. Eine starre Verbindung lässt sich in guter Näherung nur mit dem Verbindungsmittel (VM) Kleber herstellen. Alle anderen Verbindungen haben die charakteristische Eigenschaft, dass sich bei der Kraftübertragung die verbundenen Teile gegeneinander verschieben. Diese nachgiebigen Verbindungen werden üblicherweise in zimmermannsmäßige und mechanische Verbindungen unterteilt. Die verschiedenen Verbindungen gliedern sich somit folgendermaßen:

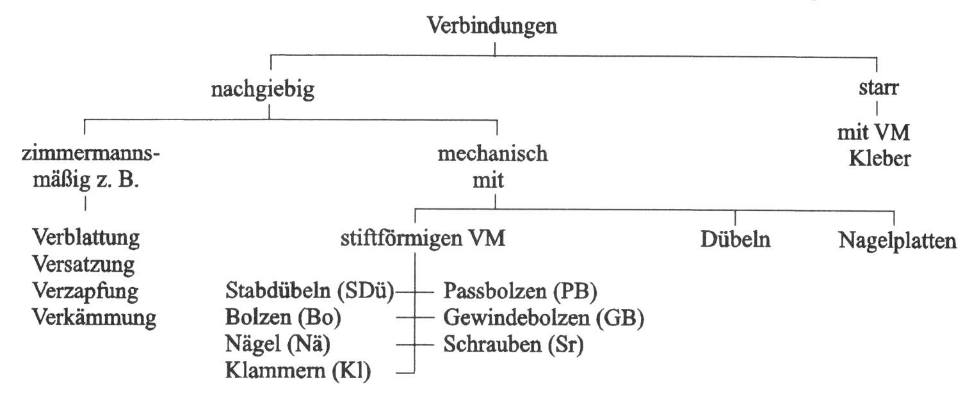

Bei neuzeitlichen Holzkonstruktionen hat von den zimmermannsmäßigen Verbindungen nur der Versatz noch eine gewisse Bedeutung. Für die Sanierung, Erhaltung und Umnutzung alter Gebäude mit hölzernen Tragwerken sind vertiefte Kenntnisse und

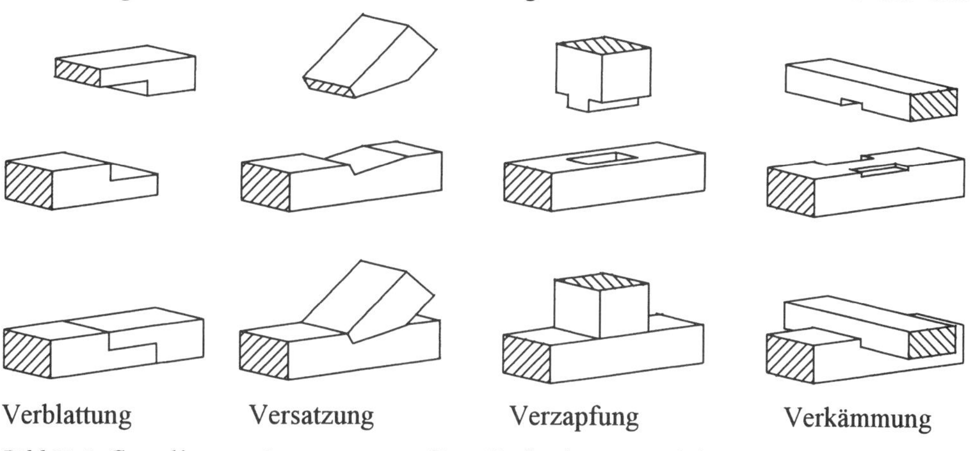

Bild 12.1 Grundformen zimmermannsmäßiger Verbindungen nach STEP 1/C12 [4]

ingenieurmäßige Ansätze bei der Beurteilung des Trag- und Verformungsverhaltens von zimmermannsmäßig ausgeführten Knotenpunkten und Anschlüssen unerlässlich. Als Literatur hierzu wird [23] empfohlen.

Die Charakterisierung des Verformungsverhaltens einer mechanischen Verbindung kann anschaulich durch die Kraft-Verschiebungslinie erfolgen (siehe Bild 12.2).

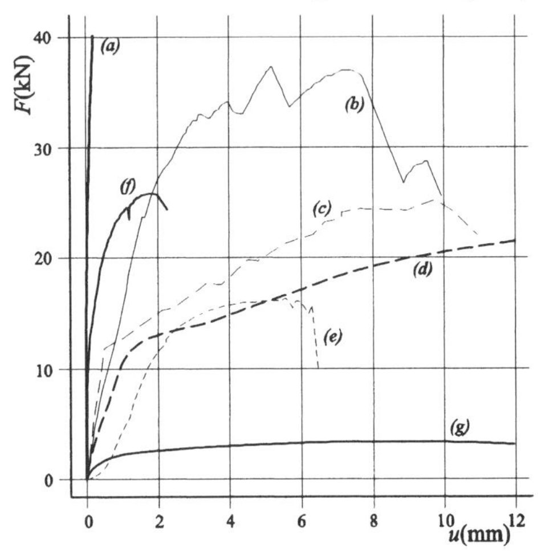

Bild 12.2 Kraft-Verschiebungskurven nach STEP 1/C1 [4] für Verbindungen unter Zugbeanspruchung in Faserrichtung:
(a) geklebte Verbindung (12,5 · 103 mm²), (b) Ringdübel (∅ 100 mm),
(c) zweiseitiger Scheibendübel mit Zähnen (∅ 62 mm), (d) SDü (∅ 14 mm),
(e) Bolzen (∅ 14 mm), (f) Nagelplatte (104 mm²), (g) Nägel (∅ 4,4 mm)

F ist die Kraft pro Scherfläche

u ist die gegenseitige Verschiebung

Verschiebungsmodul $K = F/_u$ in N/mm

K_{ser} ist der Verschiebungsmodul → Tab. 13.2

K_u ist der Verschiebungsmodul für Nachweise der Tragfähigkeit mit

$K_u = 2\,K_{ser}/3$

Mit Hilfe des Verschiebungsmoduls K berechnen sich Verschiebungen infolge der Kraft F zu

$u = F/K$

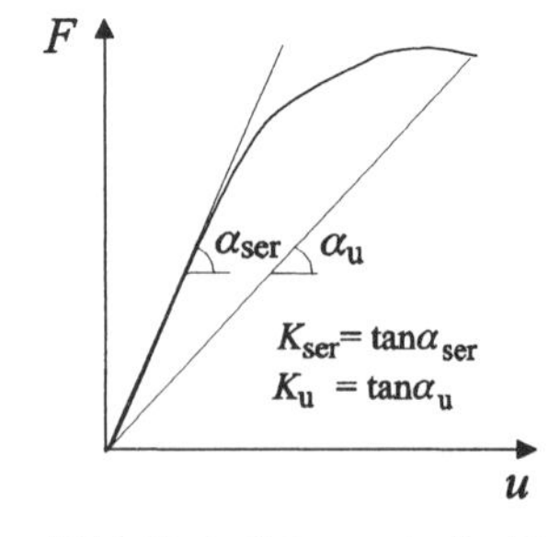

Bild 12.3 Schematische Kraft-Verschiebungskurve

Konstruktive Hinweise

Schwindbehinderung des Holzes in Verbindungen verursachen Querzugrisse im Holz und Zusatzbeanspruchung der VM (→ Bild 12.4). Durch Anschlüsse verursachte Ausmittigkeiten sind möglichst zu vermeiden (→ Bild 12.5).

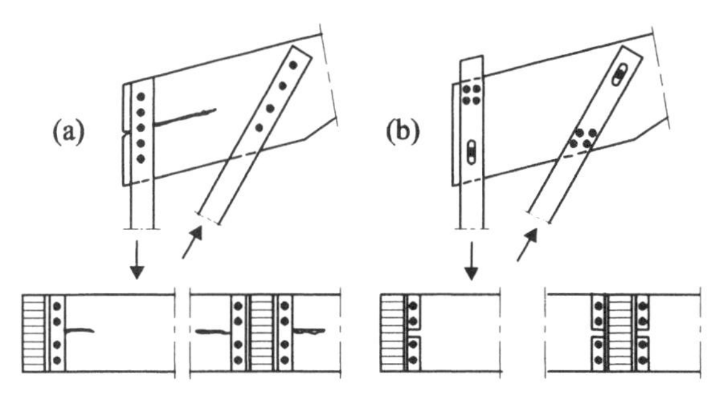

Bild 12.4 (a) Aufreißen durch Schwinden, (b) Richtig ausgeführte Verbindung mit Langlöchenr für die Klemmbolzen

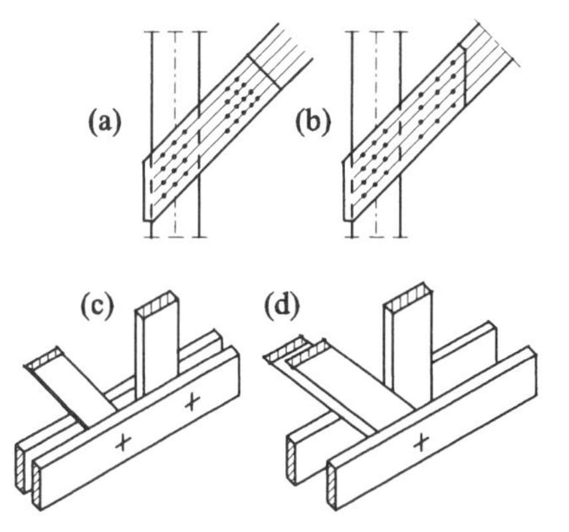

Bild 12.5 Ausmittigkeiten (a) durch die VM oder (c) durch die Bauteile. (b), (d) Modifizierte Anordnungen, um Ausmittigkeiten zu vermeiden.

Verschiedene VM mit unterschiedlicher Nachgiebigkeit in einem Anschluss führen zu einer ungleichmäßigen Verteilung der Kraft auf die VM. Wird elastisches Verhalten vorausgesetzt, kann die Kraftverteilung für einen Anschluss z. B. nach Bild 12.6 wie folgt berechnet werden:

$$F = \sum F_{\text{i}} = n_{\text{A}} \cdot F_{\text{A}} + n_{\text{B}} \cdot F_{\text{B}}$$

$$u = \frac{F_{\text{A}}}{K_{\text{u,A}}} = \frac{F_{\text{B}}}{K_{\text{u,B}}}$$

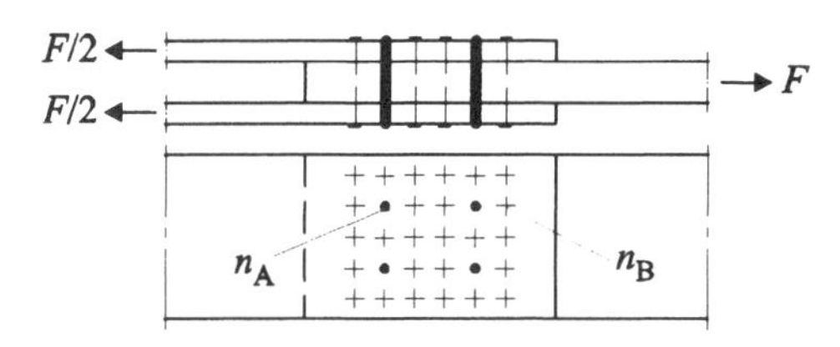

Bild 12.6 Stoß mit verschiedenen Verbindungsmitteln

n_{A} ist die Anzahl der VM A

n_{B} ist die Anzahl der VM B

$K_{\text{u,A(B)}}$ ist der Verschiebungsmodul des VM A(B)

$F_{\text{A(B)}}$ ist die Kraft je VM A(B)

Aus den zwei obigen Gleichungen werden die zwei Unbekannten F_A und F_B ermittelt:

$$F_A = \frac{F}{n_A + n_B \cdot \frac{K_{u,B}}{K_{u,A}}} \qquad F_B = \frac{F}{n_A \cdot \frac{K_{u,A}}{K_{u,B}} + n_B}$$

Die konstruktive Ausbildung der Verbindung kann wiederum Rückwirkungen auf die miteinander verbundenen Teile haben. Werden z. B. Kräfte einseitig in die Querschnitte eingeleitet, entstehen Zusatzmomente, die von den Querschnitten aufzunehmen sind. Bild 12.7 zeigt einen einseitigen Anschluss im Extremfall, in dem die Biegeverformungen so groß sind, dass die ursprünglich gegeneinander versetzten Stabkräfte auf einer Wirkungslinie liegen.

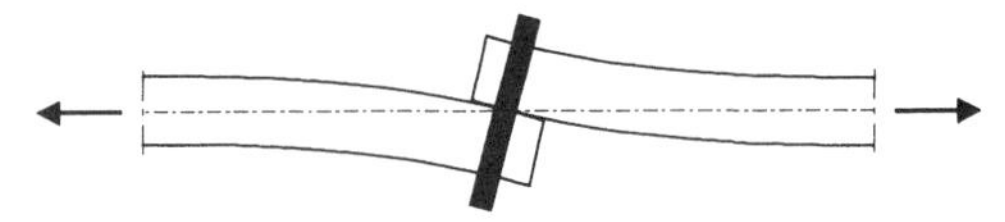

Bild 12.7 Einschnittige Stiftverbindung

Unsymmetrische Knotenpunktsausbildungen wie z. B. in Bild 12.8 können bei Stäben mit geringer Steifigkeit zu unerwünschten zusätzlichen Verformungen führen. Werden solche konstruktiven Lösungen mit stiftförmigen VM ausgeführt, ist die Weiterleitung und das Gleichgewicht der Kraftkomponenten genau zu verfolgen.

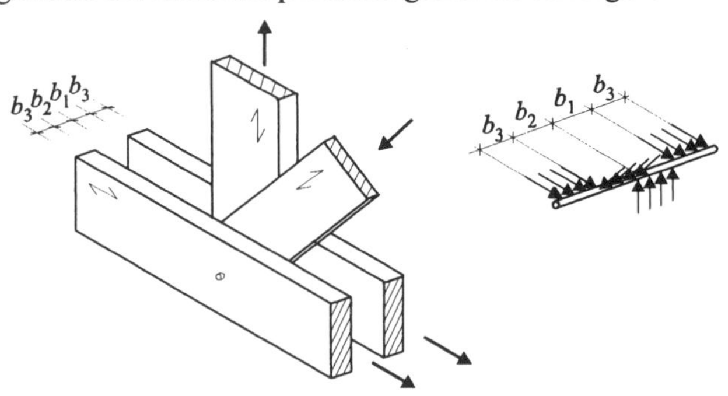

Bild 12.8 Unsymmetrischer Knotenpunkt

12.2 Stiftverbindungen

12.2.1 Allgemeines

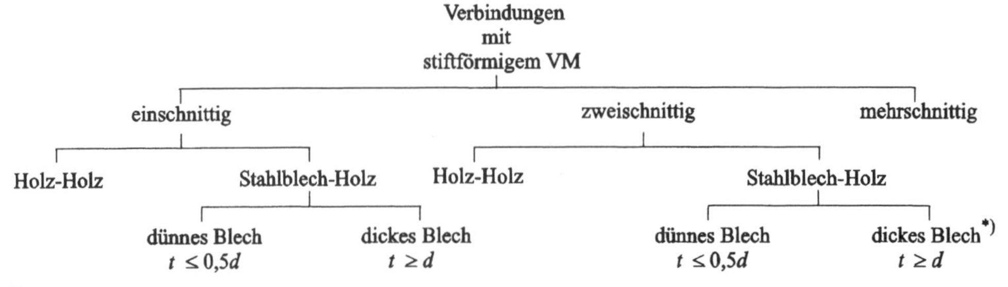

*) Innen liegende Bleche wirken wie dicke Bleche.

Die Tragfähigkeit auf Abscheren von Verbindungen mit stiftförmigen metallischen Verbindungsmitteln wie Stabdübel, Passbolzen, Bolzen, Gewindestangen, Nägel, Holzschrauben und Klammern hängt von der Geometrie der Verbindung, dem Fließmoment des Stiftes und der Lochleibungsfestigkeit des Holzes ab. Die Berechnung der Tragfähigkeit setzt für den Stift und die verbundenen Bauteile ein ideal plastisches Material voraus. In [24] wird empfohlen, spröde Versagensformen zu vermeiden z. B. durch

- Verwenden von schlanken Stiften mit einem Verhältnis von Einbindetiefe zu Stiftdurchmesser von 6 bis 8,
- Verwenden von Stiften aus Stahl niedriger Festigkeitsklassen,
- Verstärken des Holzes im Anschlussbereich rechtwinklig zur Faserrichtung durch außen oder innen liegende Verstärkungen,
- Vermeiden von vielen in Kraft- und Faserrichtung hintereinander liegenden Verbindungsmitteln,
- Erhöhen der Abstände der Verbindungsmittel in Faserrichtung.

Holz-Holz-Verbindungen

Die größtmögliche Tragfähigkeit eines Stiftes pro Scherfuge wird nach der zugrunde liegenden Theorie nach JOHANSEN [25] erreicht, wenn im Stift zwei Fließgelenke auftreten (Bild 12.9). Das Auftreten der Fließgelenke setzt ausreichend große Einbindetiefen des Stiftes im Holz voraus. Unterschreitet die Einbindetiefe den erforderlichen Wert, treten andere Versagensmechanismen als der in Bild 12.9 dargestellte mit kleineren Tragfähigkeiten des Stiftes pro Scherfuge auf. Bild 12.9 zeigt die Tragfähigkeit pro Scherfuge eines Stiftes in Abhängigkeit vom Verhältnis Einbindetiefe zu Stiftdurchmesser. Der lineare Anstieg gibt die Tragfähigkeit wieder, bei der noch kein Fließgelenk im Stift vorhanden ist. Die anschließende Kurve stellt die Tragfähigkeit mit einem Fließgelenk pro Scherfuge dar und mit dem horizontalen Ast der Kurve ist die maximal mögliche Zahl von zwei Fließgelenken erreicht. Die nachfolgende vereinfachte Berechnung geht vom Versagensmechanismus mit zwei Fließgelenken pro Scherfuge aus. Der Bemessungswert der Tragfähigkeit R_d pro Scherfuge wird somit berechnet zu

$$R_\mathrm{d} = \frac{k_\mathrm{mod}}{\gamma_\mathrm{M}} \cdot R_\mathrm{k} = \frac{k_\mathrm{mod}}{\gamma_\mathrm{M}} \cdot \sqrt{\frac{2 \cdot \beta}{1+\beta}} \cdot \sqrt{2 \cdot M_\mathrm{y,k} \cdot f_\mathrm{h,1,k} \cdot d}$$

mit

k_mod Modifikationsbeiwert; im Standardfall ist $k_\mathrm{mod} = 0{,}8$; für andere Fälle ist 0,8 mit k^* nach Tabelle 2.7 zu multiplizieren

$\gamma_\mathrm{M} = 1{,}1$ Teilsicherheitsbeiwert für auf Biegung beanspruchte Stifte aus Stahl

$f_\mathrm{h,1(2),k}$ charakteristischer Wert der Lochleibungsfestigkeit des Bauteiles 1(2)

β $= f_\mathrm{h,2,k} / f_\mathrm{h,1,k}$

$M_\mathrm{y,k}$ charakteristischer Wert des Fließmomentes des Stiftes

d Stiftdurchmesser

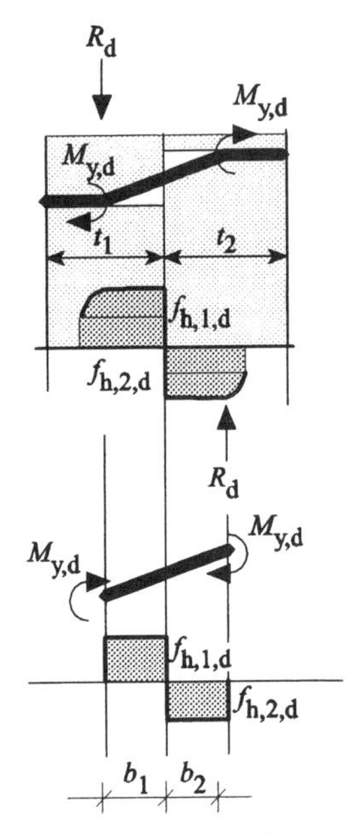

Bild 12.9 Scherfuge mit zwei Fließgelenken

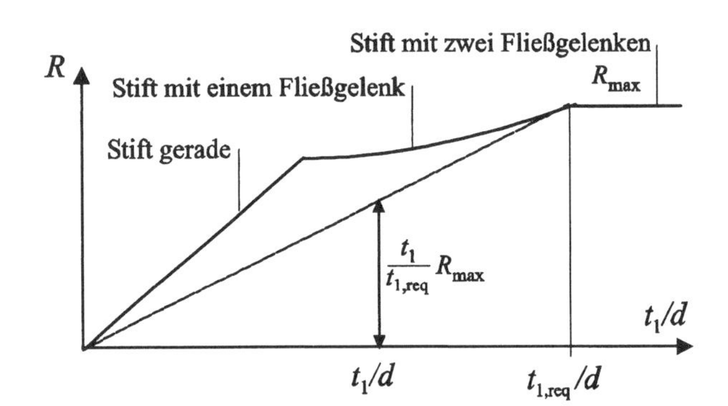

Bild 12.10 Tragfähigkeit R eines Stiftes pro Scherfuge in Abhängigkeit von t/d

Die Vereinfachung darf verwendet werden, wenn die Mindestholzdicken t_{req} bzw. Mindesteinbindetiefen t_{req} der Stifte (siehe Tabelle 12.1 und Bild 12.11) eingehalten werden. Wird der Wert t_{req} unterschritten, dann muss der maximale Tragfähigkeitswert mit zwei Fließgelenken pro Scherfuge mit t_1/t_{req} multipliziert werden. Bild 12.9 zeigt, dass diese Vereinfachung auf der sicheren Seite liegt. Eine genauere Berechnung der charakteristischen Tragfähigkeit kann nach Anhang G.2 der DIN 1052 erfolgen.

Tabelle 12.1 Mindestholzdicken t_{req} bzw. Mindesteinbindetiefen t_{req} der Stifte

Seitenholz 1:	Seitenholz 2:
$t_{1,\text{req}} = 1{,}15 \cdot \left(2 \cdot \sqrt{\frac{\beta}{1+\beta}} + 2\right) \cdot \sqrt{\frac{M_{y,k}}{f_{h,1,k} \cdot d}}$	$t_{2,\text{req}} = 1{,}15 \cdot \left(\frac{2}{\sqrt{1+\beta}} + 2\right) \cdot \sqrt{\frac{M_{y,k}}{f_{h,2,k} \cdot d}}$
Mittelholz: $t_{2,\text{req}} = 1{,}15 \cdot \frac{4}{\sqrt{1+\beta}} \cdot \sqrt{\frac{M_{y,k}}{f_{h,2,k} \cdot d}}$	Für $t < t_{req}$ muss R_d nach obiger Gleichung mit t/t_{req} multipliziert werden.

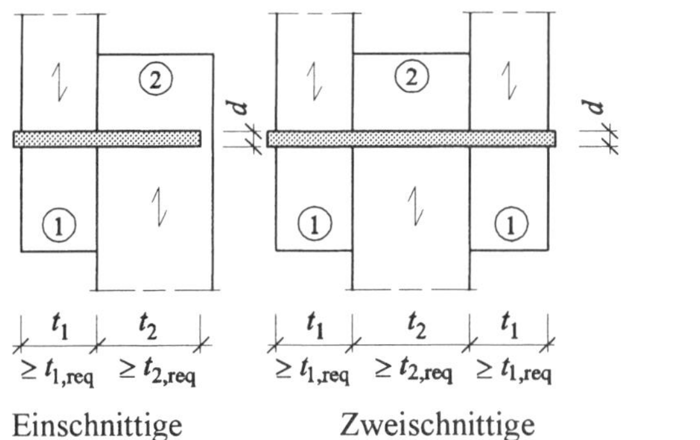

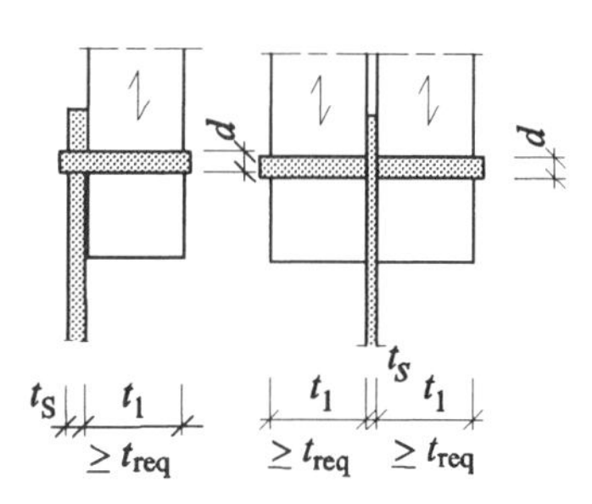

Einschnittige Zweischnittige
Holz-Holz-Verbindung

Einschnittige Zweischnittige
Stahlblech-Holz-Verbindung

Bild 12.11 Stiftverbindungen

Stahlblech-Holz-Verbindungen

Bei Stiftverbindungen zwischen Holz und Außenblechen ist zwischen dünnen und dicken Blechen zu unterscheiden. Bei dicken Blechen kann von einer Einspannung des Stiftes im Blech und somit von einem Fließgelenk im Blech im Bereich der Scherfuge ausgegangen werden. Innen liegende Bleche wirken wie dicke Bleche.

Innenbleche oder dicke ($t_S \geq d$) Außenbleche

$$R_d = \frac{k_{mod}}{\gamma_M} \cdot R_k = \frac{k_{mod}}{\gamma_M} \cdot \sqrt{2} \cdot \sqrt{2 \cdot M_{y,k} \cdot f_{h,k} \cdot d} \quad \text{pro Scherfuge}$$

$$t_{req} = 1{,}15 \cdot 4 \cdot \sqrt{\frac{M_{y,k}}{f_{h,k} \cdot d}}$$

Dünne Außenbleche ($t_S \leq 0{,}5 \cdot d$)

$$R_d = \frac{k_{mod}}{\gamma_M} \cdot R_k = \frac{k_{mod}}{\gamma_M} \cdot \sqrt{2 \cdot M_{y,k} \cdot f_{h,k} \cdot d} \quad \text{pro Scherfuge}$$

Tabelle 12.2 Mindestholzdicken t_{req} bzw. Mindesteinbindetiefen t_{req} der Stifte

Mittelholz:	Alle anderen Fälle:
$t_{req} = 1{,}15 \cdot 2 \cdot \sqrt{2} \cdot \sqrt{\frac{M_{y,k}}{f_{h,k} \cdot d}}$	$t_{req} = 1{,}15 \cdot \left(2 + \sqrt{2}\right) \cdot \sqrt{\frac{M_{y,k}}{f_{h,k} \cdot d}}$

Für $t < t_{req}$ muss R_d nach obiger Gleichung mit t / t_{req} multipliziert werden.

Für Stahlblechdicken $0{,}5 \cdot d < t_S < d$ darf geradlinig interpoliert werden.

Wirksame VM-Anzahl n_{ef}

Die Tragfähigkeit einer Verbindung j mit Stabdübeln, Passbolzen, Bolzen sowie Nägeln und Holzschrauben mit n in Faserrichtung hintereinander liegenden Verbindungsmitteln beträgt

$R_{j,d} = n_{ef} \cdot m \cdot p \cdot R_d$ mit

$$n_{ef} = \left[\min\left(n\,;\; n^{0,9} \cdot \sqrt[4]{\frac{a_1}{10 \cdot d}} \right) \right] \cdot \frac{90-\alpha}{90} + \frac{n \cdot \alpha}{90}$$

- m Anzahl der Verbindungsmittelreihen mit je n Verbindungsmitteln in Faserrichtung hintereinander
- a_1 Abstand der Verbindungsmittel untereinander in Faserrichtung, mindestens jedoch $5 \cdot d$. Es darf bei $\alpha \neq 0°$ der Mindestabstand für $\alpha = 0°$ eingesetzt werden.
- α Winkel zwischen Kraft- und Faserrichtung
- p Anzahl der Scherfugen pro Verbindungsmittel

Wird das Spalten des Holzes durch eine Verstärkung rechtwinklig zur Faserrichtung z. B. durch selbstbohrende Schrauben verhindert, darf $n_{ef} = n$ gesetzt werden.

Auch bei Nägeln und Holzschrauben mit $d \leq 6$ mm darf $n = n_{ef}$ gesetzt werden.

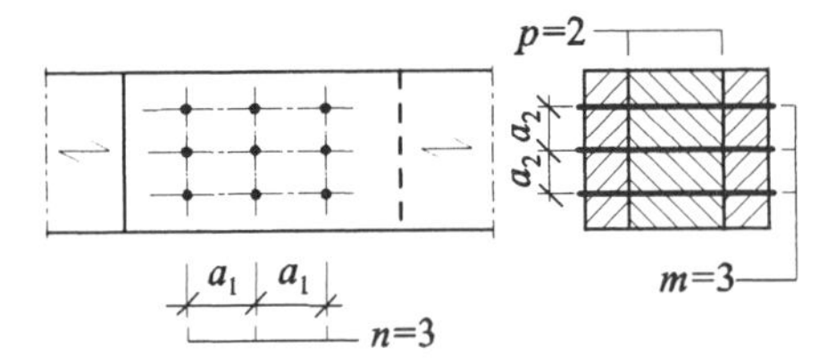

Beispiel einer Verbindung mit drei VM-Reihen (m = 3), drei VM hintereinander (n = 3) und zwei Scherfugen pro VM (p = 2)

Bild 12.12 Beispiel

Tabelle 12.3 Wirksame VM-Anzahl n_{ef} für $a_1 = 5 \cdot d$

VM-Anzahl n	2	3	4	5	6	7	8	9	10	12
$\alpha = 0°$	1,57	2,26	2,93	3,58	4,22	4,85	5,46	6,08	6,68	7,87
$\alpha = 30°$	1,71	2,51	3,29	4,05	4,81	5,56	6,31	7,05	7,79	9,25
$\alpha = 45°$	1,78	2,63	3,46	4,29	5,11	5,92	6,73	7,54	8,34	9,94
$\alpha = 60°$	1,86	2,75	3,64	4,53	5,41	6,28	7,15	8,03	8,89	10,6
$\alpha = 90°$	2	3	4	5	6	7	8	9	10	12

Tabelle 12.4 Wirksame VM-Anzahl n_{ef} für $a_1 = 10 \cdot d$

VM-Anzahl n	2	3	4	5	6	7	8	9	10	12
$\alpha = 0°$	1,87	2,69	3,48	4,26	5,02	5,76	6,50	7,22	7,94	9,36
$\alpha = 30°$	1,91	2,79	3,65	4,50	5,34	6,17	7,00	7,82	8,63	10,2
$\alpha = 45°$	1,93	2,84	3,74	4,63	5,51	6,38	7,25	8,11	8,97	10,7
$\alpha = 60°$	1,96	2,90	3,83	4,75	5,67	6,59	7,50	8,41	9,31	11,1
$\alpha = 90°$	2	3	4	5	6	7	8	9	10	12

Abstände stiftförmiger Verbindungsmittel (SDü, PB, Bo, Nä, Sr)

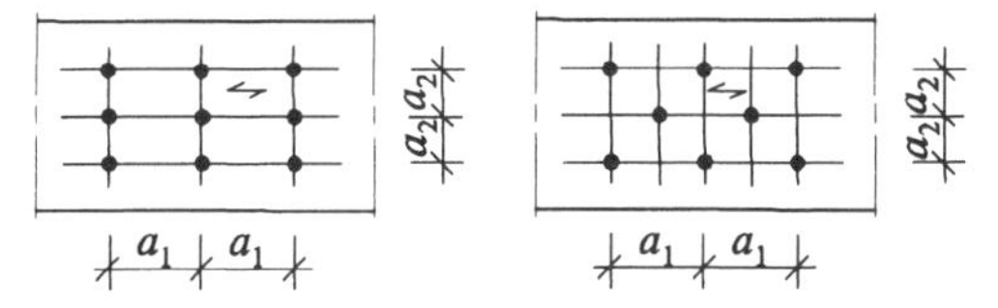

Bild 12.13 Abstände in Faserrichtung (a_1) und rechtwinklig zur Faserrichtung (a_2)

Bild 12.14 Hirnholzabstände ($a_{1,t}$; $a_{1,c}$) und Randabstände ($a_{2,t}$; $a_{2,c}$)

12.2.2 Stabdübelverbindungen

Allgemeines und Ausführungsregeln

Vorzugsmaße der SDü-∅ d: 6, 8, 10, 12, 16, 20, 24 mm

Bohrloch-∅ im Holz = d Bohrloch-∅ im Stahl $\leq d + 1$ mm

In einer tragenden Verbindung sollen mindestens zwei SDü und mindestens vier Scherfugen vorhanden sein. Bei Verbindungen mit nur einem SDü ist mit $0{,}5 \cdot R_d$ zu rechnen.

Tabelle 12.5 Mindestabstände von SDü

a_1	$(3 + 2 \cdot \cos\alpha) \cdot d$
a_2 , $a_{2,t}$, $a_{2,c}$	$3 \cdot d$
$a_{1,t}$	$7 \cdot d$ (≥ 80 mm)
$a_{1,c}$	$7 \cdot d \cdot \sin\alpha$ ($\geq 3 \cdot d$)

Tabelle 12.6 Charakteristische Kennwerte $f_{u,k}$

Stahlsorte nach DIN EN 10 025	$f_{u,k}$ in N/mm²
S 235	360
S 275	430
S 355	510

Tragfähigkeit auf Abscheren

Die Berechnung des Bemessungswertes R_d nach Abschnitt 12.2.1 erfolgt mit

$M_{y,k} = 0{,}3 \cdot f_{u,k} \cdot d^{2,6}$ in Nmm mit $f_{u,k}$ in N/mm² (siehe Tabelle 12.6) und d in mm

$$f_{h,\alpha,k} = \frac{f_{h,0,k}}{k_{90} \cdot \sin^2\alpha + \cos^2\alpha} \quad \text{in N/mm}^2$$

$f_{h,0,k} = 0{,}082 \cdot (1 - 0{,}01 \cdot d) \cdot \rho_k$ in N/mm² mit ρ_k in kg/m³ und d in mm

$k_{90} = 1{,}35 + 0{,}015 \cdot d$ für Nadelhölzer $k_{90} = 0{,}90 + 0{,}015 \cdot d$ für Laubhölzer

Für $d \leq 8$ mm darf $k_{90} = 1$ gesetzt werden.

Standardfall für Holz-Holz-Verbindungen

Für ein- bzw. zweischnittig beanspruchte Stabdübel der Stahlsorte S 235 mit $d \geq 10$ mm und Bauteilen aus NH mindestens der Festigkeitsklasse C 24 gelten nach [24] vereinfacht folgende Mindesteinbindetiefen in die Seiten- und Mittelhölzer abhängig vom Winkel α zwischen Kraft- und Faserrichtung:

Seitenholz: $t_{1,req} = (5{,}0 + \alpha/50) \cdot d$

Mittelholz: $t_{2,req} = (4{,}2 + \alpha/50) \cdot d$

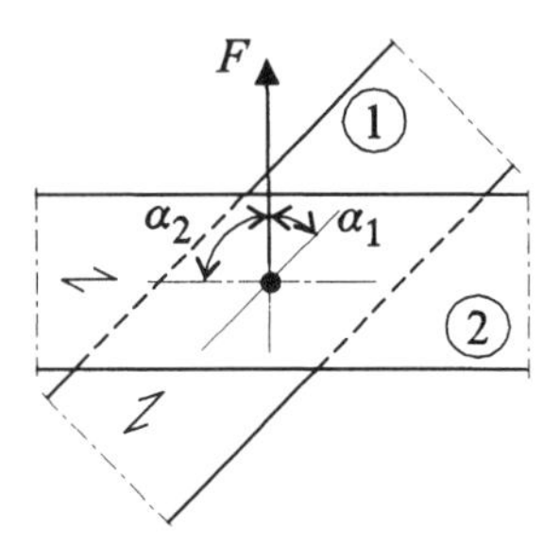

Bild 12.15

Wird ein Teil der Stabdübel in der Verbindung durch PB ersetzt, dürfen die Werte für SDü auch für diese PB angenommen werden. Für die Bemessungswerte der Tragfähigkeit R_d in nachfolgender Tafel werden die angegebenen Mindesteinbindetiefen vorausgesetzt. α_1 und α_2 sind die Winkel zwischen Kraft- und Faserrichtung für die Bauteile 1 bzw. 2. Winkel zwischen Kraft- und Faserrichtung: $\alpha_1 \leq 90°$, $\alpha_2 \leq 90°$, $\alpha_{ges} = \alpha_1 + \alpha_2$

Tabelle 12.7 R_d von SDü S 235 pro Scherfuge in kN bei Holz-Holz-Verbindungen im Standardfall

α_{ges}	d in mm						α_{ges}	d in mm				
	10	12	16	20	24			10	12	16	20	24
0°	3,43	4,71	7,72	11,3	15,2		105°	2,99	4,08	6,59	9,48	12,7
15°	3,40	4,66	7,64	11,1	15,1		120°	2,92	3,98	6,42	9,23	12,3
30°	3,33	4,56	7,45	10,8	14,6		135°	2,87	3,91	6,29	9,03	12,0
45°	3,23	4,42	7,20	10,4	14,0		150°	2,83	3,85	6,20	8,88	11,8
60°	3,15	4,30	6,98	10,1	13,5		165°	2,81	3,82	6,14	8,79	11,7
75°	3,09	4,21	6,83	9,86	13,2		180°	2,80	3,80	6,12	8,76	11,6
90°	3,07	4,18	6,78	9,78	13,1							

Für vom Standardfall abweichende Fälle ist R_d mit k^* (siehe Tab. 2.7) zu multiplizieren.

Für $t < t_{req}$ muss der Bemessungswert der Tragfähigkeit ermittelt werden, indem die Werte R_d dieser Tafel mit t/t_{req} multipliziert werden.

Standardfall für Stahlblech-Holz-Verbindungen mit Innenblechen

Für Stabdübel mit $d \geq 10$ mm und Seitenhölzern aus NH mindestens der Festigkeitsklasse C 24 betragen vereinfacht die Mindesteinbindetiefen t_{req} (siehe [24])

$t_{req} = (5{,}7 + \alpha/50) \cdot d$

Tabelle 12.8 R_d von Stabdübeln S 235 pro Scherfuge in kN bei Stahlblech-Holz-Verbindungen (Innenblech) im Standardfall

α	d in mm				
	10	12	16	20	24
0°	4,85	6,65	10,9	15,9	21,5
15°	4,77	6,54	10,7	15,6	21,0
30°	4,57	6,25	10,2	14,8	19,8
45°	4,34	5,92	9,59	13,8	18,5
60°	4,13	5,63	9,09	13,0	17,4
75°	4,00	5,44	8,76	12,6	16,7
90°	3,96	5,38	8,65	12,4	16,5

Für vom Standardfall abweichende Fälle ist R_d mit k^* (siehe Tab. 2.7) zu multiplizieren.

Für $t < t_{req}$ muss der Bemessungswert der Tragfähigkeit ermittelt werden, indem die Werte R_d dieser Tafel mit t / t_{req} multipliziert werden.

Abweichungen vom Standardfall

Werden vom Standardfall abweichende Stahlsorten oder Festigkeitsklassen des Holzes verwendet, darf im Falle einer Erhöhung der Standardwerte bzw. muss im Falle einer Verringerung der Standardwerte

R_d des Standardfalles mit $k_R = \sqrt{\dfrac{\rho_k \cdot f_{u,k}}{350 \cdot 360}}$ und

t_{req} des Standardfalles mit $k_t = \sqrt{\dfrac{350 \cdot f_{u,k}}{\rho_k \cdot 360}}$ multipliziert werden.

12.2.3 (Pass-)Bolzenverbindungen

Allgemeines und Ausführungsregeln

Bolzen (Bo) sind alle Schraubenbolzen und Bolzen ähnlicher Bauart.

Bohrloch-∅ $\leq d + 1$ mm

Passbolzen (PB) können wie SDü eingesetzt werden und sind bei Außenblechen immer zu verwenden.

Bohrloch-∅ $= d$

Scheiben nach DIN EN ISO 7094 (siehe Tabelle 12.11)

Bolzenverbindungen sind im Gegensatz zu Passbolzenverbindungen nicht geeignet in Dauerbauten, in denen es auf Steifigkeit und Formbeständigkeit ankommt.

Tabelle 12.9 Charakteristische Kennwerte für Bolzen

Festigkeitsklasse nach DIN EN 20 898-1	Charakteristische Festigkeit $f_{u,k}$ in N/mm²	Charakteristische Streckgrenze $f_{y,k}$ in N/mm²
3.6	300	180
4.6 bzw. 4.8	400	240 bzw. 320
5.6 bzw. 5.8	500	300 bzw. 400
8.8	800	640

Tabelle 12.10 Mindestabstände von PB und Bo

	Passbolzen (PB)	Bolzen (Bo)
a_1	$(3 + 2 \cdot \cos\alpha) \cdot d$ (Bo: $\geq 4 \cdot d$)	
a_2	$3 \cdot d$	$4 \cdot d$
$a_{1,t}$	$7 \cdot d$ (≥ 80 mm)	
$a_{1,c}$	$7 \cdot$ d sinα (PB: $\geq 3 \cdot d$) (Bo: $\geq 4 \cdot d$)	
$a_{2,t}$, $a_{2,c}$	$3 \cdot d$	

Tabelle 12.11 Scheibenmaße nach DIN EN ISO 7094 und A_{ef}

Bo-∅ d	Außen-∅ d_2	Loch-∅ d_1	Dicke s	A_{ef} [1)]
mm	mm	mm	mm	mm²
6	22,0	6,6	2	390
8	28,0	9,0	3	664
10	34,0	11,0	3	1020
12	44,0	13,5	4	1550
16	56,0	17,5	5	2670
20	72,0	22,0	6	4270
24	85,0	26,0	6	6080

[1)] Mit $a_1 = 4 \cdot d$ nach Gleichung auf Seite 157 oben.

Tragfähigkeit auf Abscheren

Regeln für SDü gelten sinngemäß.

Durch die Rückverankerung über die Unterlegscheibe wird in Richtung der Bolzenachse eine Zugkraft aktiviert, deren Komponente parallel zur Abscherrichtung die Tragfähigkeit des Bolzens auf Abscheren erhöht. Diese Tragwirkung wird als Einhängeeffekt bezeichnet und erlaubt, dass R_k nach Abschnitt 12.2.1 um

$$\Delta R_{\mathrm{k}} = \min \begin{Bmatrix} 0,25 \cdot R_{\mathrm{k}} \\ 0,25 \cdot R_{\mathrm{ax,k}} \end{Bmatrix} \quad \text{erhöht werden darf.}$$

$$R_{\mathrm{ax,k}} = k_{\mathrm{c,90}} \cdot f_{\mathrm{c,90,k}} \cdot A_{\mathrm{ef}}$$

mit $k_{\mathrm{c,90}} = 1,0$

$$A_{\mathrm{ef}} = \frac{\pi \cdot d_2^2}{4} + d_2 \cdot (a_1 - d_2) - \frac{\pi \cdot d_1^2}{4}$$

wobei $(a_1 - d_2) \leq 2 \cdot 30$ mm bleiben muss.

Standardfall für Holz-Holz-Verbindungen

Für Bolzen der Festigkeitsklasse 4.6 mit $d \geq 10$ mm und NH mindestens der Festigkeitsklasse C 24 betragen die Mindesteinbindetiefen für die Seiten- und Mittelhölzer (siehe [24]):

Seitenholz: $t_{1,\mathrm{req}} = (5,3 + \alpha/50) \cdot d$

Mittelholz: $t_{2,\mathrm{req}} = (4,4 + \alpha/50) \cdot d$

Für die angegebenen Mindesteinbindetiefen und A_{ef} nach Tabelle 12.11 sind in nachfolgender Tafel die Bemessungswerte der Tragfähigkeit R_{d} eines Bolzens pro Scherfuge angegeben.

Tabelle 12.12 R_d von Bolzen 4.6 pro Scherfuge in kN bei Holz-Holz-Verbindungen im Standardfall

α_{ges}	d in mm					α_{ges}	d in mm				
	10	12	16	20	24		10	12	16	20	24
0°	4,08	5,67	9,35	13,8	18,8	105°	3,61	5,00	8,16	11,9	16,1
15°	4,05	5,62	9,27	13,7	18,6	120°	3,54	4,90	7,99	11,7	15,7
30°	3,97	5,51	9,06	13,3	18,1	135°	3,49	4,82	7,85	11,5	15,4
45°	3,87	5,37	8,81	12,9	17,6	150°	3,45	4,76	7,75	11,3	15,2
60°	3,78	5,24	8,57	12,6	17,0	165°	3,42	4,73	7,69	11,2	15,1
75°	3,72	5,15	8,42	12,3	16,7	180°	3,41	4,72	7,66	11,2	15,0
90°	3,69	5,12	8,36	12,2	16,6						

Für vom Standardfall abweichende Fälle ist R_{d} mit k^* (siehe Tab. 2.7) zu multiplizieren.

Für $t < t_{\mathrm{req}}$ muss der Bemessungswert der Tragfähigkeit ermittelt werden, indem die Werte R_{d} dieser Tafel mit t/t_{req} multipliziert werden.

Standardfall Stahlblech-Holz-Verbindungen mit Innenblechen oder mit dicken ($t_{\mathrm{S}} \geq d$) Außenblechen

Die Mindesteinbindetiefen betragen nach [24]: $t_{1,\mathrm{req}} = (6,3 + \alpha/70) \cdot d$

Tabelle 12.13 R_d von Bolzen 4.6 pro Scherfuge in kN bei Stahlblech-Holz-Verbindungen mit Innenblechen oder mit dicken Außenblechen im Standardfall

α	d in mm				
	10	12	16	20	24
0°	5,57	7,72	12,7	18,7	25,5
15°	5,49	7,60	12,5	18,4	24,9
30°	5,28	7,30	12,0	17,5	23,7
45°	5,03	6,94	11,3	16,5	22,3
60°	4,82	6,64	10,8	15,7	21,1
75°	4,68	6,44	10,5	15,2	20,4
90°	4,63	6,38	10,3	15,0	20,1

Für vom Standardfall abweichende Fälle ist R_d mit k^* (siehe Tab. 2.7) zu multiplizieren.
Für $t < t_{req}$ muss der Bemessungswert der Tragfähigkeit ermittelt werden, indem die Werte R_d dieser Tafel mit t / t_{req} multipliziert werden.

Standardfall Stahlblech-Holz-Verbindungen mit dünnen Außenblechen ($t_S \leq d/2$)

Die Mindesteinbindetiefen betragen nach [24]:

Seitenholz: $t_{1,\mathrm{req}} = (5{,}3 + \alpha / 70) \cdot d$ Mittelholz: $t_{2,\mathrm{req}} = (4{,}4 + \alpha / 70) \cdot d$

Bei den Bemessungswerten der Tragfähigkeit R_d pro Scherfuge in der nachfolgenden Tabelle 12.14 liegt der Ermittlung von $R_{\mathrm{ax,k}}$ eine wirksame Querdruckfläche zwischen Außenblech und Holzoberfläche von $12 \cdot d^2$ zugrunde.

Tabelle 12.14 R_d von Bolzen 4.6 pro Scherfuge in kN bei Stahlblech-Holz-Verbindungen mit dünnen Außenblechen im Standardfall

α	d in mm				
	10	12	16	20	24
0°	4,52	6,20	10,2	14,8	20,1
15°	4,44	6,09	9,97	14,5	19,6
30°	4,26	5,83	9,49	13,8	18,5
45°	4,04	5,51	8,93	12,9	17,2
60°	3,85	5,25	8,47	12,2	16,2
75°	3,73	5,07	8,17	11,7	15,6
90°	3,69	5,01	8,06	11,5	15,3

Für vom Standardfall abweichende Fälle ist R_d mit k^* (siehe Tab. 2.7) zu multiplizieren.
Für $t < t_\mathrm{req}$ muss der Bemessungswert der Tragfähigkeit ermittelt werden, indem die Werte R_d dieser Tafel mit t / t_req multipliziert werden.

Abweichungen vom Standardfall

Werden vom Standardfall abweichende Festigkeitsklassen verwendet, darf im Falle einer Erhöhung der Standardwerte bzw. muss im Falle einer Verringerung der Standardwerte

R_d des Standardfalles mit $k_R = \sqrt{\dfrac{\rho_k \cdot f_{u,k}}{350 \cdot 400}}$ und

t_{req} des Standardfalles mit $k_t = \sqrt{\dfrac{350 \cdot f_{u,k}}{\rho_k \cdot 400}}$ multipliziert werden.

12.2.4 Nagelverbindungen

Allgemeines und Ausführungsregeln

Die Regelungen in diesem Abschnitt gelten für Nägel nach DIN EN 10 230-1.

Schaftquerschnitt: rund

Schaftform: glatt, geraut, angerollt, gerillt

Kopfform: runder Flachkopf, flacher Senkkopf mit oder ohne Einsenkung

Kopf-∅ d_k $\geq 1{,}8\ d$

Auf Abscheren beanspruchte Verbindungen müssen aus mindestens zwei Nägeln bestehen.

Bei Einbindelängen $< 4\ d$ gilt für die der Nagelspitze nächstliegende Scherfuge: $R_d = 0$

Bei vorgebohrten Nagellöchern: Bohrloch-∅ im Holz: $0{,}9\ d$

Bohrloch-∅ im Stahlblech: $\leq d + 1$ mm

Mindestholzdicken wegen Spaltgefahr des Holzes mit nicht vorgebohrten Nagellöchern:

$$t = \max\left\{14 \cdot d\,;\ (13 \cdot d - 30) \cdot \frac{\rho_k}{200}\right\}$$

Mindestholzdicken für Bauteile aus Kiefernholz mit nicht vorgebohrten Nagellöchern:

$$t = \max\left\{7 \cdot d\,;\ (13 \cdot d - 30) \cdot \frac{\rho_k}{400}\right\}$$

mit ρ_k charakteristische Rohdichte in kg/m^3 und d Na-∅ in mm

Die Mindestdicke bei Kiefernholz darf auch für Bauteile aus anderen Holzarten ausgeführt werden, wenn die Mindestnagelabstände zum Rand rechtwinklig zur Faser $a_{2,t(c)}$

mindestens $10 \cdot d$ für $\rho_k \leq 420$ kg/m³ und mindestens $14 \cdot d$ für 420 kg/m³ $\leq \rho_k \leq 500$ kg/m³ betragen. Diese Maßnahme gewährleistet eine ausreichend große Steifigkeit des Querschnittsteils zwischen dem Holzrand und der äußeren Nagelreihe gegenüber dem Aufspalten.

Tabelle 12.15 Mindestabstände von Nägeln

	nicht vorgebohrt $\rho_k \leq 420$ kg/m³	vorgebohrt
a_1	$d < 5$ mm: $(5 + 5 \cdot \cos\alpha) \cdot d$ $d \geq 5$ mm: $(5 + 7 \cdot \cos\alpha) \cdot d$	$(3 + 2 \cdot \cos\alpha) \cdot d$
a_2, $a_{2,c}$	$5 \cdot d$	$3 \cdot d$
$a_{1,t}$	$d < 5$ mm: $(7 + 5 \cdot \cos\alpha) \cdot d$ $d \geq 5$ mm: $(10 + 5 \cdot \cos\alpha) \cdot d$	$(7 + 5 \cdot \cos\alpha) \cdot d$
$a_{1,c}$	$d < 5$ mm: $7 \cdot d$ $d \geq 5$ mm: $10 \cdot d$	$7 \cdot d$
$a_{2,t}$	$d < 5$ mm: $(5 + 2 \cdot \sin\alpha) \cdot d$ $d \geq 5$ mm: $(5 + 5 \cdot \sin\alpha) \cdot d$	$(3 + 4 \cdot \sin\alpha) \cdot d$

Die Bedingung bei sich übergreifenden Nägeln in nicht vorgebohrten Nagellöchern lautet:

$b_2 - t_2 > 4 \cdot d$

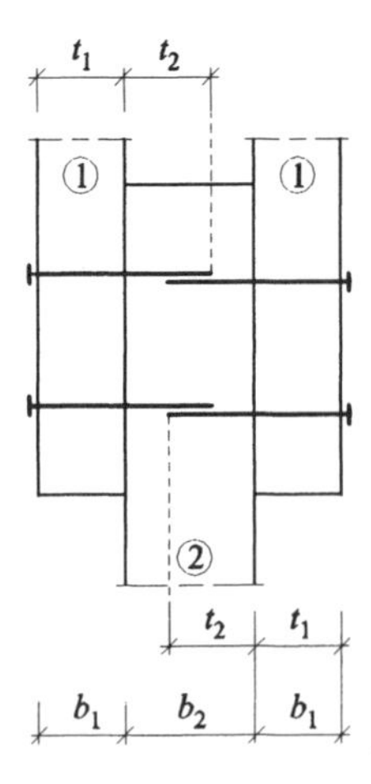

Bild 12.16 Verbindung mit sich übergreifenden Nägeln

Tragfähigkeit von Holz-Holz-Nagelverbindungen auf Abscheren

Bei Einhaltung der Mindestholzdicke bzw. Mindesteinbindetiefe $t_{req} = 9 \cdot d$ berechnet sich für Verbindungen von Bauteilen aus NH der Bemessungswert der Tragfähigkeit pro Scherfuge im Standardfall zu:

$$R_d = \frac{k_{mod}}{\gamma_M} \cdot R_k = \frac{0,8}{1,1} \cdot \sqrt{2 \cdot M_{y,k} \cdot f_{h,k} \cdot d}$$

mit

$M_{y,k} = 0,3 \cdot f_{u,k} \cdot d^{2,6}$	in Nmm	mit $f_{u,k} = 600$ N/mm^2
$f_{h,k} = 0,082 \cdot \rho_k \cdot d^{-0,3}$	in N/mm^2	für nicht vorgebohrte Hölzer
$f_{h,k} = 0,082 \cdot (1 - 0,01 \cdot d) \cdot \rho_k$	in N/mm^2	für vorgebohrte Hölzer

Für $f_{h,k}$ darf der größere Wert der miteinander verbundenen Teile eingesetzt werden.

Für $t < t_{req}$ muss R_d nach obiger Gleichung mit t / t_{req} multipliziert werden.

Tragfähigkeit von Stahlblech-Holz-Nagelverbindungen auf Abscheren

Abweichend von Abschnitt 12.2.1 darf angenommen werden

$$R_d = \frac{k_{mod}}{\gamma_M} \cdot R_k = \frac{0,8}{1,1} \cdot A \cdot \sqrt{2 \cdot M_{y,k} \cdot f_{h,k} \cdot d}$$

mit A nach Tabelle 12.16

Für $t < t_{req}$ muss R_d nach obiger Gleichung mit t / t_{req} multipliziert werden.

Tabelle 12.16 Faktor A und erforderliche Holzdicken t_{req}

Stahlblech vorgebohrt	Faktor A	t_{req} Mittelholz (zweischnittige Verbindung)	t_{req} alle anderen Fälle
Innenblech oder dickes Außenblech	1,4	$10 \cdot d$	$10 \cdot d$
Dünnes Außenblech	1,0	$7 \cdot d$	$9 \cdot d$

Standardfall für Holz-Holz-Nagelverbindungen

Bemessungswert der Tragfähigkeit R_d glattschaftiger Nägel mit rundem Querschntt mit Einbindetiefen von mindestens $9 \cdot d$ (siehe [24])

nicht vorgebohrt: $R_d = 74 \cdot d^{1,65}$ in N pro Scherfuge

vorgebohrt: $R_d = 74 \cdot d^{1,78}$ in N pro Scherfuge

Für vom Standardfall abweichende Fälle ist R_d mit k^* (siehe Tabelle 2.7) zu multiplizieren.

Tabelle 12.17 Mindestwerte der Holzdicke bzw. Einbindetiefe und R_d pro Scherfuge von Nägeln nach DIN EN 10 230-1 bei Holz-Holz-Verbindungen im Standardfall

Nagel-Ø d	Nagellänge ℓ	Kopf-Ø d_k	Mindestwerte Holzdicke[1] t		Einbindetiefe t_{req}	R_d	R_d
			NH (außer KI)	KI			Hölzer vb
mm	mm	mm	mm	mm	mm	N	N
2,0	45	5	28	24	18	232	255
2,2	50	5,5	31	24	20	272	302
2,4	50	5,9	34	24	22	313	353
2,7	50, 60	6,1	38	24	24	381	436
3,0	60, 70, 80	6,8	42	24	27	453	526
3,4	60, 70, 80, 90	7,7	48	24	31	557	658
3,8	70, 80, 90, 100	7,6	53	27	34	669	802
4,2	90, 100, 110	8,4	59	29	38	789	958
4,6	90, 100, 120	9,2	64	32	42	917	1130
5,0	100, 120, 140	10	70	35	45	1050	1310
5,5	140	11	77	39	50	1230	1550
6,0	150, 160, 180	12	84	42	54	1420	1800
7,0	200	14	107	53	63	1830	2370
8,0	280	16	130	65	72	2290	2990
Für vom Standardfall abweichende Fälle ist R_d mit k^* (s. Tab. 2.7) zu multiplizieren. Für $t < t_{req}$ muss der Bemessungswert der Tragfähigkeit ermittelt werden, indem die Werte R_d dieser Tafel mit t/t_{req} multipliziert werden.							

[1] Wegen Spaltgefahr. Keine Spaltgefahr bei vorgebohrten Nagellöchern. Mindestdicke einteiliger Einzelquerschnitte: 24 mm. Hölzer nicht vorgebohrt.

Standardfall für Stahlblech-Holz-Nagelverbindungen

Der Bemessungswert der Tragfähigkeit R_d eines Nagels pro Scherfuge beträgt für glattschaftige runde Nägel und Einbindetiefen von mindestens $9 \cdot d$ nach [24]:

Innenbleche oder dicke Außenbleche	Dünne Außenbleche
nicht vorgebohrt: $R_d = 105 \cdot d^{1,65}$ in N	nicht vorgebohrt: $R_d = 74 \cdot d^{1,65}$ in N
vorgebohrt: $R_d = 105 \cdot d^{1,78}$ in N	vorgebohrt: $R_d = 74 \cdot d^{1,78}$ in N

Tabelle 12.18 Mindestwerte der Holzdicke bzw. Einbindetiefe und R_d pro Scherfuge von Nä nach DIN EN 10 230-1 bei Stahlblech-Holz-Verbindungen im Standardfall

Nagel-∅ d	Mindestholzdicke[1)] t		Innenblech oder dickes Außenblech			Dünnes Außenblech		
	NH (außer KI)	KI	t_{req}	R_d	R_d vb	t_{req}	R_d	R_d vb
mm	mm	mm	mm	N	N	mm	N	N
2,0	28	24	18	325	357	20	232	255
2,2	31	24	20	380	423	22	272	302
2,4	34	24	22	439	494	24	313	353
2,7	38	24	24	533	610	27	381	436
3,0	42	24	27	634	736	30	453	526
3,4	48	24	31	780	921	34	557	658
3,8	53	27	34	937	1120	38	669	802
4,2	59	29	38	1110	1340	42	789	958
4,6	64	32	42	1280	1580	46	917	1130
5,0	70	35	45	1470	1830	50	1050	1310
5,5	77	39	50	1720	2160	55	1230	1550
6,0	84	42	54	1990	2520	60	1420	1800
7,0	107	53	63	2570	3310	70	1830	2370
8,0	130	65	72	3200	4190	80	2290	2990

Für vom Standardfall abweichende Fälle ist R_d mit k^* (siehe Tab. 2.7) zu multiplizieren.

Für $t < t_{req}$ muss der Bemessungswert der Tragfähigkeit ermittelt werden, indem die Werte R_d dieser Tafel mit t / t_{req} multipliziert werden.

[1)] Wegen Spaltgefahr. Keine Spaltgefahr bei vorgebohrten (vb) Nagellöchern. Mindestdicke einteiliger Einzelquerschnitte: 24 mm.

Bei einschnittigen Stahlblech-Holz-Nagelverbindungen mit Sondernägeln der Tragfähigkeitsklasse 3 darf der charakteristische Wert der Tragfähigkeit R_k aufgrund des Einhängeeffektes um einen Anteil

$$\Delta R_k = \min \begin{Bmatrix} 0,5 \cdot R_k \\ 0,25 \cdot R_{ax,k} \end{Bmatrix}$$ erhöht werden. $R_{ax,k}$ siehe Abschnitt 12.2.6.

Abweichungen vom Standardfall

Werden vom Standardfall abweichende Festigkeitsklassen verwendet, darf im Falle einer Erhöhung der Standardwerte bzw. muss im Falle einer Verringerung der Standardwerte

R_d des Standardfalles mit $k_R = \sqrt{\frac{\rho_k \cdot f_{u,k}}{350 \cdot 600}}$ und

t_{req} des Standardfalles mit $k_t = \sqrt{\frac{350 \cdot f_{u,k}}{\rho_k \cdot 600}}$ multipliziert werden.

12.2.5 Holzschraubenverbindungen

Allgemeines und Ausführungsregeln

Holzschraubenverbindung

in vorgebohrten Hölzern und bei $d > 8$ mm: R_d nach den Regeln für SDü

in nicht vorgebohrten Hölzern sowie vorgebohrten Hölzern bei $d \leq 8$ mm: R_d nach den Regeln für Nä

Tragende Holzschraubenverbindungen müssen aus mindestens zwei Schrauben bestehen. Dies gilt nicht für die Befestigung von Schalungen, Latten (Trag- und Konterlatten) und Windrispen, auch nicht für die Befestigung von Sparren, Pfetten und dergleichen auf Bindern und Rähmen sowie von Querriegeln an Rahmenhölzern, wenn das gesamte Bauteil mit mindestens zwei Holzschrauben angeschlossen ist.

Verbindungsmittel Holzschraube

Genormte Holzschrauben

nach DIN 571, DIN 96, DIN 97, DIN 7996 oder DIN 7997 mit der Nennlänge ℓ_s

Gewinde nach DIN 7998 mit einer Gewindelänge $\ell_{ef} \geq 0{,}6\ \ell_s$

Nenn-∅ d = Außen-∅ des Schraubengewindes ; $d_{min} = 4$ mm ; Kern-∅ $\approx 0{,}7d$

Tabelle 12.19 Sechskant-Holzschrauben nach DIN 571 mit Gewinde nach DIN 7998

Nenn-∅ d	Nennlänge ℓ_s	Nenn-∅ d	Nennlänge ℓ_s
mm	mm	mm	mm
4	20 bis 40: Stufung 5	10	45 bis 80: Stufung 5, 90, 100
5	25 bis 50: Stufung 5	12	55 bis 80: Stufung 5 90 bis 120: Stufung 10
6	30 bis 60: Stufung 5	16	70, 75, 80 90 bis 160: Stufung 10
8	40 bis 80: Stufung 5, 90, 100	20	90 bis 200: Stufung 10
Längen über 200 mm: Stufung 20			

Selbstbohrende Holzschrauben nach BZ:

Nennlänge ℓ_s bis zu 600 mm

d bis zu 12 mm

Teilgewinde und Vollgewinde

Regeln für das Vorbohren

$d \leq 8$ mm:

Die zu verbindenden Teile dürfen vorgebohrt sein;

Empfehlung: Bohrloch-∅ = Kern-∅

Bei Bauholz mit $\rho_k > 500$ kg/m^3 und bei Douglasienholz sind die Schraubenlöcher über die ganze Schraubenlänge vorzubohren.

$d > 8$ mm Gewinde nach DIN 7998:

Vorbohren mit Bohrloch-∅ = d auf die Länge des glatten Schaftes

Vorbohren mit Bohrloch-∅ = $0{,}7 \cdot d$ auf die Länge des Gewindeteils.

Einschraubtiefe mindestens $4 \cdot d$

Mindestholzdicken bei nicht vorgebohrten Hölzern wie bei Nagelverbindungen

Maximalabstand von Holzschrauben: $40 \cdot d$

Mindestabstände von Holzschrauben: siehe Nägel

Tragfähigkeit auf Abscheren

Holzschrauben mit $d \leq 8$ mm in vorgebohrten Hölzern und Holzschrauben in nicht vorgebohrten Hölzern:

Für Bauteile aus Nadelholz berechnet sich der Bemessungswert der Tragfähigkeit je Scherfuge im Standardfall:

$$R_d = \frac{0{,}8}{1{,}1} \cdot R_k = \frac{0{,}8}{1{,}1} \cdot \sqrt{2 \cdot M_{y,k} \cdot f_{h,k} \cdot d} \qquad \text{für } t_{req} = 9 \cdot d$$

Für vom Standardfall abweichende Fälle sind die Werte mit k^* (siehe Tabelle 2.7) zu multiplizieren.

Für $t < t_{req}$ muss der Bemessungswert der Tragfähigkeit ermittelt werden, indem der Wert R_d nach obiger Gleichung mit t / t_{req} multipliziert wird.

$M_{y,k} = 0{,}15 \cdot f_{u,k} \cdot d^{2{,}6}$ in Nmm für Holzschrauben mit Gewinde nach DIN 7998

mit $f_{u,k}$ = 400 N/mm2 bzw. $M_{y,k}$ nach BZ

$f_{h,k} = 0{,}082 \cdot \rho_k \cdot d^{-0{,}3}$ in N/mm² für nicht vorgebohrte Hölzer

$f_{h,k} = 0{,}082 \cdot (1 - 0{,}01 \cdot d) \cdot \rho_k$ in N/mm² für vorgebohrte Hölzer

bzw. $f_{h,k}$ nach BZ

Holzschrauben in vorgebohrten Hölzern:

siehe Stabdübelverbindungen mit $M_{y,k}$ wie für Holzschrauben mit $d \leq 8$ mm.

Erhöhung der Tragfähigkeit

Bei einschnittigen Holzschraubenverbindungen darf der charakteristische Wert der Tragfähigkeit R_k nach obiger Gleichung aufgrund des Einhängeeffektes um einen Anteil

$$\Delta R_k = \min \begin{Bmatrix} R_k \\ 0{,}25 \cdot R_{ax,k} \end{Bmatrix}$$

erhöht werden. $R_{ax,k}$ siehe Abschnitt 12.2.6.

Bei Stahlblech-Holz-Verbindungen darf dabei der Fall des Kopfdurchziehens unberücksichtigt bleiben.

12.2.6 Tragfähigkeit auf Herausziehen

Nägel

In Schaftrichtung beanspruchte Nägel werden entsprechend ihrem Widerstand gegen Herausziehen in die Tragfähigkeitsklassen 1, 2 oder 3 und entsprechend ihrem Widerstand gegen Kopfdurchziehen in die Tragfähigkeitsklassen A, B oder C eingeteilt. Mit den Parametern für die beiden Versagensarten berechnet sich der Bemessungswert des Ausziehwiderstands im Standardfall zu

$$R_{ax,d} = \frac{0{,}8}{1{,}3} \cdot R_{ax,k} = \min \left\{ \frac{0{,}8}{1{,}3} \cdot f_{1,k} \cdot d \cdot \ell_{ef} \;;\; \frac{0{,}8}{1{,}3} \cdot f_{2,k} \cdot d_k^2 \right\} \quad \text{mit}$$

- $f_{1,k}$ charakteristischer Wert des Ausziehparameters
- $f_{2,k}$ charakteristischer Wert des Kopfdurchziehparameters
- d Nenndurchmesser des Nagels
- d_k Außendurchmesser des Nagelkopfes

Für $f_{1,k}$ und $f_{2,k}$ dürfen die in Tabelle 12.21 angegebenen Werte in Rechnung gestellt werden.

Tabelle 12.20 Wirksame Nageleinschlagtiefe ℓ_{ef}

VM	min	max
Nä /SoNä 1	$\geq 12 \cdot d$	$20 \cdot d$
SoNä 2, 3	$\geq 8 \cdot d$	Länge des profilierten Schafts

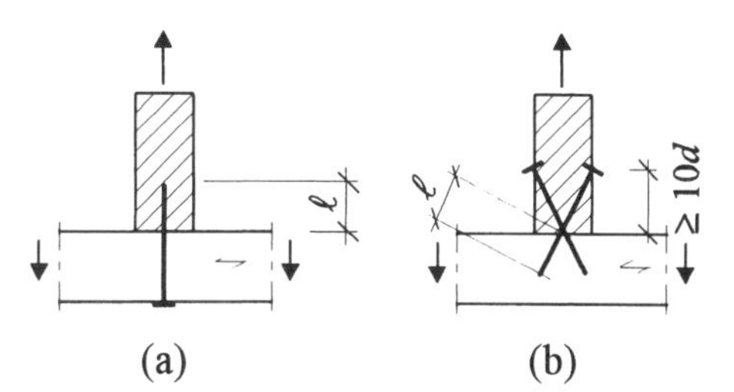

Bild 12.17 Nagelung rechtwinklig zur Faserrichtung des Holzes (a) und Schrägnagelung (b)

Die Abstände in Schaftrichtung beanspruchter Nägel müssen den Abständen rechtwinklig zur Nagelachse beanspruchter Nägel entsprechen. Bei Schrägnagelung muss der Abstand zum beanspruchten Rand mindestens $10 \cdot d$ betragen (Bild 12.17b).

Tabelle 12.21 Charakteristische Werte der Ausziehparameter $f_{1,k}$ und der Kopfdurchziehparameter $f_{2,k}$ in N/mm² für Nägel in Holz der charakteristischen Rohdichte ρ_k von 350 kg/m³

Nageltyp	$f_{1,k}$	Nageltyp	$f_{2,k}$
Glattschaftige Nägel	2,21	Glattschaftige Nägel	7,35
SoNä der Tragfähigkeitsklasse	$f_{1,k}$	SoNä der Tragfähigkeitsklasse	$f_{2,k}$
1	3,68	A	7,35
2	4,90	B	9,80
3	6,13	C	12,3
Für andere charakteristische Rohdichten ρ_k sind die Werte mit $(\rho_k / 350)^2$ zu multiplizieren, wobei ρ_k höchstens mit 500 kg/m³ eingesetzt werden darf.			

Der charakteristische Ausziehwiderstand darf bei Verbindungen von Bauteilen aus Vollholz mit einer Einbauholzfeuchte oberhalb 20 % und der Möglichkeit, im eingebauten Zustand auszutrocknen, nur zu 2/3 in Rechnung gestellt werden.

Glattschaftige Nägel in vorgebohrten Nagellöchern dürfen nicht auf Herausziehen beansprucht werden.

Glattschaftige Nägel und Sondernägel der Tragfähigkeitsklasse 1 dürfen nur für kurze Lasteinwirkungen (z.B. Windsogkräfte) in Schaftrichtung beansprucht werden.

Dies gilt nicht für glattschaftige Nägel und Sondernägel der Tragfähigkeitsklasse 1 im Anschluss von Koppelpfetten, wenn infolge einer Dachneigung von höchstens 30° die Nägel dauernd auf Herausziehen beansprucht werden. In solchen Fällen ist der charakteristische Wert des Ausziehparameters $f_{1,k}$ nur mit 60 % in Rechnung zu stellen.

Holzschrauben

Holzschrauben werden entsprechend ihrem Widerstand gegen Herausziehen aus Nadelholz bei Beanspruchung in Schaftrichtung in die Tragfähigkeitsklassen 1, 2 oder 3 und entsprechend ihrem Widerstand gegen Kopfdurchziehen in die Tragfähigkeitsklassen A, B oder C eingeteilt.

Der Bemessungswert des Ausziehwiderstands von Holzschrauben, die unter einem Winkel $45° \leq \alpha \leq 90°$ zur Faserrichtung in das Holz eingeschraubt sind, darf im Standardfall wie folgt berechnet werden:

$$R_{ax,d} = \frac{0{,}8}{1{,}3} \cdot R_{ax,k} = \min\left\{\frac{0{,}8}{1{,}3} \cdot \frac{f_{1,k} \cdot d \cdot \ell_{ef}}{\sin^2\alpha + \frac{4}{3} \cdot \cos^2\alpha} \; ; \; \frac{0{,}8}{1{,}3} \cdot f_{2,k} \cdot d_k^2\right\}$$

mit

$f_{1,k}$ charakteristischer Wert des Ausziehparameters

$f_{2,k}$ charakteristischer Wert des Kopfdurchziehparameters

ℓ_{ef} Gewindelänge im Holzteil mit der Schraubenspitze

d Nenndurchmesser der Holzschraube = Außen-∅ des Schraubengewindes

d_k Außendurchmesser des Schraubenkopfes, ggf. einschließlich Unterlegscheibe

Für $f_{1,k}$ und $f_{2,k}$ dürfen die in Tabelle 12.22 angegebenen Werte in Rechnung gestellt werden.

Tabelle 12.22 Charakteristische Werte der Ausziehparameter $f_{1,k}$ und der Kopfdurchziehparameter $f_{2,k}$ in N/mm² für Holzschrauben in Holz der charakteristischen Rohdichte ρ_k von 350 kg/m³

Tragfähigkeitsklasse	$f_{1,k}$	Tragfähigkeitsklasse	$f_{2,k}$
1	7,35	A	7,35
2	8,58	B	9,80
3	9,80	C	12,3
Für andere charakteristische Rohdichten ρ_k sind die Werte mit $(\rho_k / 350)^2$ zu multiplizieren, wobei ρ_k höchstens mit 500 kg/m³ eingesetzt werden darf.			

Holzschrauben mit einem Gewinde nach DIN 7998 dürfen ohne Nachweis in die Tragfähigkeitsklasse 2A eingestuft werden.

Zugtragfähigkeit einer Holzschraube mit Gewinde nach DIN 7998:

Charakteristische Tragfähigkeit: $R_{ax,k} = 115 \cdot d^2$ in N für $d \leq 10$ mm

$R_{ax,k} = 132 \cdot d^2$ in N für $d > 10$ mm

Bemessungswert der Tragfähigkeit: $R_{ax,d} = R_{ax,k} / 1{,}25$

Mit d Nenndurchmesser der Schraube in mm.

Die Mindestabstände, Mindestholzdicken und Einschraubtiefen sind wie bei rechtwinklig zu ihrer Achse beanspruchten Holzschrauben einzuhalten.

12.2.7 Kombinierte Beanspruchung

Bei Verbindungen, die sowohl durch eine Einwirkung in Richtung der Stiftachse mit F_{ax} als auch rechtwinklig dazu mit F_{la} beansprucht werden, muss die folgende Bedingung erfüllt sein:

$$\left(\frac{F_{ax,d}}{R_{ax,d}}\right)^m + \left(\frac{F_{la,d}}{R_{la,d}}\right)^m \leq 1$$

mit

- $R_{ax,d}$ Bemessungswert der Tragfähigkeit auf Herausziehen
- $R_{la,d}$ Bemessungswert der Tragfähigkeit bei Beanspruchung rechtwinklig zur Stiftachse
- $m =$ 1 für glattschaftige Nägel, Sondernägel der Tragfähigkeitsklasse 1 und Klammern
- $m =$ 2 für Sondernägel mindestens der Tragfähigkeitsklasse 2 und für Holz schrauben

Bei Koppelpfettenanschlüssen mit glattschaftigen Nägeln darf mit $m = 1{,}5$ gerechnet werden.

12.3 Dübelverbindungen

Dübeltypen

Dübel besonderer Bauart sind zulässig für Verbindungen von VH, BSH, BASH und FSH ohne Querlagen. Für Verbindungen von LH dürfen nur Einlassdübel vom Typ A1 und B1 verwendet werden. Für Stahl-Holz-Verbindungen sind nur einseitige Dübel anwendbar. Alle Dübel müssen durch nachziehbare Bolzen aus Stahl mit Scheiben unter Kopf und Mutter gesichert werden. Ein Nachziehen kann unterbleiben, wenn die Holzfeuchte beim Einbau nicht mehr als fünf Prozentpunkte über der zu erwartenden mittleren Ausgleichsfeuchte liegt.

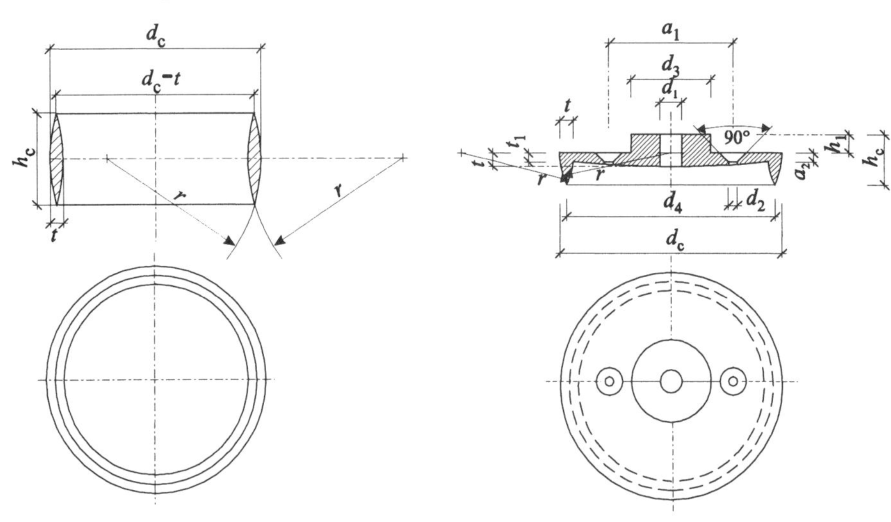

Bild 12.18 Ringdübel Typ A 1 aus Aluminium-Gusslegierung

Bild 12.19 Scheibendübel Typ B1 aus Aluminium-Gusslegierung

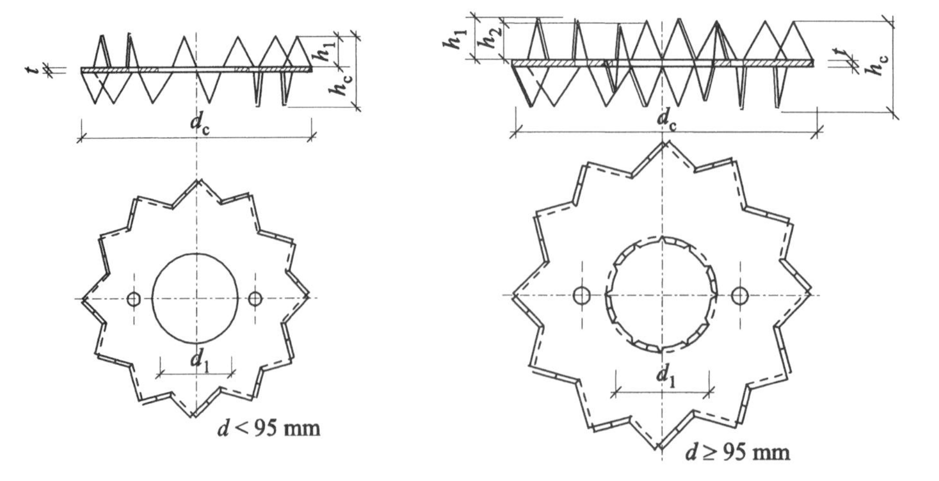

Bild 12.20 Scheibendübel mit Zähnen Tyc C 1 aus Stahlblech

Der Ersatz von Bolzen durch Gewindestangen oder Holzschrauben ist möglich bei

- Ringdübeln mit $d_c \leq 95$ mm und zweiseitigen Scheibendübeln mit Zähnen oder Dornen mit $d_c \leq 117$ mm für den Anschluss von Bauteilen aus Holz an BSH
- einseitigen Scheibendübeln mit Zähnen oder Dornen für den Anschluss von Stahlteilen an BSH nur, wenn mit $K_{ser} = 0{,}210 \cdot d_c \cdot \rho_k$ bei Typ C2 und $K_{ser} = 0{,}315 \cdot d_c \cdot \rho_k$ bei Typ C11 gerechnet wird.

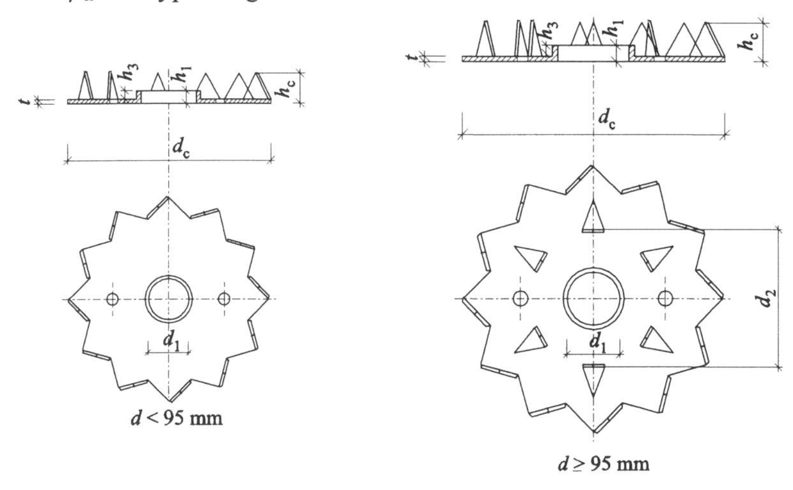

Bild 12.21 Scheibendübel mit Zähnen Tyc C 2 aus Stahlblech

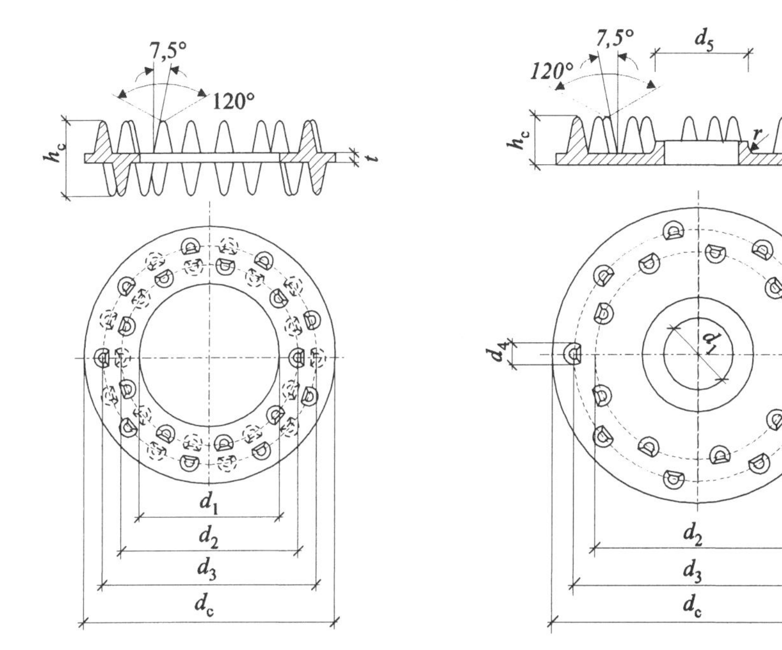

Bild 12.22 Scheibendübel mit Dornen Typ C 10 aus Temperguss

Bild 12.23 Scheibendübel mit Dornen Typ C 11 aus Temperguss

Tabelle 12.23 Gebräuchliche Dübel besonderer Bauart nach DIN EN 912

Einbau des Dübels	Dübel	Bezeichnung	Typ	Bisherige Bezeichnungen	
eingelassen	zweiseitig	Ringdübel	A1	Typ A	Appel
	einseitig	Scheibendübel	B1		
eingepresst	zweiseitig	Scheibendübel mit Zähnen	C1	Typ C	Bulldog
	einseitig		C2		
Dornen eingepresst, Scheibe eventuell eingelassen	zweiseitig	Scheibendübel mit Dornen	C10	Typ D	Geka
	einseitig		C11		

Tabelle 12.24 Verbindungseinheiten

Fall	Verbindung von	Eine Verbindungseinheit besteht aus
1	Holz mit Holz	1 Dübel (Typ A1, C1, C3, C5 oder C10) + 1 Bo
2	Holz mit Holz	2 Dübeln (Typ C2/C2, C4/C4, oder C11/C11) + 1 Bo
3	Holz mit Stahl	1 Dübel (Typ B1, C2, C4 oder C11) + 1 Bo

Tabelle 12.25 Vorzugsmaße der Scheiben für Bolzen und Passbolzen

Bolzen	M12	M16	M20	M22	M24
Dicke s in mm	6	6	8	8	8
Außen-∅ d_2 in mm	58	68	80	92	105
Innen-∅ d in mm	14	18	22	25	27

Tabelle 12.26 Mögliche Durchmesser d_1 des Mittelloches in mm für Dübeltyp C2

d_c	10,4	12,4	16,4	20,4	22,4	24,4
50	✓	✓	✓	✓	/	/
62	/	✓	✓	✓	/	/
75	/	✓	✓	✓	✓	✓
95	/	/	✓	✓	✓	✓
117	/	/	✓	✓	✓	✓

Die Scheiben der Typen C10 und C11 dürfen ≤ 3 mm ins Holz eingelassen werden. Bei Dübeldurchmessern oder Dübelseitenlängen ≥ 130 mm sind zusätzliche Klemmbolzen an den Laschenenden anzuordnen.

Wirksame Dübelanzahl

Bei Anschlüssen mit $n > 2$ in Faserrichtung hintereinander liegenden Verbindungseinheiten ist nicht mit der Anzahl n, sondern mit der wirksamen Anzahl n_{ef} zu rechnen:

$$n_{ef} = \left[2 + (1 - n/20) \cdot (n - 2)\right] \cdot \frac{90 - \alpha}{90} + n \cdot \frac{\alpha}{90} \quad \leq 10$$

Tabelle 12.27 Wirksame Anzahl der Verbindungseinheiten n_{ef}

Dübelanzahl n	3	4	5	6	7	8	9	≥ 10
$\alpha = 0°$	2,85	3,60	4,25	4,80	5,25	5,60	5,85	6
$\alpha = 30°$	2,90	3,73	4,50	5,20	5,83	6,40	6,90	7,33
$\alpha = 45°$	2,93	3,80	4,63	5,40	6,13	6,80	7,43	8
$\alpha = 60°$	2,95	3,87	4,75	5,60	6,42	7,20	7,95	8,67
$\alpha = 90°$	3	4	5	6	7	8	9	10

α ist der Winkel zwischen Kraft- und Faserrichtung.

Mindestabstände der Dübel

Tabelle 12.28 Mindestabstände der Dübel (Fußnoten siehe nächste Seite)

		Typ A1 / B1 Appel	Typ C1 / C2 Bulldog	Typ C10 / C11 Geka
a_1	parallel zur Faserrichtung	$(1{,}2 + 0{,}8 \cdot \cos\alpha) \cdot d_c$	$(1{,}2 + 0{,}3 \cdot \cos\alpha) \cdot d_c$	$(1{,}2 + 0{,}8 \cdot \cos\alpha) \cdot d_c$
a_2	rechtwinklig zur Fa-Ri	$1{,}2 \cdot d_c$		
$a_{1,t}$	beanspruchtes Hirnholz	$2 \cdot d_c$ [1]	$1{,}5 \cdot d_c$ [2]	$2 \cdot d_c$ [3]
$a_{1,c}$	unbeans. Hirnholz $\alpha \leq 30°$	$1{,}2 \cdot d_c$		
$a_{1,c}$	unbeans. Hirnholz $\alpha \geq 30°$	$(0{,}4 + 1{,}6 \cdot \sin\alpha) \cdot d_c$	$(0{,}9 + 0{,}6 \cdot \sin\alpha) \cdot d_c$	$(0{,}4 + 1{,}6 \cdot \sin\alpha) \cdot d_c$
$a_{2,t}$	beanspruchter Rand	$(0{,}6 + 0{,}2 \cdot \sin\alpha) \cdot d_c$	$(0{,}6 + 0{,}2 \cdot \sin\alpha) \cdot d_c$	$(0{,}6 + 0{,}2 \cdot \sin\alpha) \cdot d_c$
$a_{2,c}$	unbeanspruchter Rand	$0{,}6 \cdot d_c$		

[1] $a_{1,t}$ für $\alpha \leq 30°$ darf bis auf $1{,}5 \cdot d_c$ verringert werden, wenn die Tragfähigkeit einer Verbindungseinheit mit dem Faktor $a_{1,t}/(2 \cdot d_c)$ abgemindert wird.
[2] $a_{1,t}$ für $\alpha \leq 30°$ darf bis auf $1{,}1 \cdot d_c$, höchstens auf 80 mm und $7 \cdot d_b$, verringert werden, wenn die Tragfähigkeit einer Verbindungseinheit mit dem Faktor $a_{1,t}/(1{,}5 \cdot d_c)$ abgemindert wird.
[3] $a_{1,t}$ für $\alpha \leq 30°$ darf bis auf $1{,}5 \cdot d_c$, höchstens auf 80 mm und $7 \cdot d_b$, verringert werden, wenn die Tragfähigkeit einer Verbindungseinheit mit dem Faktor $a_{1,t}/(2 \cdot d_c)$ abgemindert wird.

Standardfall der Dübeltragfähigkeit

Der Standardfall für die Bemessungswerte der Dübeltragfähigkeit $R_{c,\alpha,d}$ ist gegeben bei:

$k_{mod} = 0{,}8$

$\gamma_M = 1{,}3$

VH C 24 bzw. $\rho_k = 350$ kg/m³

Seitenholzdicke $t_1 \geq 3 \cdot h_e$ Mittelholzdicke $t_2 \geq 5 \cdot h_e$

Mindestabstände der Dübel und Maße der Scheiben gemäß den vorliegenden Tabellen.

Tabelle 12.29 Bemessungswerte der Tragfähigkeit in N im Standardfall[1] [2] (d_c, h_e in mm)

Dübeltyp A1/B1 und $\alpha = 0°$	Dübeltyp C1/C2	Dübeltyp C10/C11
$R_{c,0,d} = 21{,}538 \cdot d_c^{1,5} < 19{,}385 \cdot d_c \cdot h_e$	$R_{c,d} = 11{,}077 \cdot d_c^{1,5}$	$R_{c,d} = 15{,}385 \cdot d_c^{1,5}$
[1] Für vom Standardfall abweichende NKL und KLED sind die Werte mit k^* nach Tabelle 2.7 zu multiplizieren.		
[2] Für $\rho_k > 350$ kg/m³ darf der Bemessungswert der Dübeltragfähigkeit mit $k_\rho = \rho_k/350 \leq 1{,}75$ multipliziert werden.		

Standardfall der Tragfähigkeit einer Verbindungseinheit

Der Bemessungswert der Tragfähigkeit für eine Verbindungseinheit berechnet sich zu:

$$R_{j,\alpha,d} = \frac{R_{c,0,d}}{\left(1{,}3 + 0{,}001 \cdot d_c\right) \cdot \sin^2\alpha + \cos^2\alpha}$$ für Dübeltyp A1/B1

mit d_c in mm

$$R_{j,\alpha,d} = R_{c,d} + R_{b,\alpha,d}$$ für Dübeltyp C1/C2/C10/C11

mit

$R_{b,\alpha,d}$ Bemessungswert der Tragfähigkeit des Bolzens (siehe Abschnitt Bolzenverbindung)

Tabelle 12.30 Dübel besonderer Bauart

⌀ 40 bis ⌀ 55; ⌀ 56 bis ⌀ 70; ⌀ 71 bis ⌀ 85; ⌀ 86 bis ⌀ 100; > 100		Außendurchmesser bzw. Seitenlänge	Dicke	Einlass-/Einpresstiefe	Durchmesser Mittelloch	Dübelfehlfläche	Bolzendurchmesser		Bemessungswert der Tragfähigkeit $R_{c,\alpha,d}$ im Standardfall		
Dübeltyp und Dübelform							min	max	α [1]		
		d_c	t	h_e	d_l	ΔA	d_b	d_b	0°	45°	90°
		mm	mm	mm	mm	mm^2	mm	mm	kN	kN	kN
A1	Ringdübel	65	5	15		980	12	24	11,3	9,55	8,27
		80	6	15		1200	12	24	15,4	13,0	11,2
		95	6	15		1430	12	24	19,9	16,7	14,3
		126	6	15		1890	12	24	30,5	25,1	21,4
		128	8	22,5		2880	12	24	31,2	25,7	21,8
		160	10	22,5		3600	16	24	43,6	35,4	29,9
		190	10	22,5		4280	16	24	56,4	45,3	37,9
B1	Scheibendübel	65	5	15	13	980	d_l-1	d_l	11,3	9,55	8,27
		80	6	15	13	1200			15,4	13,0	11,2
		95	6	15	13	1430			19,9	16,7	14,3
		128	8	22,5	13	2880			31,2	25,7	21,8
		160	10	22,5	16,5	3600			43,6	35,4	29,9
		190	10	22,5	16,5	4280			56,4	45,3	37,9
C1	zweiseitige Scheibendübel mit Zähnen	50	1,00	6,0		170	10	16	3,92		
		62	1,20	7,4		300		20	5,41		
		75	1,25	9,1		420		24	7,19		
		95	1,35	11,3		670		30	10,3		
		117	1,50	14,3		1000		30	14,0		
		140	1,65	14,7		1240		30	18,3		
		165	1,80	15,6		1490		30	23,5		

Tabelle 12.30 Dübel besonderer Bauart (Fortsetzung)

⌀ 40 bis ⌀ 55; ⌀ 56 bis ⌀ 70; ⌀ 71 bis ⌀ 85; ⌀ 86 bis ⌀ 100; > 100		Außendurchmesser bzw. Seitenlänge	Dicke	Einlass-/Einpresstiefe	Durchmesser Mittelloch	Dübelfehlfläche	Bolzendurchmesser		Bemessungswert der Tragfähigkeit $R_{c,\alpha,d}$ im Standardfall		
Dübeltyp und Dübelform							min	max	α [1]		
		d_c	t	h_e	d_1	ΔA	d_b	d_b	0°	45°	90°
		mm	mm	mm	mm	mm²	mm	mm	kN	kN	kN
C2	einseitige Scheibendübel mit Zähnen	50	1,00	5,6	2)	170	d_1-1	d_1	3,92		
		62	1,20	7,5		300			5,41		
		75	1,25	9,2		420			7,19		
		95	1,35	11,4		670			10,3		
		117	1,50	14,5		1000			14,0		
C10	zweiseitige Scheibendübel mit Dornen	50	3	12		460	10	30	5,44		
		65	3			590			8,06		
		80	3			750			11,0		
		95	3			900			14,2		
		115	3			1040			19,0		
C11	einseitige Scheibendübel mit Dornen	50	3	12	12,5	540	d_1-1	d_1	5,44		
		65	3		16,5	710			8,06		
		80	3		20,5	870			11,0		
		95	3		24,5	1070			14,2		
		115	3		24,5	1240			19,0		

[1] Zwischenwerte dürfen linear interpoliert werden.

[2] Siehe Tabelle 12.26.

Abweichungen vom Standardfall

In DIN 1052 sind Abweichungen von den Voraussetzungen des Standardfalls in der Weise geregelt, dass günstig wirkende Abweichungen höhere Bemessungswerte $R_{c,0,d}$ bzw. $R_{c,d}$ erlauben und durch ungünstig wirkende Abweichungen die Bemessungswerte abgemindert werden müssen.

12.4 Nagelplattenverbindungen

Nagelplatten zur Verbindung von Hölzern sind verzinkte oder korrosionsbeständige Stahlbleche mit Dicken von mindestens 1 mm Nenndicke. Als „Nägel“ wirken aus dem Blech herausgestanzte und alle zur gleichen Seite um etwa 90° abgewinkelte schmale Streifen (siehe Bild 12.24).

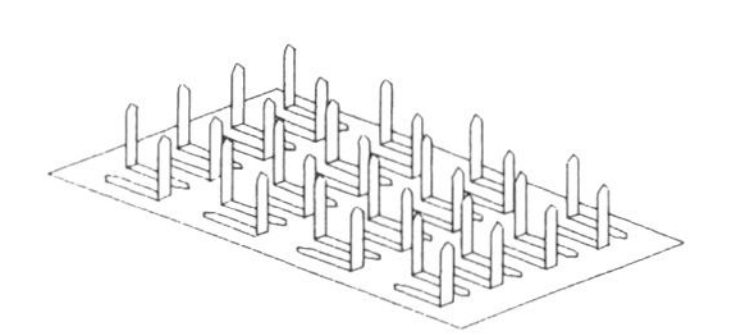

Bild 12.24 Nagelplatte

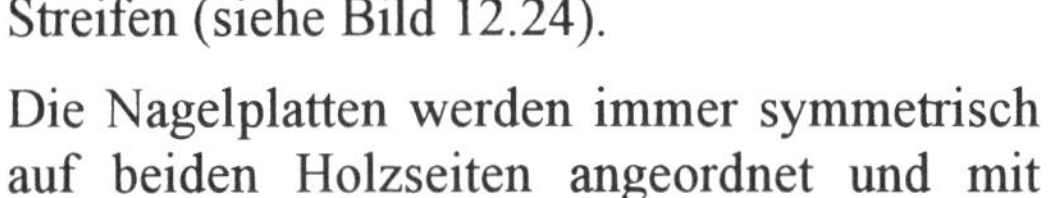

Die Nagelplatten werden immer symmetrisch auf beiden Holzseiten angeordnet und mit Hydraulikpressen eingepresst. Die Kraft im Holzquerschnitt wird über die Nägel in die Platte eingeleitet, die als Knotenblech oder Stoßlasche wirkt, und über die Nägel in den anschließenden Holzquerschnitt eingetragen. Es können zwei oder mehr einteilige Hölzer gleicher Dicke miteinander verbunden werden.

Die Brauchbarkeit der Verbindung muss nachgewiesen werden durch eine allgemeine bauaufsichtliche Zulassung, worin Form, Materialkennwerte und charakteristische Platten- und Nageltragfähigkeiten festgelegt sind. Eine Zusammenstellung der derzeit ca. 30 verschiedenen gültigen Zulassungen von Nagelplatten ist in [26] enthalten.

Nagelplattenverbindungen dürfen mit dem Nachweisverfahren nach Abschnitt 13.2 der DIN 1052:2004 bemessen werden. Die Festlegungen über Verbindungen mit Nagelplatten gelten für Bauteile aus Holz, insbesondere für Fachwerke. Die Anforderungen der DIN EN 1059 sind zu beachten.

Nagelplattenverbindungen sind nur bei Bauteilen mit vorwiegend ruhender Belastung anzuwenden.

12.5 Kontaktverbindungen

12.5.1 Auflager- und Schwellendruck

Im Gegensatz zu Stift- und Dübelverbindungen, bei denen die Kraftübertragung auch über Kontakt und Leibungsspannungen erfolgt, wird bei den so genannten Kontaktverbindungen die Kraft ohne zwischengeschaltetes „Verbindungsmittel“ direkt in das Holzbauteil eingeleitet.

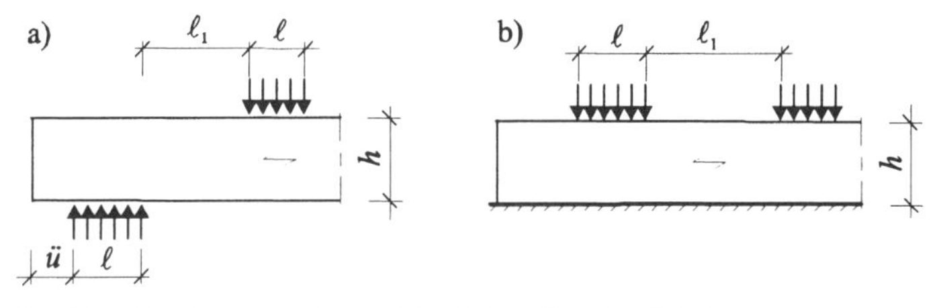

Bild 12.25 Auflagerdruck (a), Schwellendruck (b)

In [27] werden die Hintergründe für die Bemessungsregeln der DIN 1052 erläutert. Für die praktische Anwendung sind vor allem Auflager- und Schwellendruck zu unterscheiden, siehe Bild 12.25. In beiden Fällen darf der Einhängeeffekt in Faserrichtung berücksichtigt werden. Dies erfolgt durch die rechnerische Verlängerung der Kontaktlänge um jeweils 30 mm. Dadurch berechnet sich die wirksame Querdruckfläche A_{ef} zu

$A_{ef} = b \cdot (\ell + 2 \cdot 30\ \text{mm}) \leq 3 \cdot \ell \cdot b$ für $ü \geq 30$ mm

$A_{ef} = b \cdot (\ell + 30\ \text{mm} + ü) \leq 3 \cdot \ell \cdot b$ für $ü < 30$ mm

b Breite der Querdruckfläche

Die Querdruckspannung berechnet sich damit zu $\sigma_{c,90,d} = \dfrac{F_{c,90,d}}{A_{ef}}$

In den meisten Fällen sind wegen der geringen Steifigkeit des Holzes rechtwinklig zur Faserrichtung die Verformungen für die Begrenzung der übertragbaren Kraft maßgebend. Zur Vereinfachung wird aber der Nachweis der Eindrückungen als Tragfähigkeitsnachweis geführt, indem mit dem Querdruckbeiwert $k_{c,90}$ der Bemessungswert der Querdruckfestigkeit, die den Teilsicherheitsbeiwert $\gamma_M = 1{,}3$ enthält, angepasst wird sowie die unterschiedlichen Lastausbreitungen berücksichtigt werden.

Der Querdrucknachweis lautet somit $\dfrac{\sigma_{c,90,d}}{k_{c,90} \cdot f_{c,90,d}} \leq 1$

mit dem Querdruckbeiwert $k_{c,90}$ nach Tabelle 12.31.

Tabelle 12.31 Querdruckbeiwert $k_{c,90}$

Baustoff	$\ell_1 < 2 \cdot h$	$\ell_1 \geq 2 \cdot h$	
		Auflagerdruck $\ell \leq 400$ mm	Schwellendruck
VH aus NH		1,5	1,25
VH aus LH	1,0	1,0	1,0
BSH aus NH		1,75*)	1,5

*) Für $\ell > 400$ mm darf mit $\ell = 400$ mm und $k_{c,90} = 1{,}75$ gerechnet werden.

ℓ_1 ist der lichte Abstand zwischen den Querdruckflächen infolge Einzellasten.

12.5.2 Kontaktfläche schräg zur Faserrichtung

Für $0° < \alpha < 90°$ muss die folgende Bedingung erfüllt sein:

$$\frac{\sigma_{c,\alpha,d}}{k_{c,\alpha} \cdot f_{c,\alpha.d}} \leq 1$$

mit

$$\sigma_{c,\alpha,d} = \frac{F_{c,\alpha,d}}{A_{ef}}$$

$$k_{c,\alpha} = 1 + \left(k_{c,90} - 1\right) \cdot \sin\alpha$$

$$f_{c,\alpha,d} = \frac{f_{c,0,d}}{\sqrt{\left(\frac{f_{c,0,d}}{f_{c,90,d}} \cdot \sin^2\alpha\right)^2 + \left(\frac{f_{c,0,d}}{1{,}5 \cdot f_{v,d}} \cdot \sin\alpha \cdot \cos\alpha\right)^2 + \cos^4\alpha}}$$

mit

α Winkel zwischen Beanspruchungsrichtung und Faserrichtung des Holzes bzw. Winkel zwischen Beanspruchungsrichtung und Faserrichtung bzw. Spanrichtung der Decklagen.

Die tatsächliche Kontaktlänge schräg zur Faser darf, wie in Bild 12.26 dargestellt, um die Maße vergrößert werden, die sich aus der senkrechten Projektion der Längen von 30 mm auf die Kontaktebene ergeben. Selbstverständlich darf der Spannungsnachweis auch mit der tatsächlich vorhandene Kontaktfläche geführt werden.

Versätze sind nicht nach diesem Abschnitt sondern nach Abschnitt12.5.3 zu behandeln.

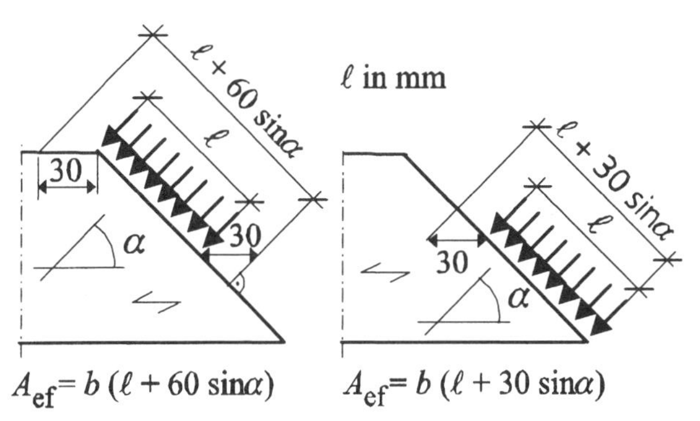

Bild 12.26 Druck unter einem Winkel α

Tabelle 12.32 Bemessungswert der Druckfestigkeit unter einem Winkel α im Standardfall

α	C 24	C 30	C 35	C 40	D 30	D 35	D 40	GL 24h	GL 28h
0°	12,9	14,2	15,4	16,0	14,2	15,4	16,0	14,8	16,3
5°	11,1	11,8	12,5	12,8	13,0	14,2	15,0	13,0	14,0
10°	8,28	8,6	8,8	8,9	10,8	12,0	12,8	9,9	10,4
15°	6,27	6,41	6,52	6,57	8,88	9,91	10,8	7,59	7,83
20°	4,95	5,05	5,12	5,15	7,47	8,36	9,16	5,98	6,16
25°	4,06	4,15	4,20	4,24	6,48	7,27	7,99	4,87	5,04
30°	3,43	3,53	3,57	3,61	5,79	6,49	7,15	4,07	4,24
35°	2,97	3,07	3,11	3,15	5,31	5,94	6,54	3,48	3,65
40°	2,62	2,72	2,77	2,82	4,98	5,55	6,10	3,03	3,21
45°	2,35	2,46	2,51	2,56	4,76	5,29	5,79	2,69	2,87
50°	2,14	2,25	2,31	2,36	4,63	5,11	5,58	2,42	2,61
55°	1,98	2,09	2,15	2,20	4,57	5,02	5,45	2,21	2,40
60°	1,85	1,96	2,02	2,08	4,57	4,98	5,37	2,04	2,23
65°	1,75	1,86	1,92	1,98	4,61	4,98	5,34	1,92	2,11
70°	1,67	1,79	1,85	1,91	4,68	5,02	5,34	1,82	2,01
75°	1,61	1,73	1,79	1,85	4,76	5,07	5,36	1,75	1,93
80°	1,57	1,69	1,75	1,81	4,84	5,12	5,39	1,70	1,88
85°	1,55	1,67	1,73	1,79	4,90	5,16	5,41	1,67	1,86
90°	1,54	1,66	1,72	1,78	4,92	5,17	5,42	1,66	1,85

12.5.3 Versatz

Der Versatz ist eine zimmermannsmäßige Verbindung zur Übertragung einer Druckkraft durch Kontakt zwischen den zu verbindenden Hölzern mit Winkeln zwischen zwischen ca. 15° und ca. 65°. Zur Vereinfachung der Berechnung wird anstelle der wirksamen Kontaktfläche nach Abschnitt 12.5.2 mit der tatsächlichen Veratzfläche und zum Ausgleich mit dem Bemessungswert der Festigkeit

$$f_{c,\alpha,d} = \frac{f_{c,0,d}}{\sqrt{\left(\frac{f_{c,0,d} \cdot \sin^2\alpha}{2 \cdot f_{c,90,d}}\right)^2 + \left(\frac{f_{c,0,d} \cdot \sin\alpha \cdot \cos\alpha}{2 \cdot f_{v,d}}\right)^2 + \cos^4\alpha}}$$

Für Hölzer der Festigkeitsklassen C 24, C 30 und D 30 ist nachfolgend die Berechnung so aufbereitet, dass der Bemessungswert der Tragfähigkeit in Abhängigkeit von Holzbreite b, der Versatztiefe t_V und dem Beiwert k_{SB} bzw. k_F einfach ermittelt wird.

Tabelle 12.33 Bemessungswert der Tragfähigkeit R_d des Versatzes in N mit Holzbreite b und Versatztiefe t_V in mm im Standardfall

Stirnversatz (S)	Brustversatz (B)	Fersenversatz (F)
$R_{S,d} = k_{SB} \cdot b \cdot t_V$	$R_{B,d} = k_{SB} \cdot b \cdot t_V$	$R_{F,d} = k_F \cdot b \cdot t_V$

Tafel 12.34 Beiwerte k_{SB} für Stirn- und Brustversatz und k_F für Fersenversatz in N/mm²

α	k_{SB} für C 24	k_{SB} für C 30	k_{SB} für D 30	k_F für C 24	k_F für C 30	k_F für D 30
15°	11,0	11,7	13,1	8,18	8,4	10,9
20°	10,0	10,5	12,5	6,99	7,15	9,88
25°	9,19	9,54	11,9	6,20	6,32	9,18
30°	8,47	8,73	11,3	5,71	5,82	8,80
35°	7,90	8,10	10,9	5,43	5,54	8,73
40°	7,44	7,60	10,5	5,32	5,46	8,95
45°	7,10	7,24	10,3	5,38	5,54	9,50
50°	6,85	6,97	10,1	5,59	5,80	10,4
55°	6,68	6,80	10,1	5,99	6,25	11,9
60°	6,59	6,72	10,2	6,64	6,98	14,2
65°	6,57	6,70	10,4	7,65	8,09	17,7

Nachweis

Stirnversatz: $\frac{N_d}{R_{S,d}} \leq 1$	Brustversatz: $\frac{N_d}{R_{B,d}} \leq 1$	Fersenversatz: $\frac{N_d}{R_{F,d}} \leq 1$

Konstruktive Regeln für die Versatztiefe

Strebenneigungswinkel α	$\leq 50°$	$50° < \alpha < 60°$	$\geq 60°$	Bei zweiseitigem Versatzeinschnitt: $t_V \leq h/6$
Versatztiefe t_V	$\leq h/4$	$\leq h \cdot \left(\frac{2}{3} - \frac{\alpha°}{120°}\right)$	$\leq h/6$	

Vorholzlänge

Für den Nachweis rechnerisch ansetzbare Vorholzlänge $\ell_V \leq 8 \cdot t_V$

Auszuführende Mindest-Vorholzlänge: 200 mm

für NH im Standardfall: $\ell_V \geq 813 \cdot N_d \cdot \cos\alpha / b$ in mm

für LH D 30 im Standardfall: $\ell_V \geq 542 \cdot N_d \cdot \cos\alpha / b$ in mm

mit Strebenkraft N_d in kN, b in mm

Für vom Standardfall abweichende NKL oder KLED sind die Vorholzlängen des Standardfalles durch den Beiwert k^* nach Tabelle 2.7 zu dividieren.

Die planmäßige Lage zwischen Schwelle und Strebe ist grundsätzlich durch konstruktive Maßnahmen zu sichern. Beispiele dafür zeigt Bild 12.27.

a)

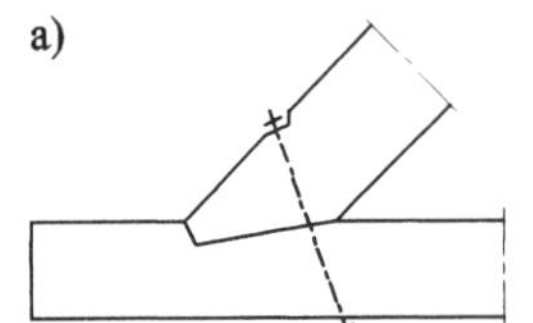

b)

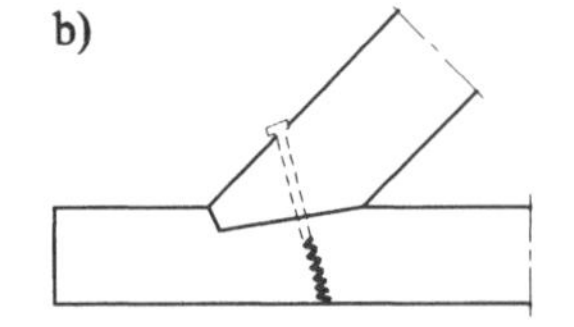

c)

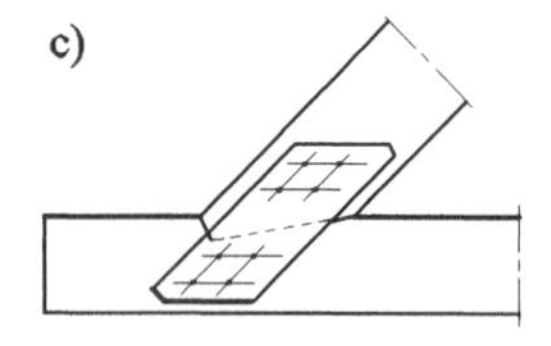

Bild 12.27 Lagesicherung von Versätzen: Bolzen (a), Sondernagel oder Schraube (b), Laschen (c)

12.6 Universal-Keilzinkenverbindungen

Universal-Keilzinkenverbindungen von BSH und BASH müssen die Anforderungen nach DIN EN 387 erfüllen. Verwendung nur in den Nutzungsklassen 1 und 2 zulässig.

Der Nachweis an der inneren Ecke:

$$\frac{f_{c,0,k}}{f_{c,\alpha,k}} \cdot \left(\frac{\sigma_{c,0,d}}{k_c \cdot f_{c,0,d}} + \frac{\sigma_{m,d}}{f_{m,d}}\right) \leq 1$$

mit

$\sigma_{c,0,d}$, $\sigma_{m,d}$ Spannungen, ermittelt mit den Schnittgrößen an den Stellen 1 und 2 und mit Querschnitten rechtwinklig zur Faserrichtung unmittelbar neben der Keilzinkenverbindung (Schnitte 1-1 und 2-2)

k_c Knickbeiwert nach Abschnitt 9; beim Nachweis nach Theorie II. Ordnung ist $k_c = 1$ zu setzen

$$f_{c,\alpha,d} = \frac{f_{c,0,d}}{\sqrt{\left(\frac{f_{c,0,d} \cdot \sin^2\alpha}{2 \cdot f_{c,90,d}}\right)^2 + \left(\frac{f_{c,0,d} \cdot \sin\alpha \cdot \cos\alpha}{2 \cdot f_{v,d}}\right)^2 + \cos^4\alpha}}$$

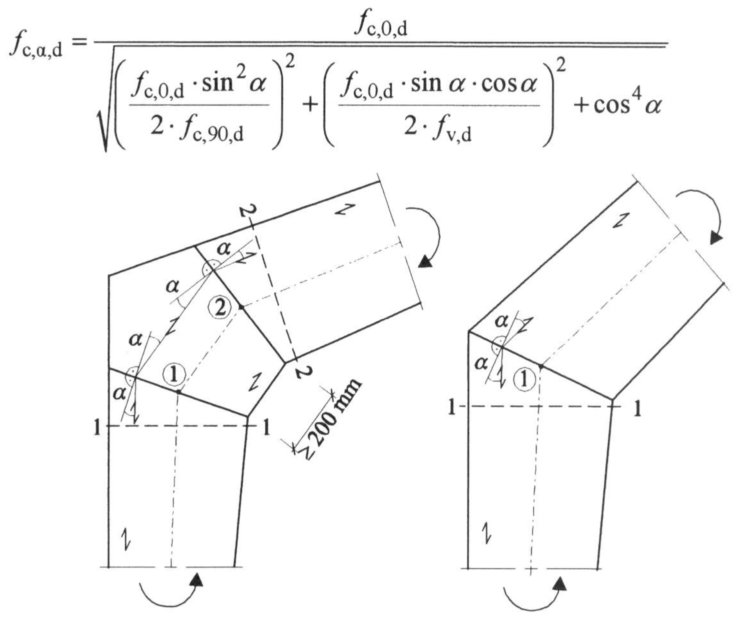

Bild 12.28 Rahmenecken mit Universal-Keilzinkenverbindungen

Für $f_{c,0,d}$, $f_{t,0,d}$, $f_{m,d}$ ab Festigkeitsklasse GL 28 bei BSH und ab Festigkeitsklasse C 24 bei BASH sind die Werte der jeweils nächst niedrigeren Festigkeitsklassen zugrunde zu legen.

Die Querschnittsschwächungen durch die Universal-Keilzinkenverbindung bei Querschnittshöhen über 300 mm sind zu berücksichtigen mit $A_n = 0{,}8 \cdot A$ und $W_n = 0{,}8 \cdot W$.

12.7 Verbundbauteile aus Brettschichtholz

Die Einsatzmöglichkeiten von Verbundbauteilen aus Brettschichtholz liegen bisher im Brückenbau, wobei eine direkte Bewitterung des blockverklebten BSH zu vermeiden ist. Die bisherigen Erfahrungen gewährleisten nur für die Nutzungsklassen 1 und 2 eine Dauerhaftigkeit der Blockfugen und die Vermeidung von unverträglicher Rissbildung infolge Eigenspannungen aus ungleichmäßiger Holzfeuchteverteilung.

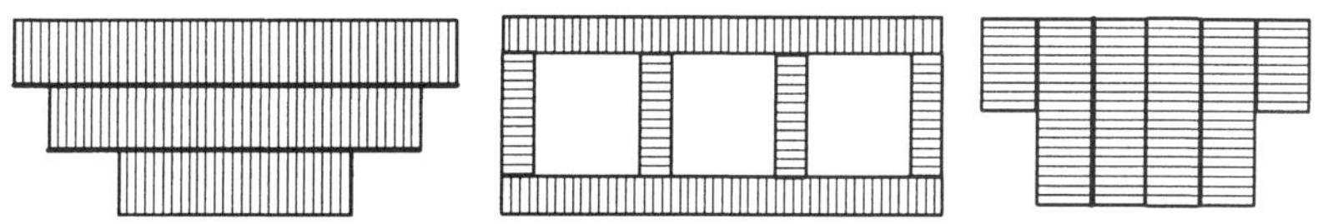

Bild 12.29 Beispiele für Verbundbauteile aus BSH

13 Gebrauchstauglichkeit

13.1 Verformungen

13.1.1 Allgemeines

Die Berechnung der Verformungen für den Nachweis der Gebrauchstauglichkeit wird mit den charakteristischen Einwirkungen und den Mittelwerten der Steifigkeitskennwerte E_{mean}, G_{mean} und dem Verschiebungsmodul K_{ser} vorgenommen.

Gesamte Anfangsverformung $\delta_{inst} = \delta_{el} + \delta_j$

Gesamte Endverformung $\delta_{fin} = \delta_{inst} + \delta_{kriech} = \delta_{inst} \cdot (1 + k_{def})$

Elastische Verformung $\delta_{el} = \int \frac{M \cdot \overline{M}}{E_{0,mean} \cdot I} ds + \int \frac{V \cdot \overline{V}}{G_{mean} \cdot A_v} ds + \int \frac{S \cdot \overline{S}}{E_{0,mean} \cdot A} ds$

Verformung in Verbindungen $\delta_j = \sum \frac{M_E \cdot \overline{M}_E}{K_r} + \sum \frac{S_k \cdot \overline{S}_k}{K_j} + \sum \overline{S}_i \cdot \Delta u_i$

Es bedeuten:

k_{def}	in –			Verformungsbeiwert nach Tabelle 13.1
M_E	in Nmm	$\overline{M}_E$	in mm	Biegemomente in biegesteifen Anschlüssen
S_k	in N	$\overline{S}_k$	in –	Anschlusskräfte in Knoten
S_i	in N	$\overline{S}_i$	in –	Stabkräfte
K_r	in Nmm			Drehfedersteifigkeit
K_j	in N/mm			Federsteifigkeit
Δu_i	in mm			Schlupf

Verformungen aus Temperaturänderungen können bei Holzkonstruktionen im Allgemeinen vernachlässigt werden.

Bei Rahmentragwerken und Fachwerken sind erforderlichenfalls alle Verformungsanteile zu berücksichtigen.

13.1.2 Elastische Verformungen

Die nachfolgenden Angaben beschränken sich auf Biegestäbe.

Die Anfangsdurchbiegung w_{inst} ist die elastische Verformung infolge Biegemomente und gegebenenfalls Querkräfte.

Biegeträger mit konstanter Höhe

Berechnung der elastischen Biegeverformung $w_{m,inst}$ nach den Regeln der Stabstatik mit der Biegesteifigkeit $E_{0,mean} \cdot I$ zu

$$w_{m,inst} = \int \frac{M \cdot \overline{M}}{E_{0,mean} \cdot I} \cdot ds = k \cdot \frac{M \cdot \ell^2}{E_{0,mean} \cdot I}$$

Mit dem Beiwert k wird das statische System und die Art der Belastung berücksichtigt.

Die Schubverformung, die bei Stäben aus Holz und insbesondere bei Stegträgern mit HW-Stegen je nach Genauigkeitsanforderung nicht vernachlässigt werden darf, berechnet sich zu

$$w_{v,inst} = \frac{M_{max}}{G_{mean} \cdot A_v}$$

$A_v = A_w$ bei Stegträgern mit der Stegfläche A_w
$\quad = A/1{,}2$ bei Trägern mit Rechteckquerschnitt

$$w_{inst} = w_{m,inst} + w_{v,inst}$$

Bei zweiachsiger Biegung gilt:

$$w_{inst} = \sqrt{w_{y,\,inst}^2 + w_{z,\,inst}^2}$$

Sattel- und Pultdachträger mit Rechteckquerschnitt unter Gleichstreckenlast

Biegeverformung mit $I_s = b \cdot h_s^3 / 12$

$$w_{m,inst} = \frac{M_{max} \cdot \ell^2}{9{,}6 \cdot E_{0,mean} \cdot I_s} \cdot k_m$$

Schubverformung mit $A_s = b \cdot h_s$

$$w_{v,inst} = \frac{1{,}2 \cdot M_{max}}{G_{mean} \cdot A_s} \cdot k_v$$

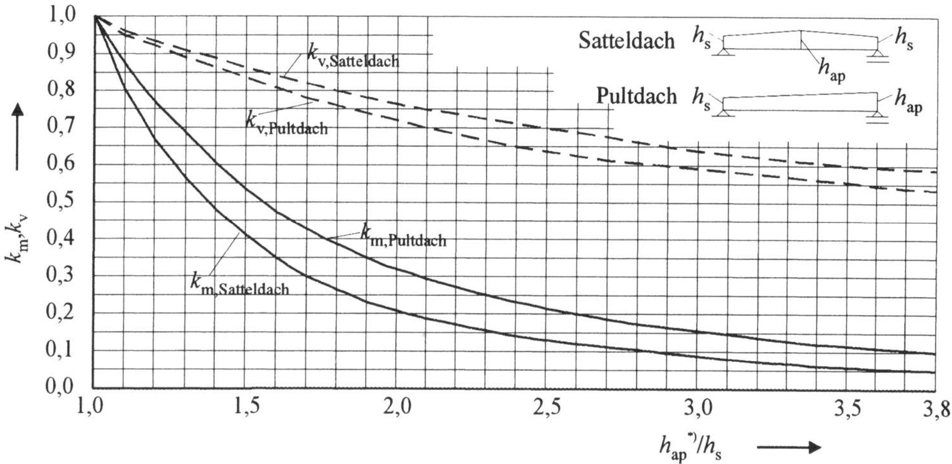

*) Bei gekrümmtem Untergurt für h_{ap} hier h_l nach Abschnitt 10.5 einsetzen.

Bild 13.1 Faktoren k_m und k_v für Pultdachträger und symmetrische Satteldachträger

Für symmetrische Satteldachträger können k_m und k_v berechnet werden zu:

$$k_m = \frac{(h_s / h_{ap})^3}{0,15 + 0,85 \cdot h_s / h_{ap}} \qquad k_v = \frac{2}{1 + (h_{ap} / h_s)^{2/3}}$$

Für Satteldachträger mit gekrümmtem unteren Rand und zum Auflager hin konisch zulaufendem Querschnitt können die Durchbiegungen z. B. auch nach [28] ermittelt werden.

13.1.3 Kriechverformungen

Die maximale Kriechverformung darf vereinfacht aus der Anfangsverformung und dem Verformungsbeiwert (Kriechfaktor) k_{def} nach Tabelle 13.1 berechnet werden zu

$$w_{kriech} = k_{def} \cdot w_{inst}$$

Die Enddurchbiegung lautet somit $\qquad w_{fin} = w_{inst} \cdot (1 + k_{def})$

Die Endverformung eines Tragwerks, das aus Bauteilen mit unterschiedlichen Kriecheigenschaften besteht, sollte mit abgeänderten Steifigkeitsmoduln berechnet werden, die bestimmt werden, indem der Steifigkeitsmodul für jedes Bauteil durch den entsprechenden Wert $(1 + k_{def})$ geteilt wird. Für Verbindungen mit mechanischen Verbindungsmitteln ist k_{def} der zu verbindenden Bauteile zu verwenden. Bei Verbindungen mit unterschiedlichem k_{def} darf das arithmetische Mittel der k_{def}-Werte verwendet werden. Bei Stahlblech-Holz-Verbindungen ist k_{def} des Holzes einzusetzen.

Tabelle 13.1 Verformungsbeiwerte k_{def}

Baustoff	Nutzungsklasse		
	1	2	3
VH[1], BSH, FSH[2], BASH, BSPH	0,60	0,80	2,00
FSH[3], SPH	0,80	1,00	2,50
OSB-Platten	1,50	2,25	-
Spanplatten	2,25	3,00	4,00

[1] k_{def}-Werte für VH, dessen Feuchte beim Einbau im Fasersättigungsbereich oder darüber liegt und nach dem Einbau austrocknen kann, sind um 1,0 zu erhöhen.

[2] Mit allen Furnieren faserparallel.

[3] Mit Querfurnieren.

13.1.4 Verschiebungen in Verbindungen

Allgemeines

Bei den Verschiebungen in Verbindungen wird wie bei den Durchbiegungen von Bauteilen in Anfangs- und Endverformungen unterschieden:

Elastische Anfangsverschiebung $\qquad u_{inst} = F / K_{ser}$

Endverschiebung $u_{fin} = u_{inst} \cdot (1 + k_{def})$

Bei einer Verbindung zwischen Bauteilen

mit unterschiedlichen Kriecheigenschaften $u_{fin} = u_{inst} \cdot \sqrt{(1 + k_{def,1}) \cdot (1 + k_{def,2})}$

k_{def} ist der Verformungsbeiwert nach Tabelle 13.1.

Tabelle 13.2 Rechenwerte (Mittelwerte) für die Verschiebungsmoduln K_{ser} in N/mm pro Scherfuge stiftförmiger Verbindungsmittel und pro Verbindungseinheit mit Dübeln besonderer Bauart

Verbindungsmittel	Verbindung Holz-Holz, Holz-Holzwerkstoff, Stahl-Holz
Stabdübel, Passbolzen, Bolzen[1], Nägel und Holzschrauben in vorgebohrten Löchern	$\frac{\rho_k^{1,5}}{20} \cdot d$
Nägel und Holzschrauben in nicht vorgebohrten Löchern	$\frac{\rho_k^{1,5}}{25} \cdot d^{0,8}$
Ringdübel Typ A1 und Scheibendübel Typ B1 (Appel)	$0,6 \cdot d_c \cdot \rho_k$
Scheibendübel mit Zähnen Typ C1, C2 (Bulldog)	$0,3 \cdot d_c \cdot \rho_k$
Scheibendübel mit Dornen Typ C10, C11 (Geka)	$0,45 \cdot d_c \cdot \rho_k$

[1] Bei mit Übermaß gebohrten Löchern im Holz ist bei Bolzen mit einem zusätzlichen Schlupf von 1 mm zu rechnen. Daher ist zu den mit Hilfe des Verschiebungsmoduls ermittelten rechnerischen Verschiebungen jeweils ein Anteil von 1 mm hinzuzurechnen.

ρ_k charakteristische Rohdichte der miteinander verbundenen Teile in kg/m³

$\rho_k = \sqrt{\rho_{k,1} \cdot \rho_{k,2}}$ bei unterschiedlichen Werten $\rho_{k,1}$ und $\rho_{k,2}$ der charakteristischen Rohdichte der beiden miteinander verbundenen Teile

ρ_k $= \rho_{k,Holz}$ bei Stahl-Holz-Verbindungen und bei HW-Holz-Verbindungen

d Stiftdurchmesser in mm

Verbindungen mit SDü, Nä, Sr oder Kl

Bei Verbindungen mit stiftförmigen Verbindungsmitteln ist für F die Kraft infolge Gebrauchslast pro Scherfuge einzusetzen.

K_{ser} ist der Anfangsverschiebungsmodul nach Tabelle 13.2.

Bolzenverbindungen

$u_{inst} = 1\,mm + F/K_{ser}$ mit K_{ser} für Stabdübel

$u_{fin} = 1\,mm + u_{inst} \cdot (1 + k_{def})$ mit u_{inst} für SDü-Verbindung

Dübelverbindungen

Für eine Verbindungseinheit (siehe Tabelle 12.24) ist der Verschiebungsmodul des entsprechenden Dübels besonderer Bauart nach Tabelle 13.2 zu verwenden.

Federsteifigkeiten

Nachfolgend werden die Begriffe Dehn- und Drehfedersteifigkeit definiert.

Dehnfedersteifigkeit K_j

$K_j = K \cdot n$ in N/mm

$K = K_{ser}$	für Gebrauchstauglichkeitsnachweise
$K = K_u$	für Tragfähigkeitsnachweise
n	ist die Anzahl der Scherfugen in einem Anschluss mit stiftförmigen Verbindungsmitteln bzw. die Anzahl der Verbindungseinheiten in einem Anschluss mit Dübeln besonderer Bauart

K_j kann als diejenige Kraft aufgefasst werden, die eine Verschiebung $u = 1$ mm verursacht.

Drehfedersteifigkeit K_φ

$K_\varphi = K \cdot \sum_{i=1}^{n} r_i^2$ in Nmm

$\sum_{i=1}^{n} r_i^2$	polares Flächenmoment 2. Grades (polares Trägheitsmoment)
r_i	ist der Abstand des Verbindungsmittels i vom Rotationszentrum
$K = K_{ser}$	für Gebrauchstauglichkeitsnachweise
$K = K_u$	für Tragfähigkeitsnachweise
n	ist die Anzahl der Scherfugen in einem Anschluss mit stiftförmigen Verbindungsmitteln bzw. die Anzahl der Verbindungseinheiten in einem Anschluss mit Dübeln besonderer Bauart

K_φ kann als dasjenige Moment aufgefasst werden, das eine Verdrehung $\omega = 1$ verursacht.

13.2 Durchbiegungsnachweise

Beim Nachweis der Gebrauchstauglichkeit biegebeanspruchter Bauteile wird unterschieden in

- *Seltene Bemessungssituation.* Die dafür empfohlenen Grenzwerte sollen Schäden an nicht tragenden Bauteilen oder Einbauten wie z. B. Trennwände, Glasfassaden, Türen und Fenster verhindern.
- *Quasi-ständige Bemessungssituation.* Die dafür empfohlenen Grenzwerte sollen die allgemeine Benutzbarkeit und das Erscheinungsbild sicherstellen. Nicht waage-

rechte Fußböden schränken die allgemeine Benutzbarkeit ein und deutlich sichtbare Durchbiegungen verunsichern den Nutzer.

Das nachfolgende Schema gibt die Nachweise der Gebrauchstauglichkeit für biegebeanspruchte Bauteile in allgemeiner und in konkreter Form wieder.

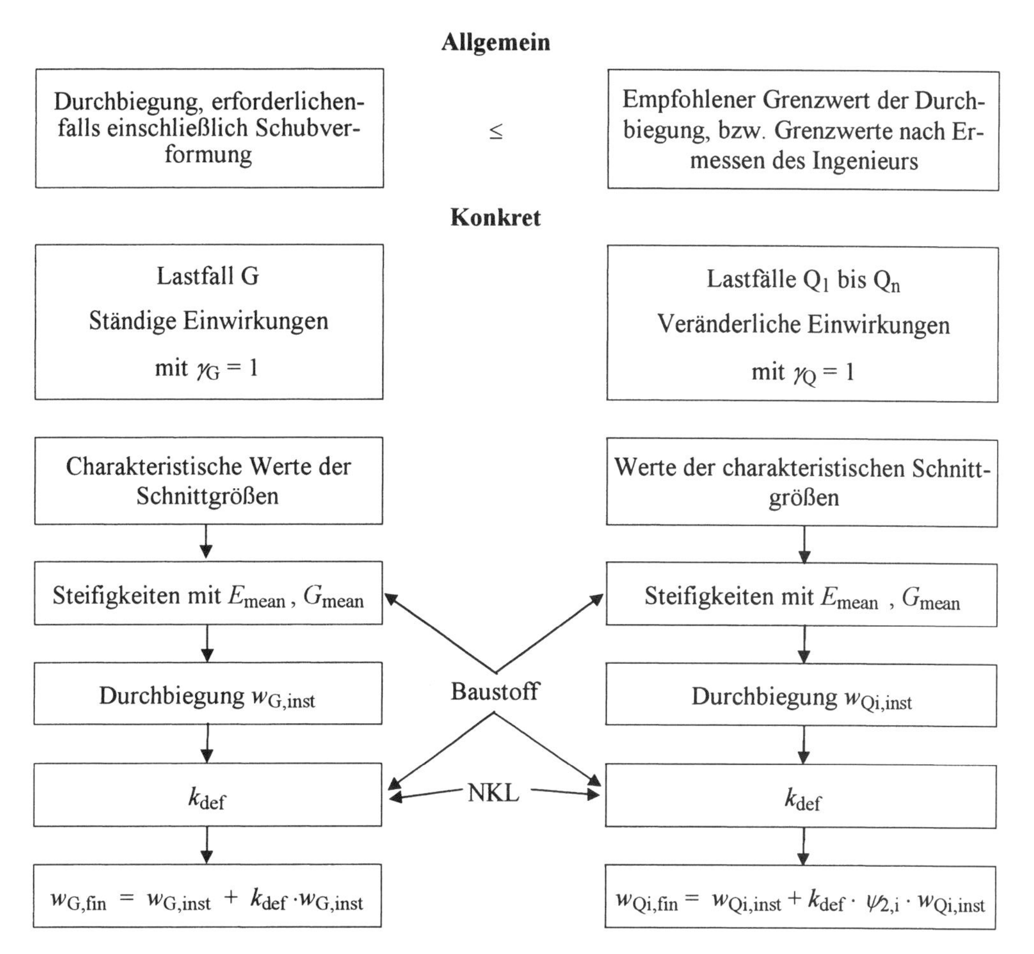

Lastfallkombinationen für Seltene Bemessungssituation

$$w_{Q,inst} = w_{Q1,inst}{}^{1)} + \sum_{i=2}^{n} \psi_{0,i} \cdot w_{Qi,inst} \leq \ell / 300$$

[1] Q_1 : ungünstigste Einwirkung (offensichtlich oder durch Kombinationen festzustellen)

$$w_{fin} - w_{G,inst} = k_{def} \cdot w_{G,inst} + w_{Q1,fin} + \sum_{i=2}^{n} w_{Qi,inst} \cdot \left(\psi_{0,i} + \psi_{2,i} \cdot k_{def}\right) \leq \ell / 200$$

Quasi-ständige Bemessungssituation

$$w_{fin} - w_0 = w_{G,fin} + \sum_{i=1}^{n} \psi_{2,i} \cdot w_{Qi,inst} \cdot (1 + k_{def}) - w_0 \quad \leq \quad \ell / 200$$

13.3 Schwingungsnachweis

Bei Decken unter Wohnräumen ist ein Schwingungsnachweis zu führen. Er darf vereinfacht durch den Durchbiegungsnachweis

$$w_{G,inst} + \psi_2 \cdot w_{Q,inst} \leq 6 \text{ mm}$$

ersetzt werden.

Mehrfeldträger dürfen als Einfeldträger mit $\ell = \ell_{max}$ gerechnet werden.

Die elastische Einspannung in Nachbarfelder darf berücksichtigt werden.

Eine Darstellung genauerer Schwingungsnachweise ist in [20] enthalten.

14 Beispiel Wohnhaus

14.1 Übersichtsskizzen

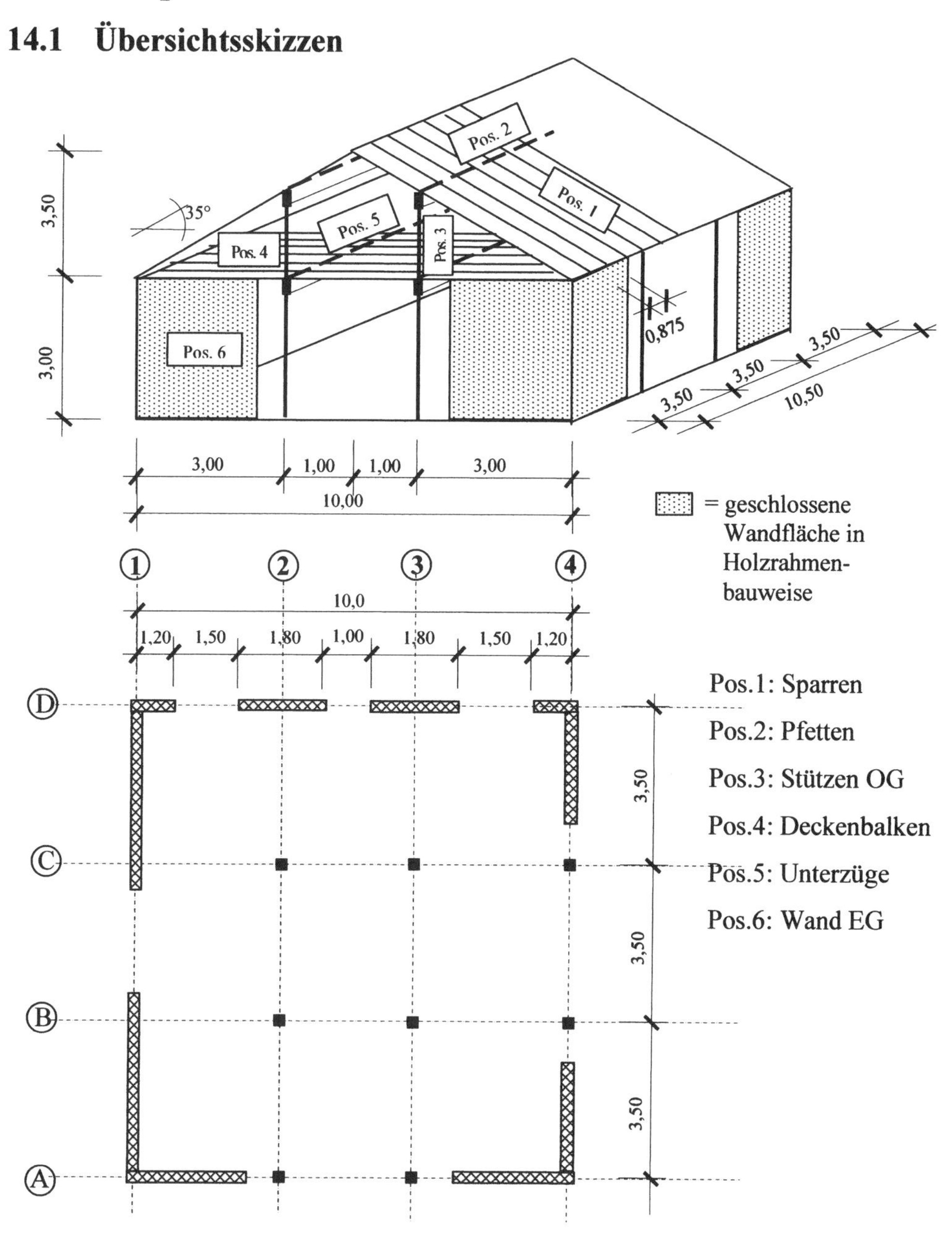

14.2 Das Dach

Das Dach wird als strebenloses Pfettendach ohne Firstgelenk ausgebildet.

Zur Vertiefung werden [29] und [30] empfohlen.

Pos. 1: Die Sparren

System

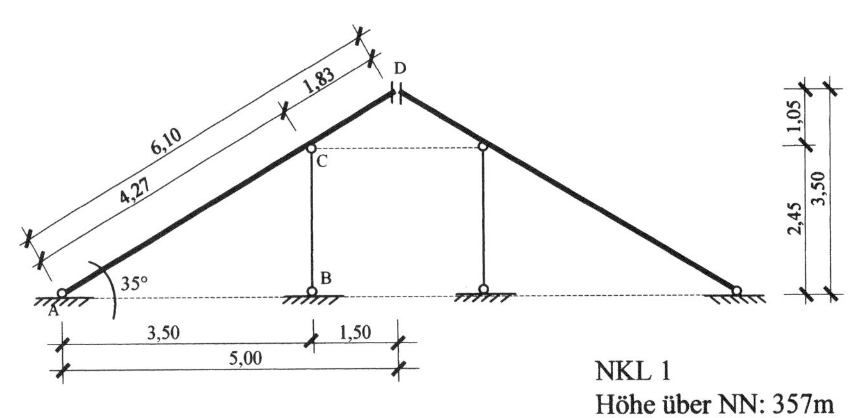

NKL 1

Höhe über NN: 357m

Einwirkungen

Ständige Einwirkungen — DIN 1055-1

Betondachsteine einschl. Lattung		0,60 kN/m² Dfl
Sparren und Pfetten		0,10 kN/m² Dfl
Summe ständiger Einwirkungen	G_k =	0,70 kN/m² Dfl
auf den Grundriss bezogen	$G'_k = 0{,}70/\cos 35° = 0{,}855 \approx$	0,86 kN/m² Gfl

Veränderliche Einwirkungen

Schneelast Zone 2, $H = 357$ m über NN, $\alpha = 35°$ — DIN 1055-5

$$s_k = 0{,}25 + 1{,}91 \cdot \left(\frac{357+140}{760}\right)^2 = 1{,}07 \text{ kN/m}^2;\ \mu_1 = 0{,}7;\ s'_k = \mu_1 \cdot s_k = 0{,}7 \cdot 1{,}07 = 0{,}75 \text{ kN/m}^2$$

Windlast $H < 8{,}00$ m (Höhe über Gelände) — DIN 1055-4

Staudruck $q = 0{,}5$ kN/m²

Sparren = Einzelbauteil ⇒ Erhöhung von w_D um 25 %

(wenn die Einzugsfläche < 15 % der Gesamtfläche)

Druckbeiwerte c_p: Winddruck $c_p = 0{,}5$

Windsog $c_p = -0{,}6$

Winddruck (Luvseite) $w_{D,k} = 1{,}25 \cdot 0{,}5 \cdot 0{,}5 = 0{,}31$ kN/m²

Windsog (Luv-/ Leeseite) $w_{S,k} = 0{,}6 \cdot 0{,}5 = 0{,}30$ kN/m²

Einzellast für Dächer (nach DIN 1055-3:2002-10, Tab.2)

V_k = 1,0 kN

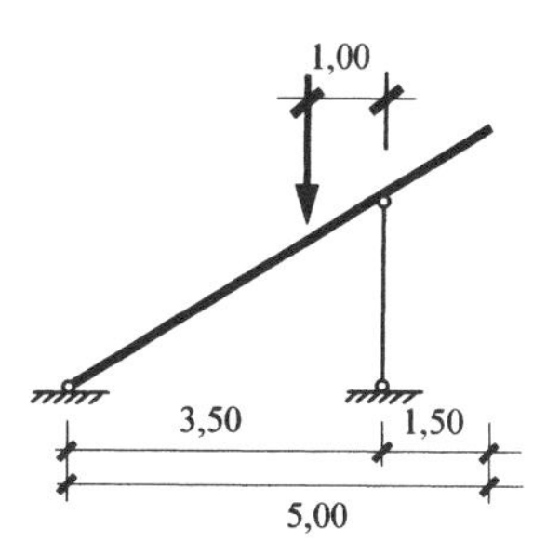

Zur Ermittlung der Auflagerkräfte wird die Resultierende der Gleichstreckenlast herangezogen.

Auflager- und Schnittgrößen für 1,0 m Belastungsbreite

Die Normalkraft N wird vernachlässigt.

Aus ständigen Einwirkungen

aus $\Sigma M_B = 0 \Rightarrow$ $A_{v,k}$ = 0,86 · 5,0 · 1,0 / 3,5 = 1,22 kN

aus $\Sigma M_A = 0 \Rightarrow$ $B_{v,k}$ = 0,86 · $5{,}0^2$ / (2 · 3,5) = 3,05 kN

$V_{A,k}$ = 1,22 · cos 35° = 1,00 kN

$V_{B,l,k}$ = 1,0 – 0,86 · 3,5 · cos 35 ° = –1,45 kN

$V_{B,r,k}$ = 0,86 · 1,5 · cos 35 ° = 1,05 kN

$M_{C,k}$ = – 0,86 · $1{,}5^2$ / 2 = – 0,96 kNm

$M_{F,k}$ = $A^2 / (2q)$ = $1{,}22^2$ / (2 · 0,86) = 0,87 kNm

Aus Schneebelastung

Umrechnungsfaktor gegenüber ständigen Einwirkungen

μ = 0,653 / 0,866 = 0,764

Aus Winddruck

aus $\Sigma H = 0 \Rightarrow$ $A_{h,k}$ = 0,31 · 3,5 = 1,09 kN

aus $\Sigma M_B = 0 \Rightarrow$ $A_{v,k}$ = (0,31 · $3{,}5^2$ / 2 – 0,31 · 5,0 · 1,0) / 3,5 = 0,10 kN

aus $\Sigma M_A = 0 \Rightarrow$ $B_{v,k}$ = 0,31 · $6{,}1^2$ / (2 · 3,5) = 1,65 kN

$V_{A,k}$ = 1,09 · sin 35° - 0,10 · cos 35° = 0,54 kN

$V_{B,l,k}$ = 0,54 – 0,31 · 4,27 = – 0,78 kN

$V_{B,r,k}$ = 0,31 · 1,83 = 0,57 kN

$M_{C,k}$ = – 0,31 · $1{,}83^2$ / 2 = – 0,52 kNm

max $M_{F,k}$ = $0{,}54^2$ / (2 · 0,31) = 0,47 kNm

Aus Windsog

Umrechnungsfaktor gegenüber Winddruck

μ = – 0,30 / 0,31 = – 0,97

Aus Personenlast *P* (nur maßgebend im Bereich des Kragarms)

$B_{v,k}$ = 1,0 · 5,0 / 3,5 = 1,43 kN

$V_{B,r,k}$ = 1,0 · cos 35 ° = 0,82 kN

$M_{C,k}$ = – 1,0 · 1,5 = – 1,50 kNm

Zusammenstellung der für die Bemessung erforderlichen Auflager- und Schnittgrößen

	Lastfall				Lastfallkombination				
	g	s	P	w	$1{,}35 \cdot g$	$1{,}35 \cdot g + 1{,}5 \cdot s$	$1{,}35 \cdot g + 1{,}5 \cdot P$	$1{,}35 \cdot g + 1{,}5 \cdot w$	$1{,}35 \cdot g + 1{,}35 \cdot s + 1{,}35 \cdot w$
M_F	0,87	0,67	-	0,47	1,18	2,18	-	1,88	2,71
M_C	− 0,96	− 0.73	− 1,50	− 0,52	− 1,30	− 2,40	− 3,55	− 2,08	− 2,98
B_v	3,05	2,33	1,43	1,65	4,12	7,61	6,26	6,59	9,49
				KLED	ständig	kurz	kurz	kurz	kurz
				k_{mod}	0,6	0,9	0,9	0,9	0,9
				$M_{C,d}/k_{mod}$	− 2,17		− 3,94		
				$B_{v,d}/k_{mod}$	6,87				10,55

Bemessung:

Gewählt: 80/140 NH C 24 $\qquad W_y = 261 \cdot 10^3\ \text{mm}^3 \qquad I_y = 1\,829 \cdot 10^4\ \text{cm}^4$

$M_{C,d} = -3{,}55$ kNm

$$\sigma_{m,d} = e \cdot \frac{M}{W} = 0{,}9 \cdot \frac{3{,}55 \cdot 10^6}{261 \cdot 10^3} = 12{,}2\ \text{N/mm}^2$$

$$f_{m,d} = \frac{k_{mod} \cdot f_{m,k}}{\gamma_M} = \frac{0{,}9 \cdot 24}{1{,}3} = 16{,}6\ \text{N/mm}^2$$

oder nach Abschnitt 2

$$f_{m,d} = 1{,}125 \cdot 14{,}8 = 16{,}6\ \text{N/mm}^2$$

$$\boxed{\frac{\sigma_{m,d}}{f_{m,d}} = \frac{12{,}2}{16{,}6} = 0{,}73 < 1}$$

Durchbiegung:

Bei einem Einfeldträger mit Kragarm, der durch eine Gleichstreckenlast belastet wird, ergibt sich die Durchbiegung an der Kragarmspitze zu 0, wenn das Verhältnis der Auskragungslänge zur Feldlänge, $\ell_k : \ell = 0{,}44$ beträgt. Deshalb werden bei üblichen Hausdächern Kraglängen von $\ell_k \approx (0{,}33 - 0{,}44) \cdot \ell$ gewählt, wobei $\ell_k \leq 2{,}0$ m betragen sollte.

Hier wird das Feld maßgebend, da $c_o = 1{,}83 < 0{,}44 \quad 4{,}27 = 1{,}88$ m

$g_{\perp,d} = \ e \cdot g \cdot \cos\alpha \ = 0{,}90 \cdot 0{,}7 \cdot \cos 35° \ = 0{,}52$ kN/m

Schnee und Wind können hier zusammengefasst werden, da die Lasteinwirkungsdauer für beide Einwirkungen „kurz“ und somit k_{def} für beide gleich ist. Auf den Beiwert ψ_0 wird, auf der sicheren Seite liegend, verzichtet.

$$w_{\text{g,inst}} = \frac{5 \cdot g_{\perp,\text{d}} \cdot \ell^4}{384 \cdot E_{0,\text{mean}} \cdot I} = \frac{5 \cdot 0{,}52 \cdot 4270^4}{384 \cdot 11000 \cdot 1829 \cdot 10^4} = 11{,}2\,\text{mm}$$

$q_{\perp,\text{d}} = e \cdot (s \cdot \cos^2\alpha + w_\text{D}) = 0{,}90 \cdot (0{,}653 \cdot \cos^2 35° + 0{,}31)$ $= 0{,}748$ kN/m

Seltene Bemessungssituation

$$w_{\text{q,inst}} = \frac{5 \cdot q_{\perp,\text{d}} \cdot \ell^4}{384 \cdot E_{0,\text{mean}} \cdot I} = \frac{5 \cdot 0{,}844 \cdot 4270^4}{384 \cdot 11000 \cdot 1829 \cdot 10^4} = 18{,}2\,\text{mm}$$

$$\frac{w_{\text{q,inst}}}{w_{\text{q,inst,req}}} = \frac{18{,}2}{\frac{4270}{300}} = 1{,}28 > 1$$

$k_{\text{def}} = 0 \;\Rightarrow\; w_{\text{q,fin}} = w_{\text{q,inst}}$

$w_{\text{fin}} = w_{\text{g,inst}} \cdot (1 + k_{\text{def}}) + w_{\text{q,inst}} \cdot (1 + \psi_2 \cdot k_{\text{def}}) = 11{,}2 \cdot (1 + 0{,}6) + 18{,}2 \cdot (1 + 0{,}8 \cdot 0) = 36{,}1$ mm

$$\frac{w_{\text{fin}}}{w_{\text{fin,req}}} = \frac{3{,}61}{\frac{4270}{200}} = 1{,}69 > 1$$

$\Rightarrow$ der Querschnitt muss vergrößert werden: neu gewählt 80/180 $I_y = 3\,888 \cdot 10^4$ mm^4

$$w_{\text{fin}} = 36{,}1 \cdot \frac{1829 \cdot 10^4}{3888 \cdot 10^4} = 17{,}0\,\text{mm}$$

$$\frac{w_{\text{fin}}}{w_{\text{fin,req}}} = \frac{17{,}0}{\frac{4270}{200}} = 0{,}80 < 1$$

Endgültig gewählt: 80/180 NH C 24

Pos. 2: Die Mittelpfetten

System

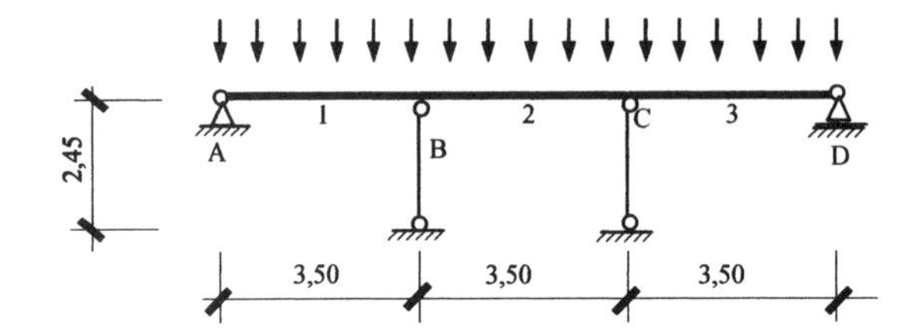

Einwirkungen

Ständige Einwirkungen (siehe Pos. 1)

aus den Sparren g_k = 3,05 kN/m

Veränderliche Einwirkungen

aus Schnee auf den Sparren s_k = 2,33 kN/m

aus Wind auf den Sparren 1,65·1,00/1,25 = w_k = 1,32 kN/m

(Erhöhung des Windlastanteils muss hier nicht mehr brücksichtigt werden)

Auflager- und Schnittgrößen

Aus ständigen Einwirkungen

$A_{v,k}$ = 0,40 · 3,05 · 3,50 = 4,27 kN

$B_{v,k}$ = 1,099 · 3,05 · 3,50 = 11,73 kN

max V_k = 0,599 · 3,05 · 3,50 = 6,39 kN

max $M_{1,k}$ = 0,080 · 3,05 · 3,50^2 = 2,99 kNm

$M_{B,k}$ = - 0,100 · 3,05 · 3,50^2 = 3,74 kNm

Aus Schnee

$A_{v,k}$ = 0,40 · 2,33 · 3,50 = 3,26 kN

$B_{v,k}$ = 1,099 · 2,33 · 3,50 = 8,96 kN

max V_k = 0,599 · 2,33 · 3,50 = 4,88 kN

max M_1 = 0,080 · 2,33 · 3,50^2 = 2,28 kNm

$M_{B,k}$ = – 0,100 · 2,33 · 3,50^2 = – 2,85 kNm

Aus Wind

$A_{v,k}$ = 0,40 · 1,32 · 3,50 = 1,85 kN

$B_{v,k}$ = 1,099 · 1,32 · 3,50 = 5,08 kN

max V_k = 0,599 · 1,32 · 3,50 = 2,77 kN

max $M_{1,k}$ = 0,080 · 1,32 · 3,502 = 1,30 kNm

$M_{B,k}$ = – 0,100 · 2,13 · 3,50^2 = – 1,62 kNm

Zusammenstellung der für die Bemessung erforderlichen Auflager- und Schnittgrößen für die Bemessung nach DIN 1052

	Lastfall				Lastfallkombination		
	g	s	w	$1{,}35 \cdot g$	$1{,}35 \cdot g + 1{,}5 \cdot s$	$1{,}35 \cdot g + 1{,}5 \cdot w$	$1{,}35 \cdot g + 1{,}35 \cdot s + 1{,}35 \cdot w$
M_1	2,99	2,28	1,30	4,04	7,46	5,99	8,87
M_B	– 3,74	– 2,85	– 1,62	– 5,05	– 9,32	– 7,48	– 11,08
B	11,73	8,96	5,08	15,84	29,28	23,46	34,79
max V	6,39	4,88	2,77	8,63	15,95	12,78	18,95
			KLED	ständig	kurz	kurz	kurz
			k_{mod}	0,6	0,9	0,9	0,9
			B_d / k_{mod}	26,40			38,65
			M_B / k_{mod}	8,41			12,31

Bemessung:

Gewählt: 120/180 GL 24h

$$A = 216 \cdot 10^2 \text{ mm}^2 \qquad W_y = 648 \cdot 10^3 \text{ mm}^3 \qquad I_y = 5\,832 \cdot 10^4 \text{ mm}^4$$

$$M_{B,d} = -11{,}08 \text{ kNm}$$

$$\sigma_{m,d} = \frac{M_d}{W} = \frac{11{,}08 \cdot 10^6}{648 \cdot 10^3} = 17{,}1 \text{ N/mm}^2 \qquad f_{m,d} = \frac{k_{mod} \cdot f_{m,0,k}}{\gamma_M} = \frac{0{,}9 \cdot 24}{1{,}3} = 16{,}6 \text{ N/mm}^2$$

$$\boxed{\frac{\sigma_{m,d}}{f_{m,d}} = \frac{17{,}1}{16{,}6} = 1{,}03 > 1}$$

neu gewählt: 120/200

$$A = 240 \cdot 10^2 \text{ mm}^2 \qquad W_y = 800 \cdot 10^3 \text{ mm}^3 \qquad I_y = 8\,000 \cdot 10^4 \text{ mm}^4$$

$$\sigma_{m,d} = \frac{M_d}{W} = \frac{11{,}08 \cdot 10^6}{800 \cdot 10^3} = 13{,}9 \text{ N/mm}^2$$

$$\boxed{\frac{\sigma_{m,d}}{f_{m,d}} = \frac{13{,}9}{16{,}6} = 0{,}84 < 1}$$

$$\tau_d = 1{,}5 \cdot \frac{V}{A} = 1{,}5 \cdot \frac{18{,}95 \cdot 10^3}{240 \cdot 10^2} = 1{,}2 \text{ N/mm}^2 \qquad f_{v,d} = \frac{0{,}9 \cdot 2{,}5}{1{,}3} = 1{,}7 \text{ N/mm}^2$$

$$\boxed{\frac{\tau_d}{f_{v,d}} = \frac{1{,}2}{1{,}7} = 0{,}71 < 1}$$

Auflagerpressung über der Stütze 120/120

$B_d = 34{,}79$ kN

$$\Rightarrow \sigma_{c,90,d} = \frac{34{,}79 \cdot 10^3}{(144 + 2 \cdot 3 \cdot 12) \cdot 10^2} = 1{,}6\,\text{N/mm}^2 \qquad f_{c,90,d} = \frac{0{,}9 \cdot 2{,}5}{1{,}3} = 1{,}7\,\text{N/mm}^2$$

$k_{c,90} = 1{,}5$

$$\frac{\sigma_{c,90,d}}{k_{c,90} \cdot f_{c,90,d}} = \frac{1{,}6}{1{,}5 \cdot 1{,}7} = 0{,}63 < 1$$

Durchbiegung:

$g_d = 3{,}05$ kN/m $\qquad s_d + w_d = 2{,}33 + 1{,}65 = 3{,}98$ kN/m

Schnee und Wind können hier zusammengefasst werden, da die Lasteinwirkungsdauer für beide Einwirkungen „kurz“ und somit k_{def} für beide gleich ist.

$$w_{g,inst} = \frac{0{,}0068 \cdot 3{,}05 \cdot 3500^4}{11600 \cdot 8000 \cdot 10^4} = 3{,}4\,\text{mm} \qquad w_{g,inst} = \frac{0{,}0068 \cdot 3{,}98 \cdot 3500^4}{11600 \cdot 8000 \cdot 10^4} = 4{,}4\,\text{mm}$$

$$\frac{w_{q,inst}}{w_{q,inst,req}} = \frac{4{,}4}{\frac{3500}{300}} = 0{,}38 < 1$$

$k_{def} = 0 \;\Rightarrow\; w_{q,fin} = w_{q,inst}$

$w_{fin} = w_{g,inst} \cdot (1 + k_{def}) + w_{q,inst} \cdot (1 + \psi_2 \cdot k_{def}) = 3{,}4 \cdot (1 + 0{,}6) + 4{,}4 \cdot (1 + 0) = 9{,}8$ mm

$$\frac{w_{fin}}{w_{fin,req}} = \frac{9{,}8}{\frac{3500}{200}} = 0{,}56 < 1$$

1.7.3 Durchlaufträger mit gleichen Stützweiten und Gleichstreckenlast

System, Lastfall	max. Durchbiegung max f =			erf I =		
	allgemein	Stahl	Nadelholz*)	Stahl	Nadelholz*)	
				$l/300$	$l/200$	$l/300$
g	0,0054 g	0,257 g	5,4 g	0,771 g	10,8 g	16,2 g
p	0,0092 p	0,438 p	9,2 p	1,314 p	18,4 p	27,6 p
g	0,0068 g	0,324 g	6,8 g	0,971 g	13,6 g	20,4 g
p p	0,0099 p	0,471 p	9,9 p	1,414 p	19,8 p	29,7 p
p	0,0068 p	0,321 p	6,8 p	0,964 p	13,5 p	20,3 p
g	0,0065 g	0,310 g	6,5 g	0,929 g	13,0 g	19,5 g
p p	0,0097 p	0,462 p	9,7 p	1,386 p	19,4 p	29,1 p
	$\cdot l^4/EI$	$\cdot l^4/I$	$\cdot l^4/I$	$\cdot l^3$	$\cdot l^3$	$\cdot l^3$
		f in cm; g, p in kN/m; l in m; I in cm^4				

*) Für $E_{||}$ = 10 000 N/mm² bzw. mit $E_{0,mean}$ = 10 000 N/mm²; siehe auch Fußnote auf

Aus [16].

Pos. 3: Die Stützen

System

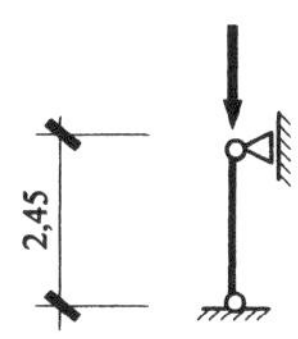

Einwirkungen

Ständige Einwirkungen (siehe Pos. 2)

aus den Sparren G_k = 11,73 kN

Veränderliche Einwirkungen

aus Schnee S_k = 8,96 kN

aus Wind W_k = 5,08 kN

Bemessung:

$F_d = \gamma_G \cdot G + 1{,}35 \cdot (S + W) = 1{,}35 \cdot 11{,}73 + 1{,}35 \cdot (8{,}96 + 5{,}08) = 34{,}79$ kN

$\beta_c = 0{,}1$ (für BSH)

$$\lambda_{rel,c} = \frac{l_{ef}}{\pi \cdot i} \cdot \sqrt{\frac{f_{c,0,k}}{E_{0,05}}} = \frac{245 \cdot \sqrt{12}}{\pi \cdot 12} \cdot \sqrt{\frac{2{,}4}{\frac{5}{6} \cdot 1160}} = 1{,}12$$

$$k = 0{,}5\,[1 + \beta_c\,(\lambda_{rel,c} - 0{,}3) + \lambda^2_{rel,c}] = 0{,}5\,[1 + 0{,}1(1{,}12 - 0{,}3) + 1{,}12^2] = 1{,}17$$

$$k_c = \frac{1}{k + \sqrt{k^2 - \lambda^2_{rel,c}}} = \frac{1}{1{,}17 + \sqrt{1{,}17^2 - 1{,}12^2}} = 0{,}66$$

oder: $k_c = 0{,}664$ aus Tabelle 9.1

$$\sigma_{c,0,d} = \frac{F_d}{A} = \frac{34{,}79 \cdot 10^3}{144 \cdot 10^2} = 2{,}4 \text{ N/mm}^2$$

$k_{mod} = 0{,}9$ (für KLED kurz)

$$f_{c,0,d} = \frac{0{,}9 \cdot 24}{1{,}3} = 16{,}6 \text{ N/mm}^2$$

$$\boxed{\frac{\sigma_{c,0,d}}{k_c \cdot f_{c,0,d}} = \frac{2{,}4}{0{,}66 \cdot 16{,}6} = 0{,}22 < 1}$$

14.3 Die Decke über dem Erdgeschoss

Pos. 4: Die Holzbalkendecke

System:

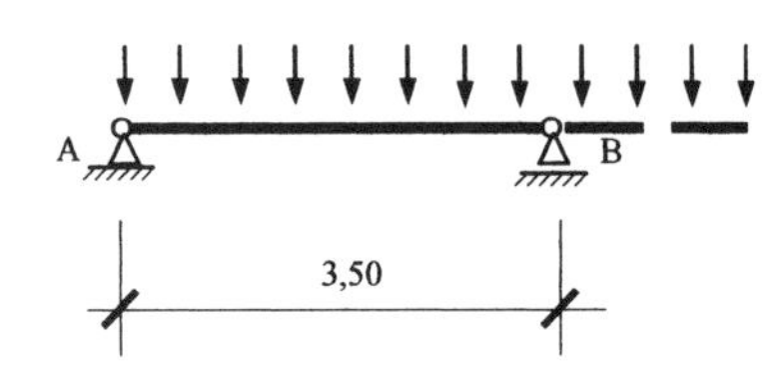

Einwirkungen

Ständige Einwirkungen

Belag	≈ 0,15 kN/m²
Estrich 0,05·23,0	= 1,15 kN/m²
Trittschalldämmmatte	≈ 0,05 kN/m²
Holzwerkstoffplatte	≈ 0,20 kN/m²
Eigengewicht der Balken	≈ 0,15 kN/m²
Summe ständiger Einwirkungen	g_k = 1,70 kN/m²

Veränderliche Einwirkungen

Nutzlast (Querverteilung nicht möglich !!)	= 2,00 kN/m²
Zuschlag für leichte Trennwände (für den späteren Ausbau)	= 0,80 kN/m²
Summe veränderlicher Einwirkungen	q_k = 2,80 kN/m²

Auflager- und Schnittgrößen

Aus ständigen Einwirkungen

$A_{v,k}$ = 1,70·3,50/2 = 2,98 kN

$B_{v,k}$ = 1,70·(3,50+3,00)/2 = 5,53 kN

max V_k = 1,70·3,50/2 = 2,98 kN

max M_k = 1,70·3,50²/8 = 2,60 kNm

Aus veränderlichen Einwirkungen

$A_{v,k}$ = 2,80·3,50/2 = 4,90 kN

$B_{v,k}$ = 2,80·(3,50+3,00)/2 = 9,10 kN

max V_k = 2,80·3,50/2 = 4,90 kN

max M_k = 2,80·3,50²/8 = 4,29 kNm

Bemessung:

Gewählt: 100/200 NH C 24

$A = 200 \cdot 10^2\ \text{mm}^2 \quad W_y = 666 \cdot 10^3\ \text{mm}^3 \quad I_y = 6\,666 \cdot 10^4\ \text{mm}^4$

$M_d = 1{,}35 \cdot 2{,}60 + 1{,}5 \cdot 4{,}29 = 9{,}95\ \text{kNm} \qquad V_d = 1{,}35 \cdot 2{,}98 + 1{,}5 \cdot 4{,}90 = 11{,}37\ \text{kN}$

$$\sigma_{m,d} = e \cdot \frac{M_d}{W} = 0{,}9 \cdot \frac{9{,}95 \cdot 10^6}{666 \cdot 10^3} = 13{,}4\ \text{N/mm}^2 \qquad f_{m,d} = \frac{k_{mod} \cdot f_{m,k}}{\gamma_M} = \frac{0{,}8 \cdot 24}{1{,}3} = 14{,}8\ \text{N/mm}^2$$

$$\boxed{\frac{\sigma_{m,d}}{f_{m,d}} = \frac{13{,}4}{14{,}8} = 0{,}91 < 1}$$

$$\tau_{v,d} = e \cdot 1.5 \cdot \frac{V_d}{A} = 0{,}9 \cdot 1{,}5 \cdot \frac{11{,}37 \cdot 10^3}{200 \cdot 10^2} = 0{,}77\ \text{N/mm}^2 \qquad f_{v,d} = \frac{0{,}8 \cdot 2{,}0}{1{,}3} = 1{,}23\ \text{N/mm}^2$$

$$\boxed{\frac{\tau_d}{f_{v,d}} = \frac{0{,}77}{1{,}23} = 0{,}63 < 1}$$

Durchbiegung:

Für die seltene Bemessungssituation

$$w_{g,inst} = 0{,}9 \cdot \frac{5 \cdot g_d \cdot l^4}{384 \cdot E_{0,mean} \cdot I} = 0{,}9 \cdot \frac{5 \cdot 1{,}70 \cdot 3500^4}{384 \cdot 11000 \cdot 6666 \cdot 10^4} = 4\ \text{mm}$$

$$w_{q,inst} = 0{,}9 \cdot \frac{5 \cdot q_d \cdot l^4}{384 \cdot E_{0,mean} \cdot I} = 0{,}9 \cdot \frac{5 \cdot 2{,}80 \cdot 3500^4}{384 \cdot 11000 \cdot 6666 \cdot 10^4} = 7\ \text{mm}$$

$$\boxed{\frac{w_{q,inst}}{w_{q,inst,req}} = \frac{7}{\frac{3500}{300}} = 0{,}60 < 1{,}0}$$

Für die quasi-ständige Bemessungssituation

$k_{def} = 0{,}60; \quad \psi_2 = 0{,}3$

$w_{fin} = w_{g,inst} \cdot (1 + k_{def}) + w_{q,inst} \cdot (1 + \psi_2 \cdot k_{def}) = 4 \cdot (1+0{,}6) + 7 \cdot (1+0.3 \cdot 0{,}60) = 15\ \text{mm}$

$$\boxed{\frac{w_{fin}}{w_{fin,req}} = \frac{15}{\frac{3500}{200}} = 0{,}86 < 1}$$

Schwingungsnachweis: **DIN 1052, 9.3 (2)**

$w_{g,inst} + \psi_2 \cdot w_{q,inst} = 4 + 0{,}3 \cdot 7 = 6{,}1\ \text{mm}$

$$\boxed{\frac{6{,}1}{6} = 1{,}02 \approx 1}$$

Alternative in Brettsperrholz

System:

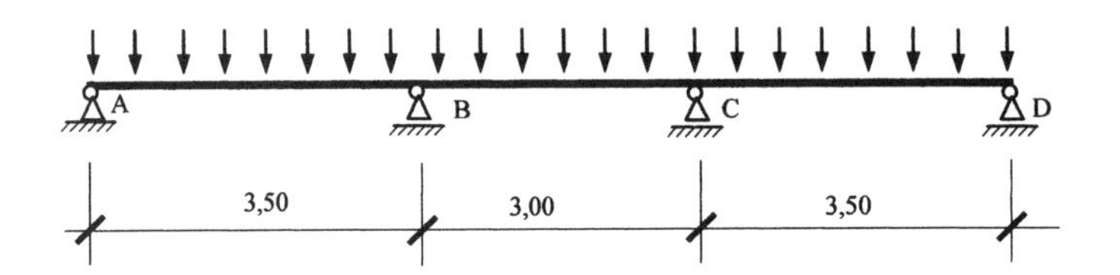

Einwirkungen

Ständige Einwirkungen

Belag	$\approx 0{,}15$ kN/m²
Estrich $0{,}05 \cdot 23{,}0$	$= 1{,}15$ kN/m²
Trittschalldämmmatte	$\approx 0{,}05$ kN/m²
Eigengewicht der Brettsperrholzplatte $\approx 0{,}18 \cdot 5$	$= 0{,}09$ kN/m²
Gipskartonplatte $\approx 0{,}09 \cdot 1{,}25$	$= 0{,}11$ kN/m²
Summe ständiger Einwirkungen	$g_k = 1{,}55$ kN/m²

Veränderliche Einwirkungen

Nutzlast (Querverteilung möglich !!) $= 1{,}50$ kN/m²	
Zuschlag für leichte Trennwände (für den späteren Ausbau)	$= 0{,}80$ kN/m²
Summe veränderlicher Einwirkungen	$q_k = 2{,}30$ kN/m²

Auflager- und Schnittgrößen pro m

(Wurden mit einem Durchlaufträgerprogramm ermittelt.)

aus ständigen Einwirkungen

$A_{v,k}$	=	2,23 kN
$B_{v,k}$	=	5,52 kN
max V_k	=	3,20 kN
max $M_{1,k}$	=	1,60 kNm
min $M_{S,k}$	=	-1,69 kNm

aus veränderlichen Einwirkungen

max $A_{v,k}$	=	4,90 kN
max $B_{v,k}$	=	9,10 kN
max V_k	=	4,90 kN
max $M_{1,k}$	=	2,79 kNm
min $M_{S,k}$	=	-2,97 kNm

Bemessung:

Gewählt: MERK-Dickholz Lenoplan 125 mm

$A = 1\,250 \cdot 10^2$ mm² $W_y = 2\,604 \cdot 10^3$ mm³ $I_y = 16\,276 \cdot 10^4$ mm⁴

$M_{1,d} = 1{,}35 \cdot 1{,}69 + 1{,}5 \cdot 2{,}97 = 6{,}74\,\text{kNm}$ $V_d = 1{,}35 \cdot 3{,}20 + 1{,}5 \cdot 4{,}90 = 11{,}67\,\text{kN}$

$$\sigma_{m,d} = \frac{M_d}{W} = \frac{6{,}74 \cdot 10^6}{2604 \cdot 10^3} = 2{,}59\ \text{N/mm}^2 \qquad f_{m,d} = \frac{k_{mod} \cdot f_{m,k}}{\gamma_M} = \frac{0{,}8 \cdot 19{,}66}{1{,}3} = 12{,}1\,\text{N/mm}^2$$

$$\boxed{\frac{\sigma_{m,d}}{f_{m,d}} = \frac{2{,}59}{12{,}1} = 0{,}21 < 1}$$

$$\tau_{v,d} = 1.5 \cdot \frac{V_d}{A} = 1{,}5 \cdot \frac{11{,}67 \cdot 10^3}{1250 \cdot 10^2} = 0{,}14\ \text{N/mm}^2 \qquad f_{v,d} = \frac{0{,}8 \cdot 0{,}85}{1{,}3} = 0{,}52\ \text{N/mm}^2$$

$$\boxed{\frac{\tau_d}{f_{v,d}} = \frac{0{,}14}{0{,}52} = 0{,}27 < 1}$$

Durchbiegungen: (Wurden mit einem Durchlaufträgerprogramm ermittelt.)

$w_{g,inst} = 1{,}2\,\text{mm}$

$w_{q,inst} = 2{,}3\,\text{mm}$

Für die seltene Bemessungssituation

$$\boxed{\frac{w_{q,inst}}{w_{q,inst,req}} = \frac{2{,}3}{\frac{3500}{300}} = 0{,}20 < 1{,}0}$$

Für die quasi-ständige Bemessungssituation

$k_{def} = 0{,}60$; $\psi_2 = 0{,}3$

$$w_{fin} = w_{g,inst} \cdot (1 + k_{def}) + w_{q,inst} \cdot (1 + \psi_2 \cdot k_{def}) = 1{,}2 \cdot (1 + 0{,}6) + 2{,}3 \cdot (1 + 0.3 \cdot 0{,}60) = 4{,}6\ \text{mm}$$

$$\boxed{\frac{w_{fin}}{w_{fin,req}} = \frac{4{,}6}{\frac{3500}{200}} = 0{,}26 < 1}$$

Schwingungsnachweis: DIN 1052, 9.3 (2)

$$w_{g,inst} + \psi_2 \cdot w_{q,inst} = 1{,}2 + 0{,}3 \cdot 2{,}3 = 1{,}9\ \text{mm}$$

$$\boxed{\frac{1{,}9}{6} = 0{,}32 < 1}$$

Pos. 5: Die Unterzüge

System

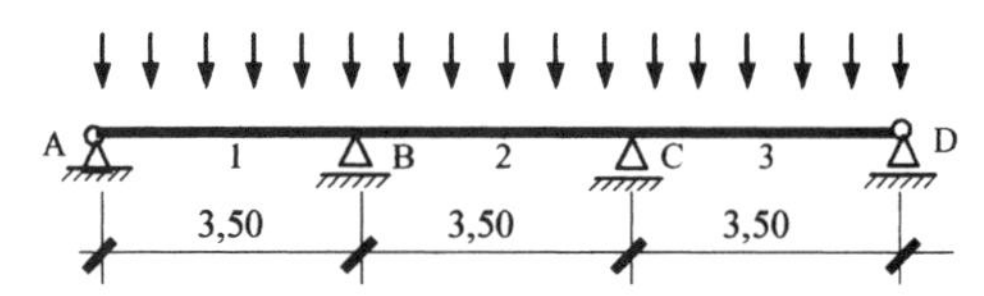

Einwirkungen

Ständige Einwirkungen

Deckenbalken	1,70·(3,00+3,50)/2	=5,53 kN/m
Eigengewicht des Unterzuges aus BSH		≈ 0,25 kN/m
Summe ständiger Einwirkungen		g_k = 5,78 kN/m

Veränderliche Einwirkungen

Verkehrslast + leichte Trennwände

(1,50+0,80)·(3,00+3,50)/2 q_k = 7,48 kN/m

Auflager- und Schnittgrößen

Aus ständigen Einwirkungen

A_v	=	D_v	=	0,40·5,78·3,50	=	8,09 kN
B_v	=	C_v	=	1,10·5,78 ·3,50	=	22,25 kN
$V_{b,li}$	=	$-V_{c,re}$	=	– 0,60·5,78·3,50	=	– 12,14 kN
$V_{b,re}$	=	$V_{c,li}$	=	0,50·5,78·3,50	=	10,12 kN
M_1	=	M_3	=	$0{,}080 \cdot 5{,}78 \cdot 3{,}50^2$	=	5,66 kNm
M_2	=			$0{,}025 \cdot 5{,}78 \cdot 3{,}50^2$	=	1,75 kNm
M_B	=	M_C	=	$-0{,}100 \cdot 5{,}78 \cdot 3{,}50^2$	=	– 7,08 kNm

Aus veränderlichen Einwirkungen

(Die veränderlichen Einwirkungen aus Verkehr müssen so angeordnet werden, dass sich die jeweils max./min. Schnittgrößen ergeben.)

max A_v	=	max D_v	=	0,450·7,48·3,50	=	11,78 kN
max B_v	=	max C_v	=	1,20·7,48 ·3,50	=	31,42 kN
min $V_{b,li}$	=	max $V_{c,re}$	=	– 0,617·7,48·3,50	=	– 15,97 kN
max $V_{b,re}$	=	min $V_{c,li}$	=	0,583·7,48·3,50	=	15,26 kN
max M_1	=	max M_3	=	$0{,}101 \cdot 7{,}48 \cdot 3{,}50^2$	=	9,25 kNm
max M_2	=			$0{,}075 \cdot 7{,}48 \cdot 3{,}50^2$	=	6,87 kNm
min M_B	=	min M_C	=	$-0{,}117 \cdot 7{,}48 \cdot 3{,}50^2$	=	–10,72 kNm

Bemessung:

Gewählt: 160/300 GL 24h

$A = 480 \cdot 10^2\ \text{mm}^2 \qquad W_y = 2\,400 \cdot 10^3\ \text{mm}^3 \qquad I_y = 36\,000 \cdot 10^4\ \text{mm}^4$

$$\max M_{1,d} = \max M_{3,d} = 1{,}35 \cdot 5{,}66 + 1{,}5 \cdot 9{,}25 = 21{,}52\ \text{kNm}$$

$$\min M_{B,d} = \min M_{C,d} = -1{,}35 \cdot 7{,}08 - 1{,}5 \cdot 10{,}72 = -25{,}64\text{kNm}$$

$$\max V_{b,li,d} = \max V_{c,re,d} = -1{,}35 \cdot 12{,}14 - 1{,}5 \cdot 15{,}97 = -40{,}34\ \text{kN}$$

$$\sigma_{m,d} = \frac{M_d}{W} = \frac{25{,}64 \cdot 10^6}{2400 \cdot 10^3} = 10{,}7\ \text{N/mm}^2 \qquad f_{m,d} = \frac{k_{mod} \cdot f_{m,k}}{\gamma_M} = \frac{0{,}8 \cdot 24}{1{,}3} = 14{,}8\,\text{N/mm}^2$$

$$\boxed{\frac{\sigma_{m,d}}{f_{m,d}} = \frac{10{,}7}{14{,}8} = 0{,}72 < 1}$$

$$\tau_d = 1{,}5 \cdot \frac{V}{A} = 1{,}5 \cdot \frac{40{,}34 \cdot 10^3}{480 \cdot 10^2} = 1{,}3\ \text{N/mm}^2 \qquad f_{v,d} = \frac{0{,}8 \cdot 2{,}5}{1{,}3} = 1{,}5\,\text{N/mm}^2$$

$$\boxed{\frac{\tau_d}{f_{v,d}} = \frac{1{,}3}{1{,}5} = 0{,}87 < 1}$$

Durchbiegung:

Auf detaillierte Nachweise wird hier verzichtet.*)
Wichtig für die Nachweise ist die richtige Lastanordnung, d.h. die Lastanordnung bei der sich die größten Durchbiegungen ergeben z.B. für die größten Durchbiegungen in den Feldern 1 und 3:

Ständige Einwirkungen:

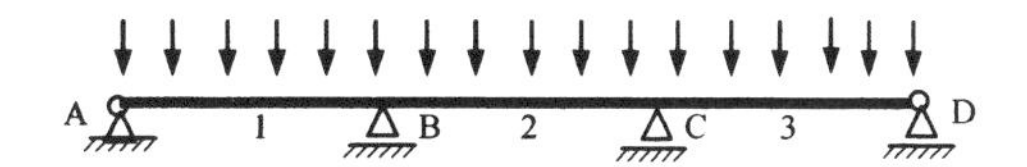

Einwirkungen aus Nutzlasten:

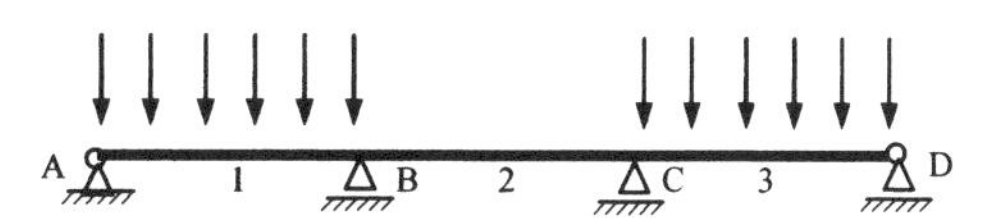

*) Am Einfeldträger würde sich ergeben für die quasi-ständige Bemessungssituation

$$w_{g,inst} = \frac{5 \cdot g_d \cdot l^4}{384 \cdot E_{0,mean} \cdot I} = \frac{5 \cdot 5{,}78 \cdot 3500^4}{384 \cdot 11600 \cdot 36000 \cdot 10^4} = 2{,}7\,\text{mm}$$

$$w_{q,inst} = \frac{5 \cdot q_d \cdot l^4}{384 \cdot E_{0,mean} \cdot I} = \frac{5 \cdot 7{,}48 \cdot 3500^4}{384 \cdot 11600 \cdot 36000 \cdot 10^4} = 3{,}5\,\text{mm}$$

$k_{def} = 0{,}60$; $\psi_2 = 0{,}3$

$w_{fin} = w_{g,inst} \cdot (1 + k_{def}) + \psi_2 \cdot w_{q,inst} \cdot (1 + k_{def}) = 2{,}7 \cdot (1+0{,}6) + 0.3 \cdot 3{,}5 \cdot (1+0{,}60) = 6{,}0$ mm

$$\frac{w_{fin}}{w_{fin,req}} = \frac{8{,}5}{\frac{3500}{200}} = 0{,}49 < 1$$

14.4 Die Abtragung von Horizontallasten

Pos 6.: Nachweise einer Giebelwandtafel

Aufbau:

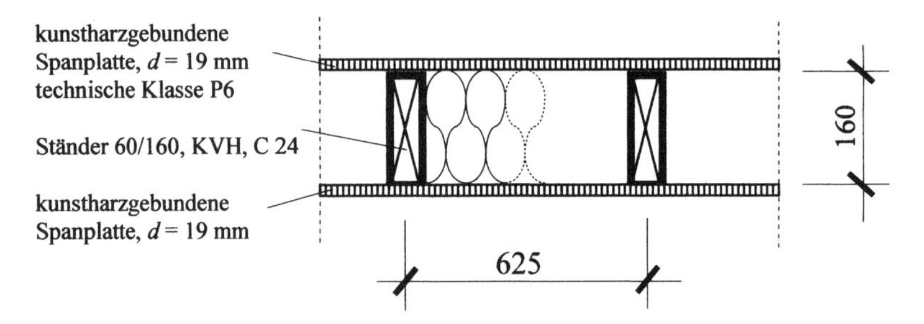

Wind in Gebäudelängsrichtung: (Beanspruchung auf Biegung)

System

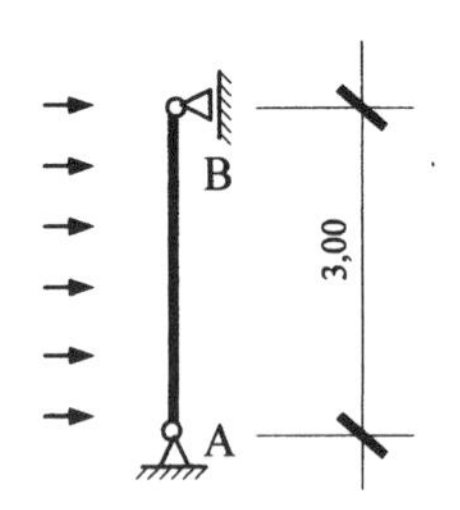

Einwirkungen

Winddruck:(Höhe über Gelände < 8m) $w_{D,k} = q \cdot c_p = 0{,}5 \cdot 0{,}8$ $= 0{,}40$ kN/m²

Windsog: $w_{S,k} = 0{,}5 \cdot 0{,}5$ $= 0{,}25$ kN/m²

Bemessungswert für Winddruck: $w_{D,d} = 1{,}25 \cdot 1{,}5 \cdot 0{,}40$ $= 0{,}75$ kN/m²

KLED = kurz ; NKL 1; $\Rightarrow k_{mod} = 0{,}9$

Das Eigengewicht der Wände kann vernachlässigt werden.

Auflager- und Schnittgrößen [pro m]

$A = B$	$= 0{,}75 \cdot 3{,}00/2$	$= 1{,}13$ kN
max M	$= 0{,}75 \cdot 3{,}00^2/8$	$= 0{,}84$ kNm

Bemessung

Gewählt: 60/160 NH C 24

$A = 96 \cdot 10^2$ mm² $\quad W_y = 256 \cdot 10^3$ mm³ $\quad I_y = 2\,048 \cdot 10^4$ mm⁴

$$\sigma_{m,d} = e \cdot \frac{M}{W} = 0{,}625 \cdot \frac{0{,}84 \cdot 10^6}{256 \cdot 10^3} = 2{,}1\ \text{N/mm}^2 \qquad f_{m,d} = \frac{0{,}9 \cdot 24}{1{,}3} = 16{,}6\ \text{N/mm}^2$$

$$\boxed{\frac{\sigma_{m,d}}{f_{m,d}} = \frac{2{,}1}{16{,}6} = 0{,}13 < 1}$$

Wind in Gebäudequerrichtung: (Beanspruchung als Scheibe)

System

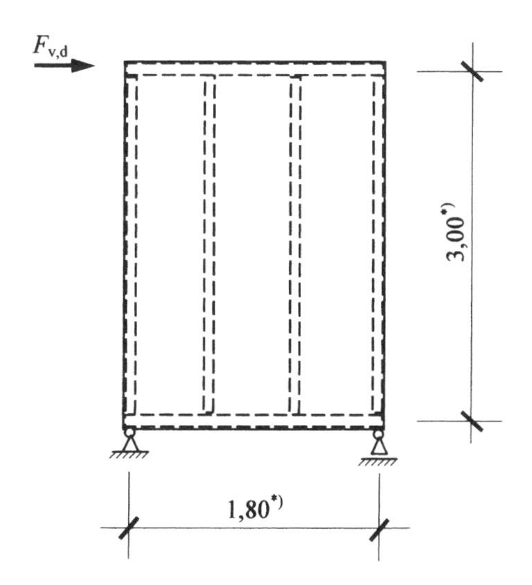

*) Systemmaße

Windlasten: (Quer-Ansicht) DIN 1055-4

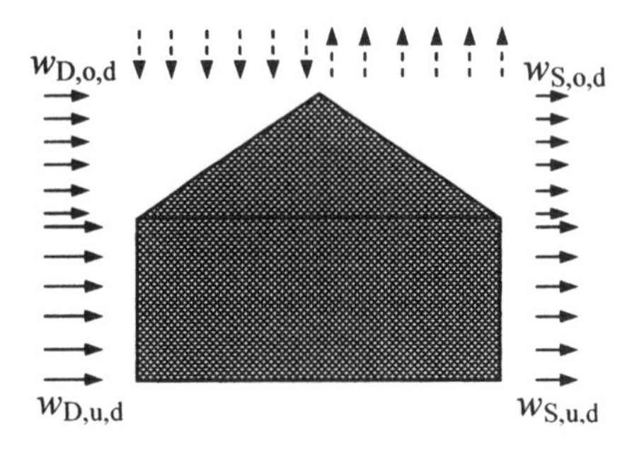

$w_{D,o,d} = 1{,}5 \cdot 0{,}5 \cdot 0{,}5 = 0{,}38 \text{ kN/m}^2$
$w_{D,u,d} = 1{,}5 \cdot 0{,}8 \cdot 0{,}5 = 0{,}60 \text{ kN/m}^2$
$w_{S,o,d} = 1{,}5 \cdot 0{,}6 \cdot 0{,}5 = 0{,}45 \text{ kN/m}^2$
$w_{S,u,d} = 1{,}5 \cdot 0{,}5 \cdot 0{,}5 = 0{,}38 \text{ kN/m}^2$

Lasteinzugsflächen: (Längs-Ansicht)

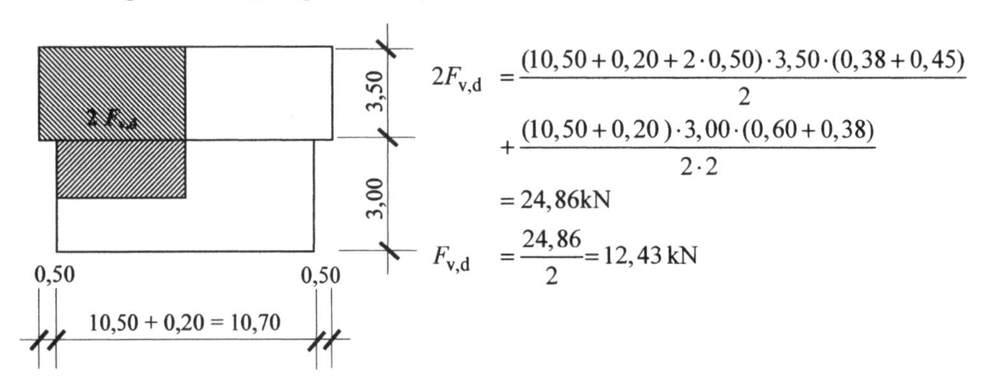

$$2F_{v,d} = \frac{(10{,}50 + 0{,}20 + 2 \cdot 0{,}50) \cdot 3{,}50 \cdot (0{,}38 + 0{,}45)}{2} + \frac{(10{,}50 + 0{,}20) \cdot 3{,}00 \cdot (0{,}60 + 0{,}38)}{2 \cdot 2} = 24{,}86\text{kN}$$

$$F_{v,d} = \frac{24{,}86}{2} = 12{,}43 \text{ kN}$$

Nachweis der Verbindungsmittel:

Glattschaftige Nägel 3,1 x 70, nicht vorgebohrt, alle 100 mm.

Lochleibungsfestigkeit für kunstharzgebundene Spanplatten:

$$f_{h,0,k} = 65 \cdot d^{-0,7} \cdot t^{0,1} = 65 \cdot 3{,}1^{-0,7} \cdot 19^{0,1} = 39{,}5 \text{ N/mm}^2$$

$$M_{y,k} = 0{,}3 f_{u,k} \cdot d^{2,6} = 0{,}3 \cdot 600 \cdot 3{,}1^{2,6} = 3410 \text{ Nmm}$$

$$t_{req} = 7 \cdot d = 7 \cdot 3{,}1 = 21{,}7 \text{ mm} > 19 \text{ mm}$$

$$R_k = \frac{t}{t_{req}} \cdot A \cdot \sqrt{2M_{y,k} \cdot f_{h,0,k} \cdot d} = \frac{19}{21{,}7} \cdot 0{,}8 \cdot \sqrt{2 \cdot 3410 \cdot 39{,}5 \cdot 3{,}1} = 640 \text{ N}$$

$$R_d = \frac{0{,}85 \cdot 640}{1{,}1} = 494 \text{ N}$$

Beidseitig beplankt!

$$F_{c,d} = 0{,}67 \cdot F_{v,d} \cdot \frac{h_S}{b_S} = 0{,}67 \cdot 12{,}43 \cdot \frac{3000}{1800} = 13{,}88 \text{ kN}$$

Nachweis der Schwellenpressung:

Druckfläche: $(60+30) \cdot 160 = 144 \cdot 10^2 \text{ mm}^2$

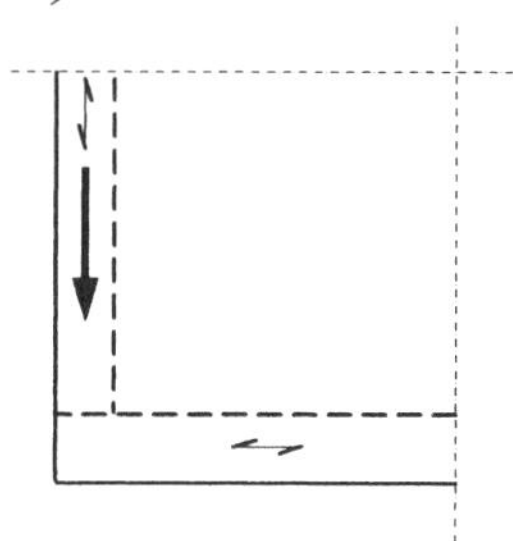

$$\sigma_{c,90,d} = \frac{13{,}88 \cdot 10^3}{144 \cdot 10^2} = 0{,}96 \text{ N/mm}^2$$

$$f_{c,90,d} = \frac{0{,}9 \cdot 2{,}5}{1{,}3} = 1{,}7 \text{ N/mm}^2$$

$$k_{c,90} = 1{,}25$$

$$\boxed{\frac{\sigma_{c,90,d}}{k_{c,90} \cdot f_{c,90,d}} = \frac{0{,}96}{1{,}25 \cdot 1{,}7} = 0{,}45 < 1}$$

Unter den Mittelrippen:
Da diese Rippen mit dem gleichen Querschnitt vorgesehen sind wie die Randrippen, erübrigt sich ein Nachweis an dieser Stelle.

Nachweise von Beplankung und Nagelung:

$$s_{v,0,d} = \frac{1^{*)}}{2} \cdot \frac{F_{v,d}}{b_s} = \frac{1}{2} \cdot \frac{12430}{1800} = 3{,}45 \text{ N/mm} \qquad k_{v1} = 1{,}0 \qquad k_{v2} = 0{,}5$$

$$f_{v,d} = \frac{k_{mod} \cdot f_{v,k}}{\gamma_M} = \frac{0{,}85 \cdot 7{,}3}{1{,}3} = 4{,}77 \text{ N/mm}^2$$

oder: $k^* = 1{,}308$ aus Tabelle 2.7 $\qquad f_{v,d} = 1{,}308 \cdot 3{,}65 = 4{,}77 \text{ N/mm}^2$

Nach DIN 1052, 8.7.5 (5) darf $s_{v,90,d}$ unberücksichtigt bleiben.

*) beidseitige Beplankung!

$$f_{v,0,d} = \min \begin{cases} k_{v1} \cdot R_d / a_v = 1,0 \cdot 494/100 & = 4,94\,\text{N/mm} \\ k_{v1} \cdot k_{v2} \cdot f_{v,d} \cdot t = 1,0 \cdot 0,5 \cdot 4,77 \cdot 19 & = 45,3\,\text{N/mm} \\ k_{v1} \cdot k_{v2} \cdot f_{v,d} \cdot 35 \cdot t^2 / a_r = 1,0 \cdot 0,5 \cdot 4,77 \cdot 35 \cdot 19^2 / 625 & = 48,2\,\text{N/mm} \end{cases}$$

$$\boxed{\frac{s_{v,0,d}}{f_{v,0,d}} = \frac{3,45}{4,94} = 0,70 < 1}$$

Verankerung der zugbeanspruchten Rippen:

$$F_{t,d} = F_{v,d} \cdot \frac{h_S}{b_S} = 12,43 \cdot \frac{3000}{1800} = 20,72\ \text{kN}$$

Es wird vorausgesetzt, dass diese Kraft über ein Blech mit Nägeln angeschlossen werden muss. Die weitere Kraftweiterleitung ist vom Material des nächsten Geschosses abhängig.

Es werden Rillennägel der Tragfähigkeitsklasse 2B verwendet, nicht vorgebohrt.

Tragfähigkeit eines Nagels:

$$f_{h,k} = 0,082 \cdot \rho_k \cdot d^{-0,3} = 0,082 \cdot 350 \cdot 4^{-0,3} = 18,93\ \text{N/mm}^2$$

$$M_{y,k} = 180 \cdot d^{2,6} = 180 \cdot 4^{2,6} = 6616\ \text{Nmm}$$

$$R_k = A \cdot \sqrt{2 \cdot M_{y,k} \cdot f_{h,k} \cdot d} = 1,0^{*)} \cdot \sqrt{2 \cdot 6616 \cdot 18,93 \cdot 4} = 1000\ \text{N}$$

*) dünnes, außen liegendes Blech

$$f_{1,k} = 40 \cdot 10^{-6} \cdot \rho_k^2 = 40 \cdot 10^{-6} \cdot 350^2 = 4,9\,\text{N/mm}^2$$

$$f_{2,k} = 80 \cdot 10^{-6} \cdot \rho_k^2 = 80 \cdot 10^{-6} \cdot 350^2 = 9,8\,\text{N/mm}^2$$

$$l_{ef} = 70 - 19 = 51\,\text{mm}$$

$$R_{ax,k} = \min\left\{f_{1,k} \cdot d \cdot l_{ef}; f_{2,k} \cdot d_k^2\right\} = \min\left\{4,9 \cdot 4 \cdot 51; 9,8 \cdot 4^2\right\} = \min\left\{999\,\text{N}; \underline{157\,\text{N}}\right\}$$

$$\Delta R_k = \min\left\{0,5 R_k; 0,25 R_{ax,k}\right\} = \min\left\{0,5 \cdot 1.000; 0,25 \cdot 157\right\} = \left\{500\,\text{N}; \underline{39\,\text{N}}\right\}$$

$$R_d = \frac{0,9 \cdot (1.000 + 39)}{1,1} = 850\,\text{N} = 0,82\ \text{kN}$$

$$n_{req} = \frac{20,72 \cdot 10^3}{850} = 25\ \text{Nägel}$$

Für a_1 dürfen die 0,5-fachen Werte der Tabelle verwendet werden.

$$a_1 = 0{,}5 \cdot (5 + 5 \cdot |\cos\alpha|) \cdot d = 0{,}5 \cdot (5 + 5 \cdot |\cos 0°|) \cdot 4 = 20 \text{ mm}$$

$$a_2 = 0{,}5 \cdot 5 \cdot d = 0{,}5 \cdot 5 \cdot 4 = 10 \text{ mm}$$

Skizze der Verankerung (für vorläufig einseitig geschlossene Holztafeln)

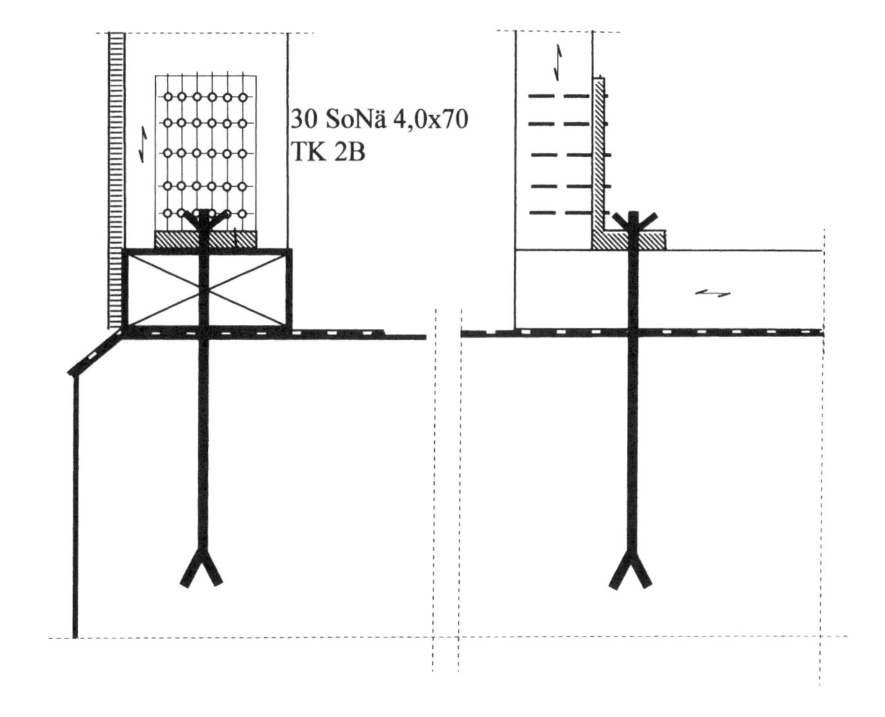

15 Beispiel Hallentragwerk

15.1 Übersichtsskizzen (Ersatz für einen Positionsplan)

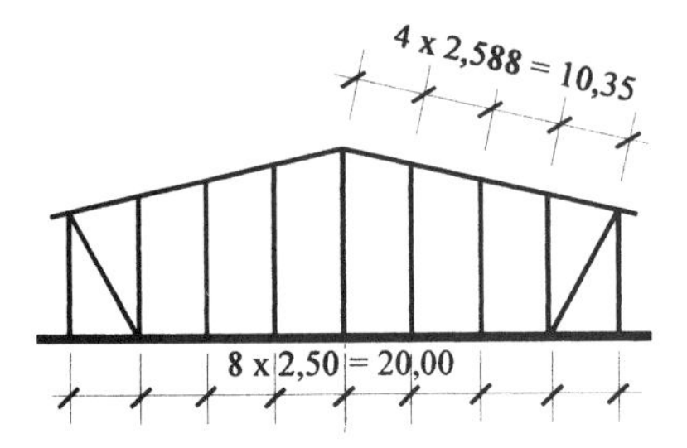

Bild 15.1 Ansicht einer Giebelwand

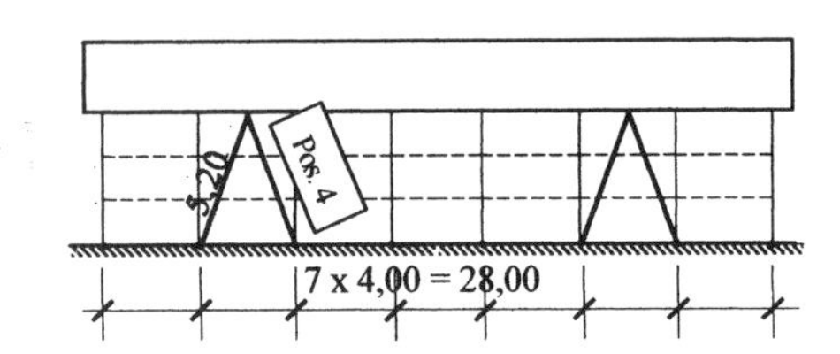

Bild 15.2 Ansicht einer Längswand

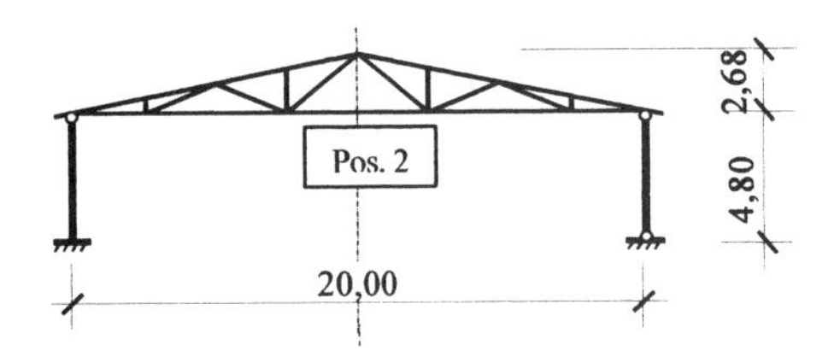

Bild 15.3 Schnitt

Die Halle ist beheizt ⇒	NKL 1
Schneelastzone 2;	H = 380 m über NN
Fachwerkträger:	BSH GL 24h
übrige Konstruktionshölzer:	VH C 24

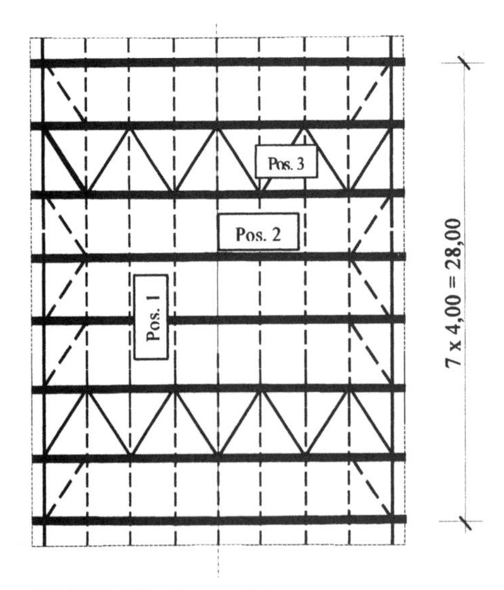

Bild 15.4 Dachgrundriss

Pos.1: Sparrenpfetten
Pos.2: Fachwerkträger
Pos.3: Dachverbände
Pos.4: Wandverbände

15.2 Pos. 1: Sparrenpfetten

Ständige Lasten:

Sandwich-Element 0,35/cos 15°	= 0,36 kN/m²
Pfetten (geschätzt)	≈ 0,15 kN/m²
Ständige Lasten (für die Pfetten)	g_k = 0,51kN/m²Gfl.
Schnee $s_{1,k} = \mu_1 \cdot s_k = 0,8 \cdot 1,12 =$	s_k = 0,90 kN/m²Gfl.

Bild 15.5 Dachaufbau

Lastfallkombinationen:

$g_d = 1,35 \cdot 0,51 = 0,69$ kN/m² $\qquad 0,69/k_{mod} = 0,69/0,60 = 1,15$

$s_d = 1,50 \cdot 0,90 = 1,35$ kN/m² $\qquad 1,35/k_{mod} = 1,35/0,90 = 1,50$

$g_d + s_d = 0,69 + 1,35 = 2,04$ kN/m² $\qquad 2,04/k_{mod} = 2,04/0,90^{*)} = 2,27^{**)}$

*) Die Einwirkung mit der kürzesten Dauer ist maßgebend. **DIN 1052, 7.1.3**

**) ⇒ g + s ist die maßgebende Lastfallkombination.

Die Sparrenpfetten werden als Einfeldträger ausgebildet. Durch die Schräglage erhalten sie Doppelbiegung.

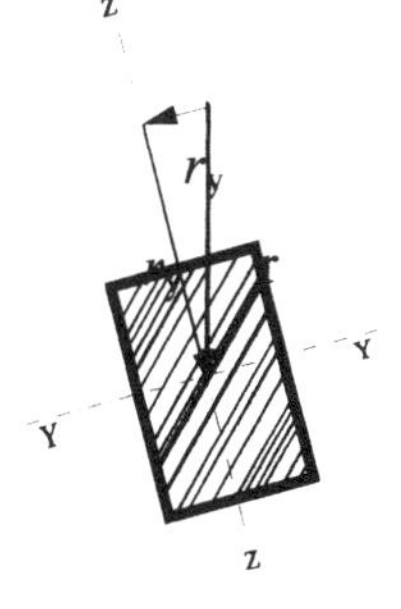

$$g_{y,d} + s_{y,d} = r_{y,d} = 2,04 \cdot \sin 15° = 0,53 \text{ kN/m}^2$$

$$g_{z,d} + s_{z,d} = r_{z,d} = 2,04 \cdot \cos 15° = 1,97 \text{ kN/m}^2$$

Bild 15.6

System

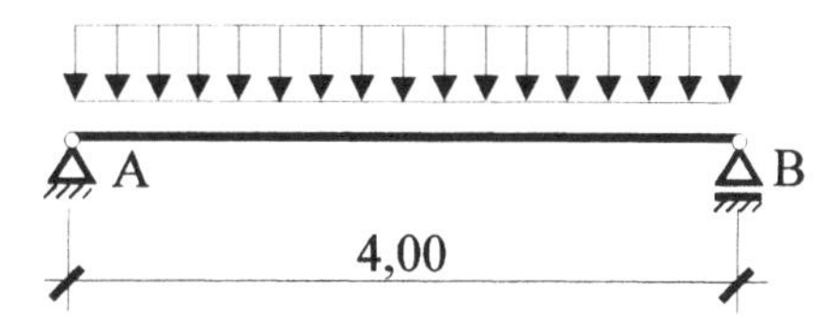

Bild 15.7 System mit Belastung

Auflager- und Schnittgrößen (pro m)

$$A_\mathrm{d} = B_\mathrm{d} = V_\mathrm{d} = \frac{2,04 \cdot 4,00}{2} = 4,08\,\mathrm{kN/m}$$

$$A_\mathrm{y,d} = B_\mathrm{y,d} = V_\mathrm{y,d} = \frac{0,53 \cdot 4,00}{2} = 1,06\,\mathrm{kN/m}$$

$$A_\mathrm{z,d} = B_\mathrm{z,d} = V_\mathrm{z,d} = \frac{1,97 \cdot 4,00}{2} = 3,94\,\mathrm{kN/m}$$

$$M_\mathrm{y,d} = \frac{1,97 \cdot 4,00^2}{8} = 3,94\,\mathrm{kNm}$$

$$M_\mathrm{z,d} = \frac{0,53 \cdot 4,00^2}{8} = 1,06\,\mathrm{kNm}$$

Bemessung: Gewählt: 100/180 VH C 24 ; e = 1,25 m (im Grundriss)

$A = 180 \cdot 10^2\ \mathrm{mm}^2$ $W_\mathrm{y} = 540 \cdot 10^3\ \mathrm{mm}^3$ $I_\mathrm{y} = 4\,860 \cdot 10^4\ \mathrm{cm}^4$

$W_\mathrm{z} = 300 \cdot 10^3\ \mathrm{mm}^3$ $I_\mathrm{z} = 1\,500 \cdot 10^4\ \mathrm{cm}^4$

Nachweis der Biegespannungen:

$$\sigma_\mathrm{y,m,d} = e \cdot \frac{M_\mathrm{y,d}}{W} = 1,25 \cdot \frac{3,94 \cdot 10^6}{540 \cdot 10^3} = 9,12\ \mathrm{N/mm^2}$$

$$\sigma_\mathrm{z,m,d} = e \cdot \frac{M_\mathrm{z,d}}{W} = 1,25 \cdot \frac{1,06 \cdot 10^6}{300 \cdot 10^3} = 4,42\ \mathrm{N/mm^2}$$

$$f_\mathrm{m,d} = \frac{k_\mathrm{mod} \cdot f_\mathrm{m,k}}{\gamma_\mathrm{M}} = \frac{0,9 \cdot 24}{1,3} = 16,6\,\mathrm{N/mm^2}$$

$$\boxed{\frac{\sigma_\mathrm{m,y,d}}{f_\mathrm{m,d}} + k_\mathrm{red} \cdot \frac{\sigma_\mathrm{m,z,d}}{f_\mathrm{m,d}} = \frac{9,12}{16,6} + 0,7 \cdot \frac{4,42}{16,6} = 0,74 < 1}$$

Nachweis der Schubspannungen:

$$\tau_\mathrm{y,d} = e \cdot 1,5 \cdot \frac{V_\mathrm{y}}{A} = 1,25 \cdot 1,5 \cdot \frac{1,06 \cdot 10^3}{180 \cdot 10^2} = 0,11\ \mathrm{N/mm^2}$$

$$\tau_\mathrm{z,d} = e \cdot 1,5 \cdot \frac{V_\mathrm{z}}{A} = 1,25 \cdot 1,5 \cdot \frac{3,94 \cdot 10^3}{180 \cdot 10^2} = 0,41\ \mathrm{N/mm^2}$$

$$f_\mathrm{v,d} = \frac{0,9 \cdot 2,0}{1,3} = 1,38\,\mathrm{N/mm^2}$$

$$\boxed{\left(\frac{\tau_\mathrm{y,d}}{f_\mathrm{v,d}}\right)^2 + \left(\frac{\tau_\mathrm{z,d}}{f_\mathrm{v,d}}\right)^2 = \left(\frac{0,11}{1,38}\right)^2 + \left(\frac{0,41}{1,38}\right)^2 = 0,09 \ll 1}$$

Auf den Nachweis der Gebrauchstauglichkeit wird hier verzichtet.

15.3 Pos. 2: Fachwerkträger

System

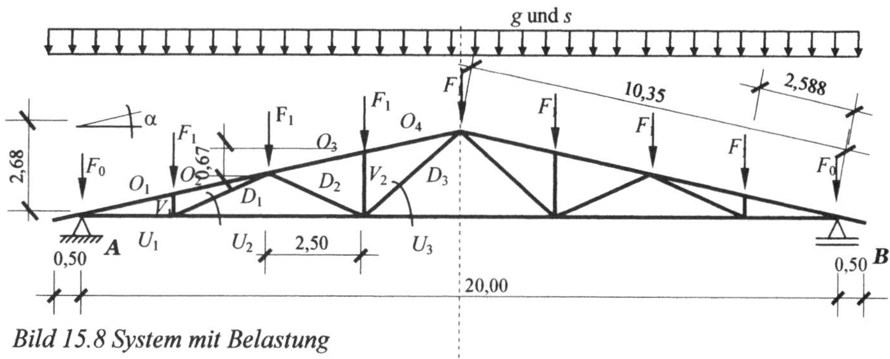

Bild 15.8 System mit Belastung

Belastung:

- Aus den Sparrenpfetten $g_d + s_d = 2 \cdot 4{,}08$ $\Delta r_d = 8{,}16$ kN/m
- Eigengewicht $\underline{\Delta g_d \approx 0{,}60 \text{ kN/m}}$
- Summe der Einwirkungen $r_d = 8{,}76$ kN/m

Bei zu geringen ständigen Lasten kann die Lastfallkombination ständige Lasten + Windsog dazu führen, dass die Stabkräfte des Fachwerkträgers das Vorzeichen wechseln. Das ist vor allem für den Untergurt problematisch, da aus einem Zugstab ein Druckstab mit großer Knicklänge wird. Sollte dieser Fall eintreten, müssten in Ebene der Untergurte Bauteile zur Weiterleitung der Ersatzkräfte vorgesehen werden, z.B. Verbände (liegende Fachwerkträger).

Wenn die ständigen Einwirkungen günstig wirken, ist $\gamma_G = 0{,}90$ anzusetzen.

$$w_d = 1{,}5 \cdot 0{,}60 \cdot 0{,}50 \cdot 4{,}00 = 1{,}80 \text{ kN/m}$$

$$g_d = 0{,}51 \cdot 0{,}90 \cdot 4{,}00 = 1{,}84 \text{ kN/m}$$

$$\boxed{\frac{w_d}{g_d} = \frac{1{,}80}{1{,}84} = 0{,}98 < 1}$$

⇒ die o.g. Gefahr besteht nicht.

Trägerabstand:	$e = 4{,}0$ m
Trägerbreite:	$b = 160$ mm
Dachneigung:	$\alpha = 15°$
Strebenneigungen:	$\beta = 28{,}2°$, $\gamma = 47{,}0°$
Werkstoff:	BSH GL 24h

Die Halle ist beheizt! ⇒ Nutzungsklasse 1

Kürzeste Einwirkung: Schnee ⇒ KLED kurz ⇒ $k_{mod} = 0{,}9$

Die Biegebeanspruchung des Obergurtes wird in den folgenden Betrachtungen vernachlässigt, d. h., es wird vorausgesetzt, dass die Belastungen als Knotenlasten angesetzt werden dürfen.

$F_{0,d} = 8{,}76 \cdot (0{,}50 + 1{,}25) \quad = \quad 15{,}3$ kN

$F_{1,d} = 8{,}76 \cdot 2{,}50 \quad = \quad 21{,}9$ kN

Auflagerkräfte:

$A_d = B_d = F_{0,d} + 3 \cdot F_{1,d} + 0{,}5 \cdot F_{1,d} = 15{,}33 + 3{,}5 \cdot 21{,}90 \quad = \quad 92{,}0$ kN

Stabkräfte:

$$U_{1,d} = \frac{(92{,}0 - 15{,}3) \cdot 2{,}50}{0{,}67} \quad = \quad 286 \text{ kN}$$

$$U_{2,d} = \frac{(92{,}0 - 15{,}3) \cdot 5{,}00 - 21{,}9 \cdot 2{,}50}{1{,}34} \quad = \quad 245 \text{ kN}$$

$$U_{3,d} = \frac{(92{,}0 - 15{,}3) \cdot 10{,}00 - 21{,}9 \cdot (7{,}50 + 5{,}00 + 2{,}50)}{2{,}68} \quad = \quad 164 \text{ kN}$$

$$O_{1,d} = O_{2,d} = -\frac{U_1}{\cos 15°} = -\frac{286}{\cos 15°} \quad = \quad -296 \text{ kN}$$

$$O_{3,d} = O_{4,d} = -\frac{(92{,}0 - 15{,}3) \cdot 7{,}50 - 21{,}90 \cdot (5{,}00 + 2{,}50)}{2{,}01 \cdot \cos 15°} \quad = \quad -212 \text{ kN}$$

$$V_{1,d} = V_{2,d} = F_{1,d} \quad = \quad -21{,}9 \text{ kN}$$

$$D_{1,d} = -D_{2,d} = \frac{U_1 - U_2}{\cos 28{,}2°} = \frac{286 - 245}{\cos 28{,}2°} \quad = \quad 46{,}5 \text{ kN}$$

$$D_{3,d} = \frac{-O_4 \cdot \cos 15° - U_3}{\cos 47°} = \frac{212 \cdot \cos 15° - 164}{\cos 47°} \quad = \quad 59{,}8 \text{ kN}$$

Zusammenstellung der Auflager- und Stabkräfte in [kN]

	U_1	U_2	U_3	$O_{1/2}$	$O_{3/4}$	$V_{1/2}$	$D_{1/2}$	D_3	A/B
ständige Einwirkungen *(g)*	80,9	69,4	46,5	– 83,8	– 59,8	– 6,20	13,1	17,0	26,0
Schnee *(s)*	118	101	67,2	– 122	– 6,9	– 9,00	19,1	24,6	37,8
$1{,}0 \cdot g_k + 1{,}0 \cdot s_k$	199	170	113	– 206	– 147	– 15,2	32,2	41,6	63,8
$1{,}35 \cdot g_k + 1{,}5 \cdot s_k$	286	245	163	– 296	– 212	– 21,9	46,5	59,9	92,0

Bemessung der Stäbe:

Der Dachverband wird so konstruiert, dass für den Obergurt eine Knicklänge von 2,60 m anzunehmen ist.

Obergurt: gewählt 160/240 GL 24h
min $O_d = O_{1,d} = -296$ kN
Nachweis nach dem Ersatzstabverfahren:

$$\sigma_{c,0,d} = \frac{296 \cdot 10^3}{160 \cdot 240} = 7 \text{ N/mm}^2$$

$$f_{c,0,d} = \frac{k_{mod} \cdot f_{c,0,k}}{\gamma_M} = \frac{0,9 \cdot 24}{1,3} = 16,6 \text{ N/mm}^2$$

$$i = 0,289 \cdot 160 = 46,2 \text{ mm} \qquad \lambda = \frac{\ell_{ef}}{i} = \frac{2600}{46,2} = 56$$

$$\lambda_{rel,c} = \sqrt{\frac{f_{c,0,k}}{\sigma_{c,crit}}} = \frac{\lambda}{\pi} \cdot \sqrt{\frac{f_{c,0,k}}{E_{0,05}}} = \frac{56}{\pi} \cdot \sqrt{\frac{24}{\frac{5}{6} \cdot 11600}} = 0,888$$

$\beta_c = 0,1$ für Brettschichtholz und Furnierschichtholz

$$k = 0,5 \cdot \left[1 + \beta_c \cdot \left(\lambda_{rel,c} - 0,3\right) + \lambda_{rel,c}^2\right] = 0,5 \cdot \left[1 + 0,1 \cdot \left(0,89 - 0,3\right) + 0,89^2\right] = 0,924$$

Der Knickbeiwert k_c beträgt $k_c = \frac{1}{k + \sqrt{k^2 - \lambda_{rel,c}^2}} = \frac{1}{0,924 + \sqrt{0,924^2 - 0,888^2}} = 0,848$

oder $k_c = 0,842$ aus Tabelle 9.2

$$\boxed{\frac{\sigma_{c,0,d}}{k_c \cdot f_{c,0,d}} = \frac{0,77}{0,848 \cdot 1,66} = 0,55 < 1}$$

Untergurt: Gewählt 160/160 GL 24h $\qquad A_{netto} \approx 0,80 \cdot 160 \cdot 160 = 205 \cdot 10^2 \text{ mm}^2$

max $U_d = U_{1,d} = 286$ kN

$$\sigma_{t,0,d} = \frac{286 \cdot 10^3}{205 \cdot 10^2} = 14,0 \text{ N/mm}^2$$

$$f_{t,0,d} = \frac{k_{mod} \cdot f_{t,0,k}}{\gamma_m} = \frac{0,9 \cdot 16,5}{1,3} = 11,4 \text{ N/mm}^2$$

$$\boxed{\frac{\sigma_{t,0,d}}{f_{t,0,d}} = \frac{14,0}{11,4} = 1,23 > 1}$$

neu gewählt 160/200 GL 24h $\qquad A_{netto} \approx 0,80 \cdot 160 \cdot 200 = 256 \cdot 10^2 \text{ mm}^2$

$$\boxed{\frac{\sigma_{t,0,d}}{f_{t,0,d}} = \frac{14,0 \cdot \frac{205}{256}}{11,4} = 0,98 < 1}$$

Diagonalen: gewählt 120/120 GL 24h

min $D_d = D_{2,d}$ = -46,35 kN

Knicklänge: $\ell_{ef} = \dfrac{2500}{\cos 28,2°} = 2836\,\text{mm}$

$$\sigma_{c,0,d} = \frac{46,5 \cdot 10^3}{120 \cdot 120} = 3,2\ \text{N/mm}^2$$

$i = 0,289 \cdot 120 = 34,7$ mm $\qquad\qquad \lambda = \dfrac{\ell_{ef}}{i} = \dfrac{2836}{34,6} = 82$

$$\lambda_{rel,c} = \sqrt{\frac{f_{c,0,k}}{\sigma_{c,crit}}} = \frac{\ell_{ef}}{\pi \cdot i} \cdot \sqrt{\frac{f_{c,0,k}}{E_{0,05}}} = \frac{2836}{\pi \cdot 34,6} \cdot \sqrt{\frac{24}{\frac{5}{6} \cdot 11600}} = 1,30$$

$$k = 0,5 \cdot \left[1 + \beta_c \cdot (\lambda_{rel,c} - 0,3) + \lambda_{rel,c}^2\right] = 0,5 \cdot \left[1 + 0,1 \cdot (1,30 - 0,3) + 1,30^2\right] = 1,395$$

Der Knickbeiwert k_c beträgt $k_c = \dfrac{1}{k + \sqrt{k^2 - \lambda_{rel,c}^2}} = \dfrac{1}{1,395 + \sqrt{1,395^2 - 1,30^2}} = 0,526$

oder $k_c = 0,516$ aus Tabelle 9.2

$$\boxed{\frac{\sigma_{c,0,d}}{k_c \cdot f_{c,0,d}} = \frac{3,2}{0,526 \cdot 16,6} = 0,37 < 1}$$

Bemessung der Anschlüsse:

Für die Anschlüsse werden Stabdübel in Verbindung mit eingeschlitzten Blechen verwendet.
Blechdicke: t_S = 10 mm
Stabdübel ∅16 und ∅12 , S 235, $f_{u,k}$ = 360 N/mm²

Anschlüsse der Gurte: ∅16

$$f_{h,0,k} = 0,082 \cdot (1 - 0,01 \cdot d) \cdot \rho_k = 0,082 \cdot (1 - 0,01 \cdot 16) \cdot 380 = 26,2\ \text{N/mm}^2$$

$$M_{y,k} = 0,3 \cdot f_{u,k} \cdot d^{2,6} = 0,3 \cdot 360 \cdot 16^{2,6} = 145927\ \text{N/mm}^2$$

Mindestholzdicke: $t_{req} = 1,15 \cdot 4 \cdot \sqrt{\dfrac{M_{y,k}}{f_{h,k} \cdot d}} = 1,15 \cdot 4 \cdot \sqrt{\dfrac{145927}{28 \cdot 16}} = 83 > 75\,\text{mm}$

$$R_k = \frac{t}{t_{req}} \cdot \sqrt{2} \cdot \sqrt{2 \cdot M_{y,k} \cdot f_{h,1,k} \cdot d} = \frac{75}{83} \cdot \sqrt{2} \cdot \sqrt{2 \cdot 145927 \cdot 26,2 \cdot 16} = 14134\ \text{N} = 14,1\ \text{kN}$$

$R_d = \dfrac{0,9 \cdot 14,1}{1,1} = 11,5\,\text{kN}$ $\qquad$ oder $R_d = \dfrac{75}{83} \cdot 10,9 \cdot 1,125^{1)} \cdot \sqrt{\dfrac{380}{350}}^{\,2)} = 11,5\,\text{kN}$

nach Tabelle 12.8

[1] Korrekturfaktor für k_{mod}
[2] Korrekturfaktor für BSH

Anschlüsse der Füllstäbe: ∅12

$$f_{h,0,k} = 0{,}082 \cdot (1 - 0{,}01 \cdot d) \cdot \rho_k = 0{,}082 \cdot (1 - 0{,}01 \cdot 12) \cdot 380 = 27{,}4 \text{ N/mm}^2$$

$$M_{y,k} = 0{,}3 \cdot f_{u,k} \cdot d^{2,6} = 0{,}3 \cdot 360 \cdot 12^{2,6} = 69070 \text{ N/mm}^2$$

$$t_{req} = 1{,}15 \cdot 4 \cdot \sqrt{\frac{M_{y,k}}{f_{h,k} \cdot d}} = 1{,}15 \cdot 4 \cdot \sqrt{\frac{69.070}{27{,}4 \cdot 12}} = 67 > 55 \text{mm}$$

$$R_k = \frac{t}{t_{req}} \cdot \sqrt{2} \cdot \sqrt{2 \cdot M_{y,k} \cdot f_{h,1,k} \cdot d} = \frac{55}{67} \cdot \sqrt{2} \cdot \sqrt{2 \cdot 69.070 \cdot 27{,}4 \cdot 12} = 7824 \text{ N} = 7{,}8 \text{ kN}$$

$$R_d = \frac{0{,}9 \cdot 7{,}8}{1{,}1} = 6{,}4 \; kN \qquad \text{oder } R_d = \frac{55}{67} \cdot 6{,}65 \cdot 1{,}125 \cdot \sqrt{\frac{380}{350}} = 6{,}4 \text{ kN}$$

nach Tabelle 12.8

$$n_{ef} = n^{0,9} \cdot \sqrt[4]{\frac{a_1}{10 \cdot d}} \cdot \frac{90 - \alpha}{90} + n \cdot \frac{\alpha}{90}$$

für $n = 2 \Rightarrow$ $\quad n_{ef} = 2^{0,9} \cdot \sqrt[4]{\frac{5 \cdot d}{10 \cdot d}} = 1{,}57$

für $n = 3 \Rightarrow$ $\quad n_{ef} = 3^{0,9} \cdot \sqrt[4]{\frac{5 \cdot d}{10 \cdot d}} = 2{,}26$

Stab V_2 — 21,9 kN (Druck) — $n_{req} = \frac{21{,}9}{2 \cdot 6{,}4} = 1{,}7 \Rightarrow 2$

Stab D_2 — 46,5 kN (Druck) — $n_{req} = \frac{2}{1{,}57} \cdot \frac{46{,}5}{2 \cdot 6{,}4} = 4{,}6 \Rightarrow 5$

Stab D_3 — 59,9 kN (Zug) — $n_{req} = \frac{3}{2{,}26} \cdot \frac{59{,}9}{2 \cdot 6{,}4} = 6{,}2 \Rightarrow 8$

$U_2 - U_3 = 245 - 163 = 82$ kN — $n_{req} = \frac{3}{2{,}26} \cdot \frac{82}{2 \cdot 11{,}5} = 4{,}7 \Rightarrow 6$

Detailskizze:

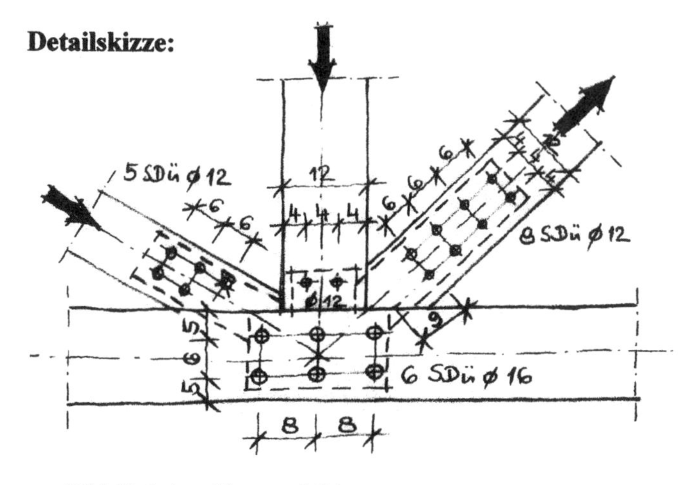

Bild 15.9 Anschlussausbildung

Mindestabstände:

für SDü ∅12:				für SDü ∅16:			
a_1	$= 5 \cdot d$	$= 5 \cdot 12$	$= 60$ mm	a_1	$= 5 \cdot d$	$= 5 \cdot 16$	$= 80$ mm
a_2	$= 3 \cdot d$	$= 3 \cdot 12$	$= 36$ mm	a_2	$= 3 \cdot d$	$= 3 \cdot 16$	$= 48$ mm
$a_{1,c}$	$= 3 \cdot d$	$= 3 \cdot 12$	$= 36$ mm	$a_{1,c}$	$= 3 \cdot d$	$= 3 \cdot 16$	$= 48$ mm
$a_{1,t}$	$= 7 \cdot d$	$= 7 \cdot 12$	$= 84$ mm	$a_{1,t}$	$= 7 \cdot d$	$= 7 \cdot 16$	$= 112$mm
$a_{2,t/c}$	$= 3 \cdot d$	$= 3 \cdot 12$	$= 36$ mm	$a_{2,t/c}$	$= 3 \cdot d$	$= 3 \cdot 16$	$= 48$ mm

Die übrigen Knoten werden analog bemessen und konstruiert.

Verformungen – nach dem Prinzip der virtuellen Verformungen

Vereinfachtes Verfahren (ohne Berücksichtigung der Anschlüsse)

Grundlage der Verformungsberechnung ist die Arbeitsgleichung (Prinzip der virtuellen Kräfte).

Die virtuelle Arbeit $\bar{A}_a$ der äußeren Kräfte ist gleich der negativen virtuellen Arbeit $\bar{A}_i$ der inneren Kräfte.

$\bar{A}_a = -\bar{A}_i$ bzw. $\bar{A}_a + \bar{A}_i = 0$

Die Längenänderung Δs_i kann verschiedene Ursachen haben, so z.B.

- elastische Längenänderung aus äußerer Belastung $\Delta s = \dfrac{N_i \cdot s_i}{E_{\parallel} \cdot A_i}$
- Anschlussnachgiebigkeiten mechanischer Verbindungsmittel $\Delta s = \dfrac{N}{n \cdot K_{ser}}$

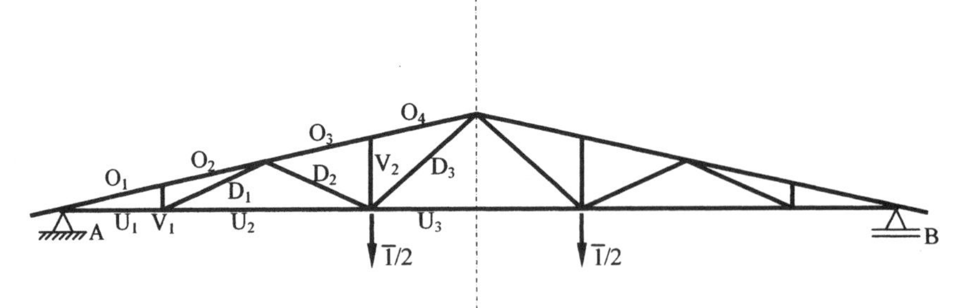

Bild 15.10 System

$\overline{A} = \overline{B} = \quad = 0{,}50$

$\overline{U}_1 = 0{,}50 \cdot 2{,}50 / 0{,}67 \quad = 1{,}87$

$\overline{O}_1 = \overline{O}_2 = 1{,}87 / \cos 15° \quad = 1{,}93$

$\overline{U}_2 = 0{,}50 \cdot 5{,}00 / 1{,}34 \quad = 1{,}87$

$\overline{U}_3 = \left(0{,}50 \cdot 10{,}00 - \overline{0{,}5} \cdot 2{,}50\right) / 2{,}68 \quad = 1{,}40$

$\overline{O}_4 = -\left(0{,}50 \cdot 7{,}50\right) / \left(2{,}01 \cdot \cos 15°\right) \quad = -1{,}93$

$\overline{D}_1 = -\overline{D}_2 = \left(1{,}87 - 1{,}87\right) / \cos 28{,}2° \quad = 0$

$\overline{D}_3 = \left(-1{,}93 \cdot \cos 15° - 1{,}40\right) / \cos 47{,}0° \quad = 0{,}68$

Verformungsanteile der einzelnen Stäbe

Stab i	Länge s_i	Stabkraft N_i aus g_k+s_k	Querschnitt A_i	$\frac{N_i}{E_{0,mean} \cdot A_i} \cdot s_i$	Stabkraft $\overline{N}_i$	$\frac{N_i \cdot \overline{N}_i}{E_{0,mean} \cdot A_i} \cdot s_i$
	mm	kN	mm^2	mm		mm
U_1	2 500	198	$256 \cdot 10^2$	1,67	1,87	3,12
U_2	5 000	170	$256 \cdot 10^2$	2,86	1,87	5,36
U_3	2 500	113	$256 \cdot 10^2$	0,95	1,40	1,34
O_1	2 588	– 205	$384 \cdot 10^2$	– 1,19	– 1,93	2,30
O_2	2 588	– 205	$384 \cdot 10^2$	– 1,19	– 1,93	2,30
O_3	2 588	– 147	$384 \cdot 10^2$	– 0,85	– 1,93	1,65
O_4	2 588	– 147	$384 \cdot 10^2$	– 0,85	– 1,93	1,65
V_1	670	– 15,2	$144 \cdot 10^2$	– 0,06	0,00	0,00
V_2	2 010	– 15,2	$144 \cdot 10^2$	– 0,18	0,00	0,00
D_1	2 837	32,2	$144 \cdot 10^2$	0,55	0,00	0,00
D_2	2 837	– 32,2	$144 \cdot 10^2$	– 0,55	0,00	0,00
D_3	3 666	41,6	$144 \cdot 10^2$	0,92	0,68	0,62
					Summe	18,34

Die gesamte Anfangsverformung beträgt somit: $2 \cdot 18{,}34 = 36{,}7$ mm
Einzelne Belastungsanteile:

$$g_k = 0{,}51 \cdot 4{,}0 + \frac{0{,}60}{1{,}35} = 2{,}48\,\text{kN/m} \quad \text{und} \quad s_k = 0{,}90 \cdot 4{,}0 = 3{,}60\,\text{kN/m}$$

Damit beträgt $w_{g,inst} = 36{,}7 \cdot \frac{g_k}{g_k + s_k} = 36{,}7 \cdot \frac{2{,}48}{2{,}48 + 3{,}60} = 15{,}0\,\text{mm}$

und $w_{s,inst} = 36{,}7 \cdot \frac{s_k}{g_k + s_k} = 36{,}7 \cdot \frac{3{,}60}{2{,}48 + 3{,}60} = 21{,}7\,\text{mm}$

$\psi_2 = 0$ für Schnee an Orten bis +1000 m über NN

$k_{def} = 0{,}6$

Quasi-ständige Bemessungssituation:

$$w_{g,fin} = w_{g,inst} \cdot (1 + k_{def}) = 15{,}0 \cdot (1 + 0{,}6) = 24{,}0\,\text{mm}$$

$$w_{s,fin} = \psi_2 \cdot w_{g,inst} \cdot (1 + k_{def}) = 0$$

$$\frac{\ell}{200} = \frac{20\,000}{200} = 100\,\text{mm}$$

$$\boxed{\frac{w_{fin} - w_0}{\ell / 200} = \frac{24{,}0}{100} = 0{,}24 < 1}$$

Genaueres Verfahren mit Berücksichtigung der Verformungen in den Anschlüssen

Für die Anschlüsse der Gurte untereinander muss noch die Anzahl der Stabdübel festgelegt werden.

$$\text{für } n = 6 \Rightarrow n_{\text{ef}} = 6^{0,9} \cdot \sqrt[4]{\frac{5 \cdot d}{10 \cdot d}} = 4{,}22$$

$$O_1 = -296 \text{ kN} \Rightarrow n_{\text{req}} \approx \frac{6}{4{,}22} \cdot \frac{296}{2 \cdot 11{,}5} = 18$$

$$O_4 = -212 \text{ kN} \Rightarrow n_{\text{req}} \approx \frac{6}{4{,}21} \cdot \frac{212}{2 \cdot 11{,}5} = 13$$

$$U_1 = 286 \text{ kN} \Rightarrow n_{\text{req}} \approx \frac{6}{4{,}22} \cdot \frac{286}{2 \cdot 11{,}5} = 18$$

Damit können alle Anschlüsse festgelegt werden.

Obergurt an Untergurt:	je 18 SDü ∅ 16
Obergurt am First:	je 4 SDü ∅ 16
Gurte an den übrigen Knoten:	je 6 SDü ∅ 16
Diagonalen D_1 u. D_2, an beiden Enden:	je 4 SDü ∅ 12
Diagonale D_3, an beiden Enden:	je 6 SDü ∅ 12
Pfosten an beiden Enden:	je 2 SDü ∅ 12

Der Verschiebungsmodul K_{ser} für Stabdübel beträgt:

$$K_{\text{ser},16} = \frac{\rho_k^{1,5}}{20} \cdot d = \frac{380^{1,5}}{20} \cdot 16 = 5926 \text{ N/mm}$$

$$K_{\text{ser},12} = \frac{\rho_k^{1,5}}{20} \cdot d = \frac{380^{1,5}}{20} \cdot 12 = 4444 \text{ N/mm}$$

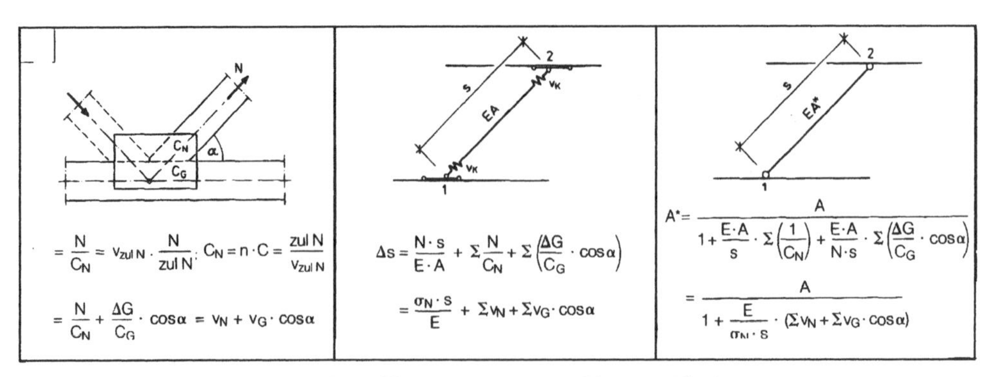

Bild 15.11 Verformung an Fachwerkknoten mit eingeschlitztem Blech, Auszug aus [31], $C = K_{\text{ser}}$

Verformungen:

$$\text{Obergurt: } \Delta_{O_1} = \frac{O_1}{n \cdot 2 \cdot K_{ser,16}} = \frac{-205{,}5 \cdot 10^3}{18 \cdot 2 \cdot 5926} = -\,0{,}96 \text{ mm}$$

$$\text{Untergurt: } \Delta_{U_1} = \frac{U_1}{n \cdot 2 \cdot K_{ser,16}} = \frac{198{,}5 \cdot 10^3}{18 \cdot 2 \cdot 5926} = 0{,}93 \text{ mm}$$

$$\text{Pfosten: } \Delta_{V_1} = \frac{3^{*)} \cdot V_1}{n \cdot 2 \cdot K_{ser,12}} = \frac{3 \cdot (-15{,}2) \cdot 10^3}{2 \cdot 2 \cdot 4444} = -\,2{,}57 \text{ mm}$$

$$\text{Diagonale: } \Delta_{D_1} = \frac{D_1}{n \cdot 2 \cdot K_{ser,12}} + \frac{U_1 - U_2}{n \cdot 2 \cdot K_{ser,16}} \cdot \cos 28{,}2°$$

$$= \frac{32{,}2 \cdot 10^3}{4 \cdot 2 \cdot 4444} + \frac{28{,}4 \cdot 10^3}{6 \cdot 2 \cdot 5926} \cdot \cos 28{,}2° = 1{,}26 \text{ mm}$$

*) 2x im Pfosten, 1x im Obergurt

$$\text{Diagonale: } \Delta_{D_2} = \frac{D_2}{n \cdot 2 \cdot K_{ser,12}} + \frac{U_2 - U_3}{n \cdot 2 \cdot K_{ser,16}} \cdot \cos 28{,}2°$$

$$= \frac{-32{,}2 \cdot 10^3}{4 \cdot 2 \cdot 4444} + \frac{-56{,}7 \cdot 10^3}{6 \cdot 2 \cdot 5926} \cdot \cos 28{,}2° = 1{,}61 \text{ mm}$$

$$\text{Pfosten: } \Delta_{V_2} = \frac{3^{*)} \cdot V_2}{n \cdot 2 \cdot K_{ser}} = \frac{3 \cdot (-15{,}2) \cdot 10^3}{2 \cdot 2 \cdot 4444} = -\,2{,}57 \text{ mm}$$

$$\text{Diagonale: } \Delta_{D_3} = \frac{D_3}{n \cdot 2 \cdot K_{ser,12}} + \frac{U_2 - U_3}{n \cdot 2 \cdot K_{ser,16}} \cdot \cos 47{,}0°$$

$$= \frac{41{,}6}{6 \cdot 2 \cdot 4444} + \frac{56{,}7}{6 \cdot 2 \cdot 5926} \cdot \cos 47° = 1{,}32 \text{ mm}$$

$$\text{Diagonale: } \Delta_{D_1} = \frac{N_{D_1}}{n \cdot 2 \cdot K_{ser,12}} + \frac{O_2 - O_3}{n \cdot 2 \cdot K_{ser,16}} \cdot \cos(28{,}2° - 15°)$$

$$= \frac{32{,}2}{4 \cdot 2 \cdot 4444} + \frac{58{,}7}{6 \cdot 2 \cdot 5926} \cdot \cos 13{,}2° = 1{,}71 \text{ mm}$$

$$\text{Diagonale: } \Delta_{D_2} = \frac{N_{D_2}}{n \cdot 2 \cdot K_{ser,12}} + \frac{O_2 - O_3}{n \cdot 4 \cdot K_{ser,16}} \cdot \cos(28{,}2° + 15°)$$

$$= \frac{-32{,}2 \cdot 10^3}{4 \cdot 2 \cdot 4444} + \frac{-58{,}7 \cdot 10^3}{6 \cdot 2 \cdot 5926} \cdot \cos 43{,}2° = 1{,}51 \text{ mm}$$

$$\text{Obergurt: } \Delta_{O_4} = \frac{O_4}{n \cdot 2 \cdot K_{ser,16}} = \frac{-146{,}78}{14 \cdot 2 \cdot 5926} = -0{,}85 \text{ mm}$$

$$\text{Diagonale: } \Delta_{D_3} = \frac{D_3}{n \cdot 2 \cdot K_{ser,12}} = \frac{41{,}6 \cdot 10^3}{6 \cdot 2 \cdot 4444} = 0{,}78 \text{ mm}$$

Verformungsanteile der einzelnen Stäbe und Verbindungen

Stab i	Länge s_i	Stabkraft N_i	Querschnitt A_i	$\frac{N_i}{E_{0,mean} \cdot A_i} \cdot s_i$	Stabkraft $\overline{N}_i$	$\frac{N_i \cdot \overline{N}_i}{E_{0,mean} \cdot A_i} \cdot s_i$	Δs_i	$\Delta s_i \cdot \overline{N}_i$
	mm	kN	mm^2	mm		mm	mm	mm
U_1	2 500	198	$256 \cdot 10^2$	1,67	1,87	3,12	0,93	1,74
U_2	5 000	170	$256 \cdot 10^2$	2,86	1,87	5,36	0,00	0,00
U_3	2 500	113	$256 \cdot 10^2$	0,95	1,40	1,34	0,00	0,00
O_1	2 588	– 205	$384 \cdot 10^2$	– 1,19	-1,93	2,30	– 0,96	1,85
O_2	2 588	– 205	$384 \cdot 10^2$	– 1,19	-1,93	2,30	0,00	0,00
O_3	2 588	– 47	$384 \cdot 10^2$	– 0,85	-1,93	1,65	0,00	0,00
O_4	2 588	– 147	$384 \cdot 10^2$	– 0,85	-1,93	1,65	– 0,85	1,66
V_1	670	– 15,2	$144 \cdot 10^2$	– 0,06	0,00	0,00	– 2,57	0,00
V_2	2 010	– 15,2	$144 \cdot 10^2$	– 0,18	0,00	0,00	– 2,57	0,00
D_1	2 837	32,2	$144 \cdot 10^2$	0,55	0,00	0,00	2,97	0,00
D_2	2 837	– 32,2	$144 \cdot 10^2$	– 0,55	0,00	0,00	– 3,12	0,00
D_3	3 666	41,6	$144 \cdot 10^2$	0,92	0,68	0,62	2,10	1,43
					Summe	18,34		6,68

Die gesamte Anfangsverformung beträgt somit: $2 \cdot (18{,}34 + 6{,}68) = 50{,}0$ mm

Einzelne Belastungsanteile:

$$g_k = 0{,}51 \cdot 4{,}0 + \frac{0{,}60}{1{,}35} = 2{,}48\,\text{kN/m} \quad \text{und } s_k = 0{,}90 \cdot 4{,}0 = 3{,}60\,\text{kN/m}$$

Damit beträgt $w_{g,inst} = 50{,}0 \cdot \frac{g_k}{g_k + s_k} = 50{,}0 \cdot \frac{2{,}48}{2{,}48 + 3{,}60} = 20{,}4\,\text{mm}$

und $w_{s,inst} = 50{,}0 \cdot \frac{s_k}{g_k + s_k} = 50{,}0 \cdot \frac{3{,}60}{2{,}48 + 3{,}60} = 29{,}6\,\text{mm}$

$\psi_2 = 0$ für Schnee an Orten bis +1000m über NN

$k_{def} = 0{,}6$

Quasi-ständige Bemessungssituation:

$$w_{g,fin} = w_{g,inst} \cdot (1 + k_{def}) = 20{,}4 \cdot (1 + 0{,}6) = 32{,}6\,\text{mm}$$

$$w_{s,fin} = \psi_2 \cdot w_{g,inst} \cdot (1 + k_{def}) = 0$$

$$\frac{\ell}{200} = \frac{20\,000}{200} = 100\,\text{mm} \qquad \boxed{\frac{w_{fin} - w_0}{\ell/200} = \frac{32{,}6}{100} = 0{,}33 < 1}$$

Genaueres Verfahren, mit ideellen Stabquerschnitten

Will man die Verformungen eines Stabwerkes mit Hilfe eines Statikprogrammes ermitteln, so ist es vorteilhaft, die Verschiebungssteifigkeiten der Anschlüsse und Stöße mit der Dehnsteifigkeit des jeweiligen Stabes zusammenzufassen, d. h. einen Zug- oder Druckstab mit ideellem Querschnitt zu ermitteln, dessen Verformungsverhalten das gleiche wie das des „Originalstabes" ist. Siehe auch [31].

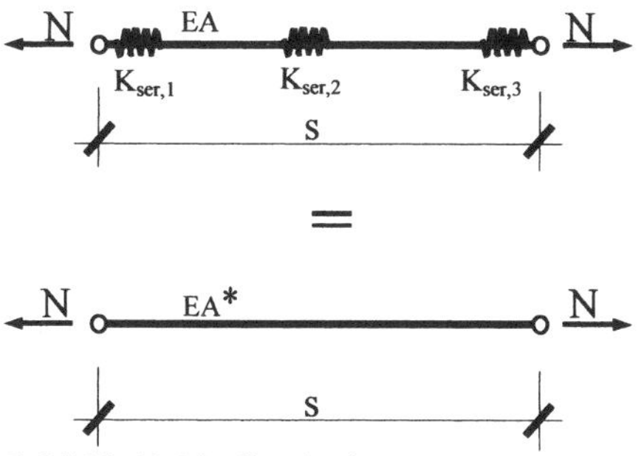

N EA N
$K_{ser,1}$ $K_{ser,2}$ $K_{ser,3}$
s

$$\Delta s = \frac{N \cdot s}{E \cdot A} + \Sigma \frac{N}{n_i \cdot k_{ser,i}} \text{ bzw. } \frac{N \cdot s}{E \cdot A} + \Sigma v_i$$

=

N EA* N
s

$$\Delta s = \frac{N \cdot s}{E \cdot A^*}$$

Bild 15.12 Ideeller Stab

Durch Gleichsetzen der Längsverformungen Δs beider Stäbe ergibt sich

$$A^* = \frac{A}{1 + \frac{E \cdot A}{s} \cdot \Sigma \frac{1}{n_i \cdot K_{ser,i}}} \text{ bzw. } \frac{A}{1 + \frac{E}{\sigma + s} \cdot \Sigma v_i}$$

Siehe auch [31], Seite 6ff.

$$A_D^* = \frac{A}{1 + \frac{E \cdot A}{s} \cdot \sum\left(\frac{1}{K_{j,N}}\right) + \frac{E \cdot A}{N \cdot s} \cdot \sum\left(\frac{\Delta G}{K_{j,G}} \cdot \cos\alpha\right)}$$

für D_2: $$\frac{E \cdot A}{s} \cdot \sum\left(\frac{1}{K_{j,N}}\right) = 2 \cdot \frac{11600 \cdot 144 \cdot 10^2}{2840} \cdot \frac{1}{2 \cdot 4 \cdot 4444} = 2{,}95$$

$$\frac{E \cdot A}{N \cdot s} \cdot \sum\left(\frac{\Delta G}{K_{j,G}} \cdot \cos\alpha\right)$$

$$= \frac{11600 \cdot 144 \cdot 10^2}{32{,}2 \cdot 2840} \cdot \left(\frac{56{,}7}{2 \cdot 6 \cdot 5926} \cdot \cos 28° + \frac{58{,}7}{2 \cdot 6 \cdot 5926} \cdot \cos(28° + 15°)\right) = 3{,}20$$

$$A_{D_2}^* = \frac{144 \cdot 10^2}{1 + 2{,}95 + 3{,}20} = 2000\,\text{mm}^2$$

$$A^*_{D3} = \frac{144 \cdot 10^2}{1 + 2 \cdot \frac{11600 \cdot 144 \cdot 10^2}{3660} \cdot \frac{1}{2 \cdot 6 \cdot 4444} + \frac{11600 \cdot 144 \cdot 10^2}{41{,}6 \cdot 3660} \cdot \left(\frac{56{,}7}{2 \cdot 6 \cdot 5926} \cdot \cos 47° \right)}$$

$$= \frac{144 \cdot 10^2}{1 + 1{,}71 + 0{,}63} = 4300\,\text{mm}^2$$

$$A^*_U = \frac{A_U}{1 + \frac{E \cdot A_U}{s} \cdot \sum \left(\frac{1}{K_{j,N}} \right)} \qquad A^*_{U_1} = \frac{256 \cdot 10^2}{1 + \frac{11600 \cdot 256 \cdot 10^2}{2500} \cdot \frac{1}{18 \cdot 2 \cdot 5926}} = 164 \cdot 10^2\,\text{mm}^2$$

$$A^*_{U_2} = A^*_{U_3} = A_{U_2} = A_{U_3}$$

$$A^*_O = \frac{A_O}{1 + \frac{E \cdot A_O}{s} \cdot \sum \left(\frac{1}{K_{j,N}} \right)} \qquad A^*_{O_1} = \frac{384 \cdot 10^2}{1 + \frac{11600 \cdot 384 \cdot 10^2}{2500} \cdot \frac{1}{18 \cdot 2 \cdot 5926}} = 209 \cdot 10^2\,\text{mm}^2$$

$$A^*_{O_2} = A^*_{O_3} = A_{O_2} = A_{O_3} \qquad A^*_{O_4} = \frac{384 \cdot 10^2}{1 + \frac{1160 \cdot 384 \cdot 10^2}{2500} \cdot \frac{1}{14 \cdot 2 \cdot 5926}} = 185 \cdot 10^2\,\text{mm}^2$$

Verformungsanteile der einzelnen Stäbe mit Verbindungen

Stab i	Länge s_i	Stabkraft N_i	Querschnitt A_i*	Stabkraft $\overline{N}_i$	$\frac{N_i \cdot \overline{N}_i}{E_{0,mean} \cdot A^*_i} \cdot s_i$
	mm	kN	mm²		mm
U_1	2 500	198	164	1,87	4,87
U_2	5 000	170	256	1,87	5,35
U_3	2 500	113	256	1,40	1,33
O_1	2 588	– 205	212	– 1,93	4,22
O_2	2 588	– 205	384	– 1,93	2,30
O_3	2 588	– 147	384	– 1,93	1,65
O_4	2 588	– 147	188	– 1,93	3,42
V_1	670	– 15,2		0	0,00
V_2	2 010	– 15,2		0	0,00
D_1	2 837	32,2		0	0,00
D_2	2 837	– 32,2		0	0,00
D_3	3 666	41,6	35	0,68	2,55
				Summe	25,7

Die gesamte Anfangsverformung beträgt somit: 2 · 25,7 = 51,4 mm ≈ 50 mm

15.4 Allgemeines zur Aussteifung einer Halle

Schrittweises Vorgehen bei Hallen-Aussteifungen, nach [32]

Schnittgrößenermittlung bei Dachverbänden

Stabkraftermittlung für symmetrische räumliche Dachverbände, bei denen die Verbandsgurte von den Bindergurten des Hauttragwerks gebildet werden.

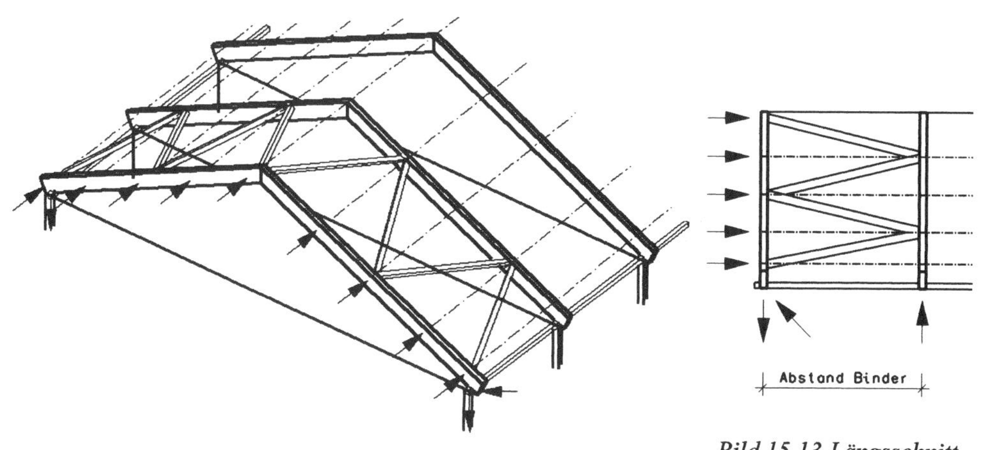

Bild 15.13 Längsschnitt

Bild 15.14 Isometrie

Berechnungsverfahren

Voraussetzung: Der Dachverband ist ein statisch bestimmtes Fachwerk, der Hauptbinder ist ein statisch bestimmter Fachwerk- oder Vollwandträger.

1. Schritt: Stabkräfte am „abgewickelten Verband“

Die am ebenen Fachwerk ermittelten Stabkräfte sind für die Füllstäbe bereits als endgültige Kräfte anzusehen; für die Verbandsgurte sind Zusatzkräfte aus dem 2. Schritt zu beachten.

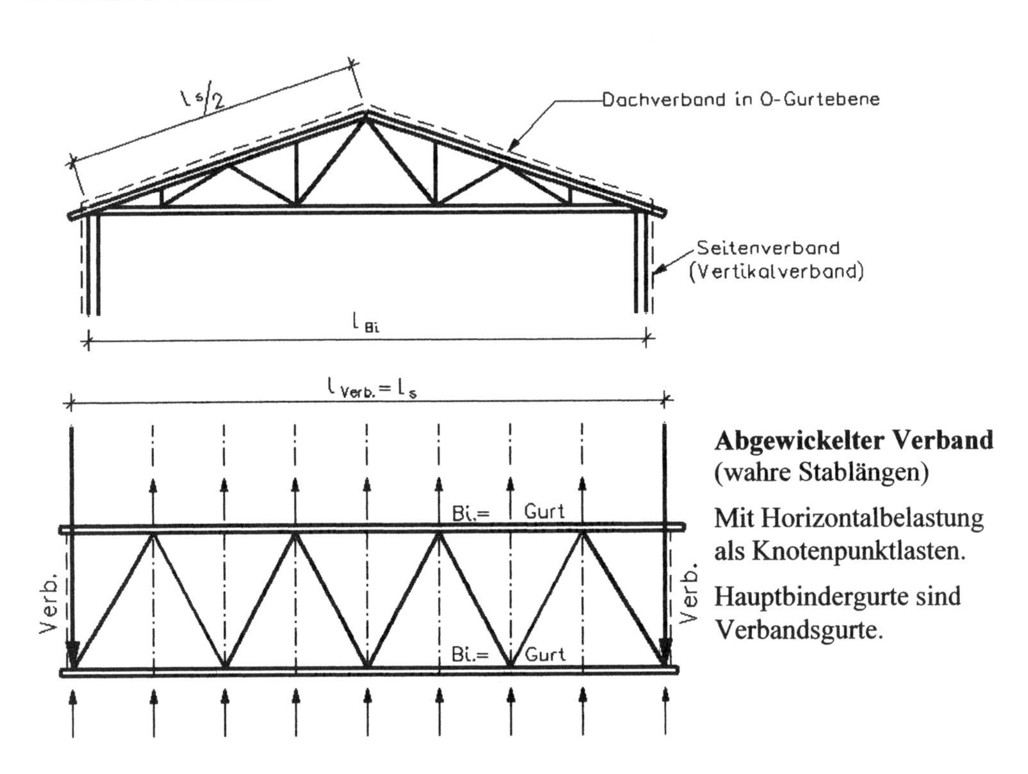

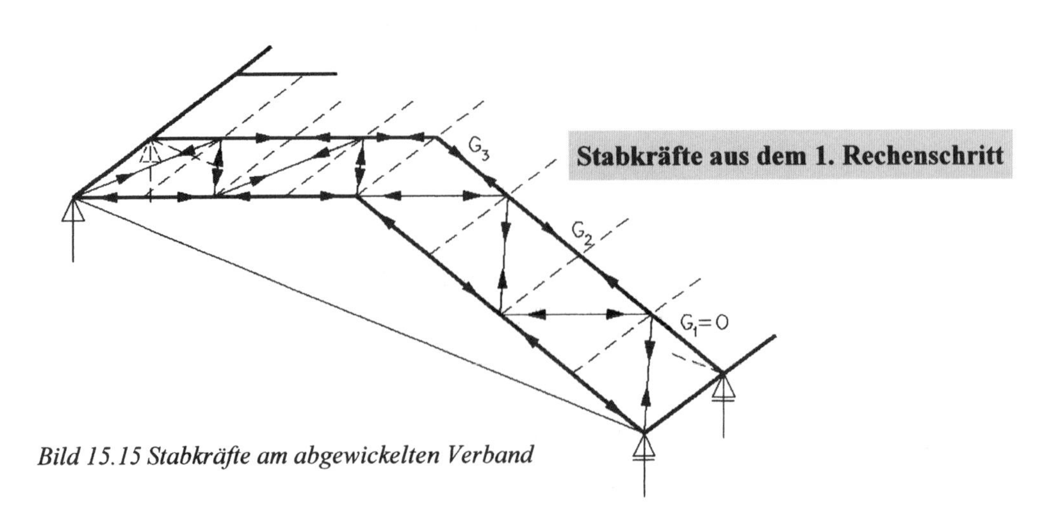

Bild 15.15 Stabkräfte am abgewickelten Verband

2. Schritt: Umlenkkräfte in den Knickpunkten des Dachverbandes

An den Knickpunkten des Verbandes sind die zuvor ermittelten Stabkräfte nicht im Gleichgewicht (z.B. am Firstpunkt $\Sigma V = 0$).

Die Gleichgewichtskräfte = Umlenkkräfte wirken wie äußere Kräfte auf den Hauptbinder und liefern für diesen zusätzliche Schnittgrößen.

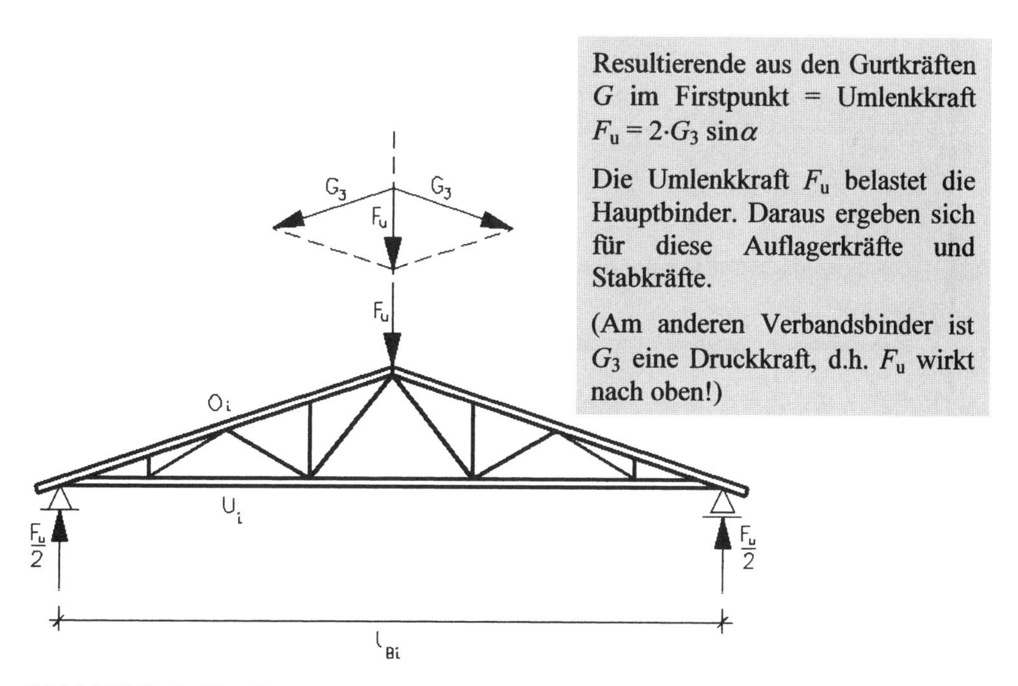

Resultierende aus den Gurtkräften G im Firstpunkt = Umlenkkraft $F_u = 2 \cdot G_3 \sin\alpha$
Die Umlenkkraft F_u belastet die Hauptbinder. Daraus ergeben sich für diese Auflagerkräfte und Stabkräfte.
(Am anderen Verbandsbinder ist G_3 eine Druckkraft, d.h. F_u wirkt nach oben!)
G_3
G_3
F_u
F_u
O_i
U_i
$\frac{F_u}{2}$
$\frac{F_u}{2}$
l_{Bi}

Bild 15.16 Umlenkkräfte

3. Schritt: Endgültige Stabkräfte für die Bemessung

Für die Diagonalen des Dachverbandes:

⇒ Stabkräfte aus dem abgewickelten Verband (1. Schritt)

Für die Füllstäbe und Untergurte der Hauptbinder:

⇒ Stabkräfte aus vertikalen Hauptlasten
+ Stabkräfte aus Umlenkkräften (2. Schritt)
Sonderfall: Hauptbinder = symmetrischer Dreieckbinder

Für die Obergurte der Hauptbinder:

⇒ Stabkräfte aus vertikalen Hauptlasten
+ Stabkräfte aus dem abgewickelten Verband (1. Schritt)
+ Stabkräfte aus dem Umlenkkräften (2. Schritt)

15.5 Pos. 3: Dachverbände

Einwirkung: Wind auf die Giebelwand

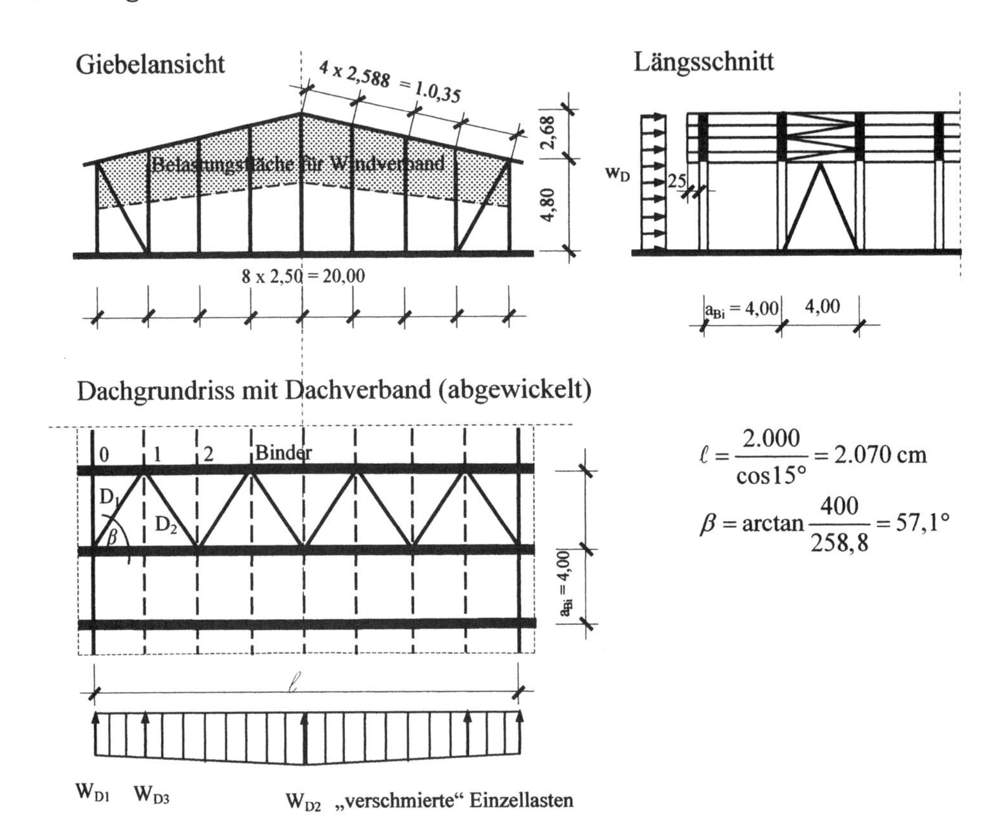

$$\ell = \frac{2.000}{\cos 15°} = 2.070 \text{ cm}$$

$$\beta = \arctan \frac{400}{258{,}8} = 57{,}1°$$

Bild 15.17 Belastungsfläche und Verbände für Windbelastung auf den Giebel

Winddruck am luvseitigen Hallengiebel:

$H < 8$ m (über dem Gelände) $\Rightarrow$ $q_k = 0{,}5$ kN/m² $\quad c_p = 0{,}8$

$$w_{D,k} = 0{,}8 \cdot 0{,}5 = 0{,}40 \text{ kN/m}^2 \text{ Wandfläche}$$

$$W_{D1,k} = 0{,}40 \cdot \frac{4{,}80}{2} = 0{,}96 \text{ kN/m Gfl} \mathrel{\hat{=}} 0{,}96 \cdot \cos 15° = 0{,}92 \text{ kN/m Dfl}$$

$$W_{D2,k} = 0{,}40 \cdot \frac{4{,}80 + 2{,}68}{2} = 1{,}50 \text{ kN/m Gfl} \mathrel{\hat{=}} 1{,}50 \cdot \cos 15° = 1{,}45 \text{ kN/m Dfl}$$

$$W_{D3,k} = 0{,}40 \cdot \frac{4{,}80 + \frac{2{,}68}{4}}{2} = 1{,}09 \text{ kN/m Gfl} \mathrel{\hat{=}} 1{,}09 \cdot \cos 15° = 1{,}05 \text{ kN/m Dfl}$$

Windsog am leeseitigen Hallengiebel:

$$c_p = -0{,}5 \Rightarrow w_S = \frac{-0{,}5}{0{,}8} \cdot w_D$$

$\Rightarrow$ Die Schnittgrößen können mit dem Faktor 5/8 aus dem Lastfall Winddruck ermittelt werden.

Stabkräfte des abgewickelten Verbandes:

Aus Winddruck $A_k = \frac{0{,}92 + 1{,}45}{2} \cdot 10{,}35 = 12{,}3 \text{ kN}$

$$V_{0\text{-}1,k} \cong 12{,}3 - 0{,}92 \cdot \frac{2{,}588}{2} = 11.1 \text{ kN} \qquad \Rightarrow D_{1,k} = \frac{V_{0\text{-}1,k}}{\sin\beta} = \frac{11{,}1}{\sin 57{,}1°} = 13{,}2 \text{ kN}$$

$$V_{1\text{-}2,k} = 11{,}1 - 1{,}05 \cdot 2{,}588 = 8{,}38 \text{ kN} \qquad \Rightarrow D_{2,k} = -\frac{V_{1\text{-}2,k}}{\sin\beta} = \frac{8{,}38}{\sin 57{,}1°} = -9{,}98 \text{ kN}$$

$$\max M_k = 20{,}70^2 \cdot \left(\frac{0{,}92}{8} + \frac{1{,}45 - 0{,}92}{12}\right) = 68{,}2 \text{ kNm}$$

+

$$\Rightarrow \text{Gurtkraft } G_{3,k} = \frac{68{,}2}{4{,}00} = 17{,}0 \text{ kN}$$

Aus Windsog

alle Werte – 5/8-fach, z.B: $D_{1,k} = -\frac{5}{8} \cdot 13{,}2 = -8{,}25 \text{ kN}$

Einwirkungen: Aus Ersatzlasten

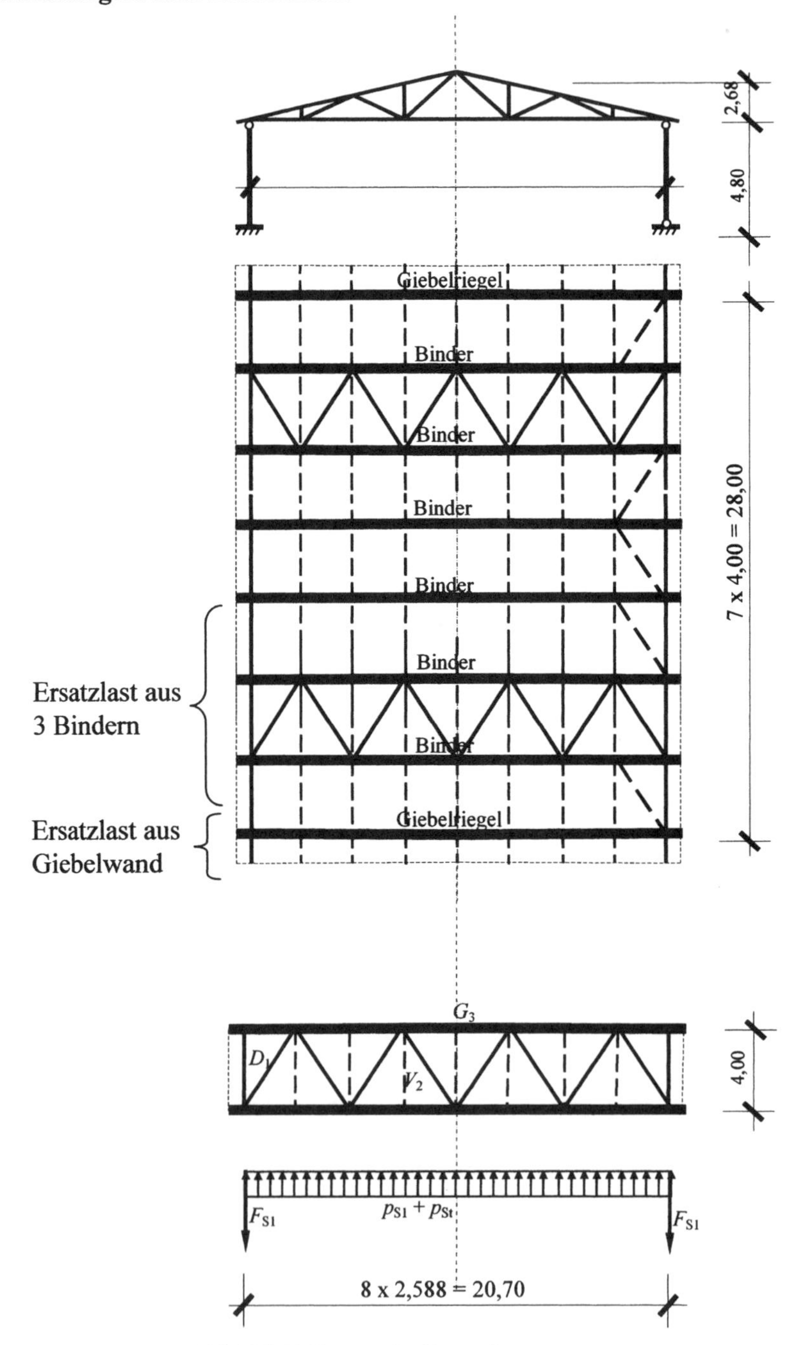

Bild 15.18 Einzug für Ersatzlasten

Die Ersatzlasten werden mit der Lastfallkombination $1{,}35g + 1{,}5s$ ermittelt.

Mittlere Gurtkraft: $N^{g,s}_{\text{Gurt,d}} = \dfrac{2\cdot(2\cdot 296 + 2\cdot 211)}{8} = 253\text{ kN}$

$$\ell_{Gurt} = \frac{\ell}{\cos\alpha} = \frac{20{,}0}{\cos 15°} = 20{,}7\text{ m} \qquad k_\ell = \min\begin{cases}1\\ \sqrt{\dfrac{15}{\ell}} = \sqrt{\dfrac{15}{20{,}70}} = 0{,}85\end{cases}$$

Ersatzlast aller 6 Bindergurte: $q_d = k_\ell \cdot \dfrac{n\cdot N_d}{30\cdot\ell} = 0{,}85\cdot\dfrac{6\cdot 253}{30\cdot 20{,}7} = 2{,}08\text{ kN/m}$

Ersatzlast je Verband: $p_{\text{Sl,d}} = \dfrac{2{,}08}{2} = 1{,}04\text{ kN/m}$

Reaktion im Traufriegel: $F_{\text{Sl,d}} = 1{,}04\cdot\dfrac{20{,}7}{2} = 10{,}8\text{ kN}$

Vertikallast der Giebelriegel:

$$p_{\text{GR,d}} = (1{,}35\cdot 0{,}62 + 1{,}5\cdot 0{,}90)\cdot\left(\frac{4{,}00}{2} + 0{,}25\right)\cdot\cos 15° = 4{,}75\text{ kN/m}$$

Stabilisierungskraft daraus: $p_{\text{St,d}} = \dfrac{4{,}75}{200} = 0{,}03\text{ kN/m}$

$$p_{\text{Sl,d}} + p_{\text{St,d}} = 1{,}04 + 0{,}03 = 1{,}07\text{ kN/m} \qquad F_{\text{Sl,d}} + F_{\text{St,d}} = 1{,}07\cdot\frac{20{,}7}{2} = 11{,}8\text{ kN}$$

Stabkräfte im Verbandsfeld:

$$V_{0\text{-}1,d} = 11{,}1 - 1{,}07\cdot\frac{2{,}59}{2} = 9{,}71\text{ kN} \qquad D_{1,d} = \pm\frac{9{,}71}{\sin 57{,}1°} = \pm 11{,}6\text{ kN}$$

$$V_{1\text{-}2,d} = 11{,}1 - 1{,}07\cdot 1{,}5\cdot 2{,}59 = 6{,}94\text{ kN} \qquad D_{2,d} = \pm\frac{7{,}13}{\sin 57{,}1°} = \pm 8{,}49\text{ kN}$$

$$G_{3,d} = \pm 1{,}07\cdot\frac{20{,}7^2}{8\cdot 4.00} = \pm 14{,}3\text{ kN}$$

Die Stabkräfte des Dachverbandes werden in einer Tabelle zusammengestellt.

Mögliche Lastfallkombinationen:

$$\Sigma\gamma_{G,j}\cdot G_{k,j} + \gamma_{Q,1}\cdot Q_{k,1} + \Sigma\gamma_{Q,i}\cdot\psi_{0,i}\cdot Q_{k,i} = 1{,}35\cdot g + 1{,}5\cdot s + 1{,}5\cdot 0{,}6\cdot w$$

$$\text{bzw.} = 1{,}35\cdot g + 1{,}5\cdot w + 1{,}5\cdot 0{,}5\cdot s$$

Zur Ermittlung der Anteile aus ständigen Einwirkungen und Schnee von $q_{s1} + q_{st}$ werden folgende Faktoren verwendet: (Grundwerte der Einwirkungen siehe Seite 213.)

$\mu_g = 0{,}69/2{,}04 = 0{,}338$ und $\mu_s = 1{,}35/2{,}04 = 0{,}662$

Verbandskräfte

Lastfall-kombination	D_1 max.	D_1 min.	D_2 max.	D_2 min.	G_3	N Traufpfette
$(q_{S1} + q_{St})_{(g+s),d}$	11,78	- 11,78	8,49	- 8,49	14,33	- 11,07
$(q_{S1} + q_{St})_{g,d}$	3,98	- 3,98	2,87	- 2,87	4,85	- 3,74
$(q_{S1} + q_{St})_{s,d}$	7,80	- 7,80	5,62	- 5,62	9,48	- 7,33
$0{,}5\cdot(q_{S1} + q_{St})_{s,d}$	3,90	- 3,90	2,81	- 2,81	4,74	- 3,66
w_D	13,2			- 9,95	17,05	- 12,26
$1{,}5\cdot w_D$	19,8			- 4,93	25,58	- 18,39
$1{,}5\cdot 0{,}6\cdot w_D$	11,9			- 8,96	15,35	- 11,03
w_S		- 8,24	6,22			
$1{,}5\cdot w_S$		- 12,4	9,33			
$1{,}5\cdot 0{,}6\cdot w_S$		- 7,41	5,60			
$(q_{S1} + q_{St})_{g,d}$ $+1{,}5\cdot w_{D,S}$ $+0{,}5\cdot(q_{S1} + q_{St})_{s,d}$	27,7	- 20,2	15,0	- 0,6	35,2	25,8
$(q_{S1} + q_{St})_{g,d}$ $+ (q_{S1} + q_{St})_{s,d}$ $+ 1{,}5\cdot 0{,}6\, w_{D,S}$	23,6	- 19,2	14,1	- 17,5	29,7	- 22,1

Auswirkungen auf die Verbandsträger

Zusätzlich zu den normalen Binderlasten erhalten die am Dachverband angeschlossenen Binder noch:

- Gurtkräfte des abgewickelten Verbandes (1. Schritt)
- Stabkräfte infolge der Umlenkkraft am First(2. Schritt)

Die Umlenkkraft ergibt bei Dreieckfachwerken keine Stabkräfte in den Füllstäben, d.h. nur die Gurtkräfte sind zu untersuchen. Maßgebend waren O_1 und U_1.
Für Wind- und Ersatzlast (maßgebend ist die größte G_3-Kraft)

Umlenkkraft: $F_{u,d} = 2\cdot G_3 \cdot \sin\alpha = 2\cdot 35{,}2\cdot \sin 15° = 18{,}2\ \text{kN}$

Binder 2:

$$\Delta O_{1,d} = \frac{-18{,}2}{2\cdot \sin 15°} = -35{,}2\ \text{kN}$$

$$\Delta U_{1,d} = \frac{18{,}2}{2\cdot \tan 15°} = +34{,}0\ \text{kN}$$

Binder 1: $\Delta U_{1,d} = -34{,}0\ \text{kN}$

Stabkräfte aus Binderlast und Verbandslast

Stabkräfte aus Vertikalbelatung				aus 1. Schritt		aus 2. Schritt		endgültige Stabkräfte	Zuwachs In [%]
$O_{1,d}$	=	– 296	+	0	–	35,2	=	– 331kN	≙ +12 %
$U_{1,d}$	=	286	+	0	+	34,0	=	320 kN	≙ +12 %
$O_{4,d}$	=	$O_{4,d}$	+	35,2	–	35,2	=	$O_{4,d}$	

Binder 1 erhält infolge der nach oben gerichteten Umlenkkraft Druck. Hier ist noch zu untersuchen, ob bei ungünstigster Lastfallkombination beim maßgebenden Stab U_3 die Zugkraft noch überwiegt. Wenn nicht, sind auch in Untergurtebene Knickhalterungen erforderlich.

15.6 Pos. 4: Wandverbände in den Längswänden

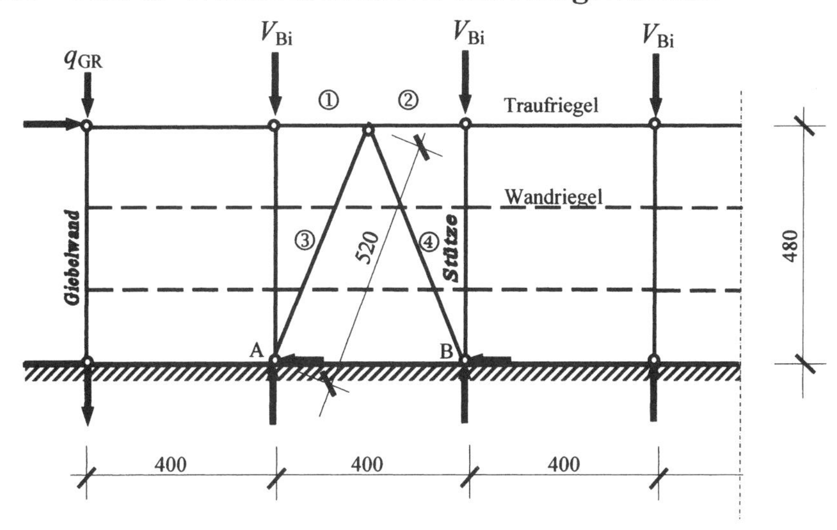

Einwirkungen

Horizontalbelastung: aus Winddruck auf die luvseitige Giebelwand:

$$H_{w,k} = \frac{0,96 + 1,50}{2} \cdot \frac{20,0}{2} = 12,3 \text{ kN}$$

$$H_{w,d} = 1,5 \cdot 12,3 = 18,5 \text{ kN}$$

Stabilisierungskräfte aus der Giebelwand:

$$H_{S_1} = \frac{4,75}{200} \cdot \frac{20,7}{2} = 0,3 \text{ kN}$$

Stabilisierungskräfte aus 3 „angehängten“ Längswandstützen:

$$H_{S_2} = \frac{n \cdot A_{Bi,d}}{200} = \frac{3 \cdot 92,0}{200} = 1,4 \text{ kN}$$

Stabkräfte (für H-Belastung von links nach rechts):

Auflagerkräfte:

$$A_{v,d} = -(18,5 + 0,3 + 1,4) \cdot \frac{480}{400} = -24,2 \text{ kN} \qquad B_{v,d} = +24,2 \text{ kN}$$

$$A_{h,d} = +24,2 \cdot \frac{200}{480} = +10,1 \text{ kN} \qquad B_{h,d} = +10,1 \text{ kN}$$

Traufriegel (Stäbe 1 und 2):

$$N_{1,d} = -(18,5 + 0,3 + 1,4) = -20,2 \text{ kN} \qquad N_{2,d} = 1,4 \text{ kN}$$

Streben (Stäbe 3 und 4):

$$D_{3,d} = +10,1 \cdot \frac{520}{200} = +26,3 \text{ kN} \qquad D_{4,d} = -26,3 \text{ kN}$$

Bemessung des Traufriegels (Stäbe 1 und 2):

Das Biegemoment infolge Eigenlast ist vernachlässigbar!

Gewählt: 120/120 VH C 24

Knicken in Wandebene

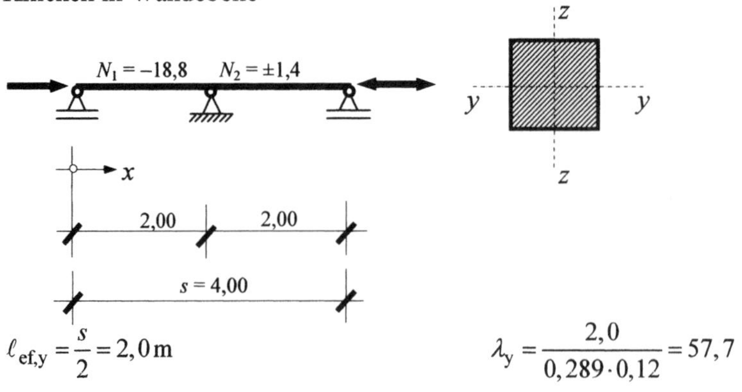

$$\ell_{ef,y} = \frac{s}{2} = 2,0 \text{m} \qquad \lambda_y = \frac{2,0}{0,289 \cdot 0,12} = 57,7$$

Knicken aus der Wandebene

$N_1 = -18,8$ $N_2 = \pm 1,4$

Knicklängenbeiwerte β (für Druckstäbe mit konstantem Querschnitt und veränderlicher Längskraft)

	Normalkraftverteilung	Lagerungsbedingungen der Stabenden			
				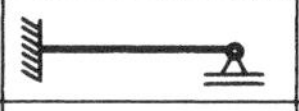	
1		**1**	**0,7**	**0,7**	**0,5**
2	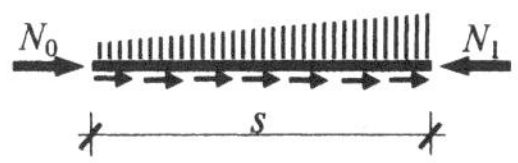	$\sqrt{\frac{1+0,88\cdot\frac{N_0}{N_1}}{1,88}}$	$\sqrt{\frac{1+1,65\cdot\frac{N_0}{N_1}}{5,42}}$	$\sqrt{\frac{1+0,51\cdot\frac{N_0}{N_1}}{3,09}}$	$\sqrt{\frac{1+0,93\cdot\frac{N_0}{N_1}}{7,72}}$
3	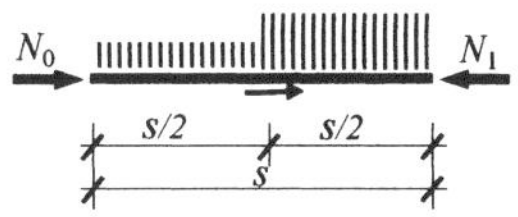	$0,75+0,25\cdot\frac{N_0}{N_1}$	–	–	–

$$s_k = \beta \cdot s$$

Nach Zeile 3: $\left(0,75+0,25\cdot\frac{1,4}{18,8}\right)$

$\ell_{ef,z} = \beta\cdot s = 0,77\cdot 4,00 = 3,08\,\text{m}$ $\qquad \lambda_z = \frac{3,08}{0,289\cdot 12} = 89$

maßgebend, da $\lambda_z > \lambda_y$

Die Halle ist beheizt! $\Rightarrow$ Nutzungsklasse 1

Kürzeste Einwirkung: Wind $\Rightarrow$ KLED kurz $\Rightarrow$ $k_{mod} = 0,9$

$E_{0,05} = 2/3 \cdot E_{0,mean} = 2/3 \cdot 11\,000 = 7\,333\ \text{N/mm}^2$

$$\lambda_{rel,c} = \frac{\lambda_z}{\pi}\cdot\sqrt{\frac{f_{c,0,k}}{E_{0,05}}} = \frac{89}{\pi}\cdot\sqrt{\frac{21}{7\,333}} = 1,51$$

$$k = 0,5\cdot\left[1+\beta_c\cdot\left(\lambda_{rel,c}-0,3\right)+\lambda_{rel,c}^2\right] = 0,5\cdot\left[1 + 0,2\cdot(1,51 - 0,3) + 1,51^2\right] = 1,76$$

$$k_c = \frac{1}{k+\sqrt{k^2-\lambda_{rel,c}^2}} = \frac{1}{1,76+\sqrt{1,76^2-1,51^2}} = 0,38$$

oder $k_c = 0,373$ aus Tabelle 9.1

$$f_{c,0,d} = \frac{k_{mod}\cdot f_{c,0,k}}{\gamma_M} = \frac{0,9\cdot 21}{1,3} = 14,5\ \text{N/mm}^2$$

$$\sigma_{c,0,d} = \frac{18,8\cdot 10^3}{120^2} = 1,31\,\text{N/mm}^2$$

$$\frac{\sigma_{c,0,d}}{k_c\cdot f_{c,0,d}} = \frac{1,31}{0,38\cdot 14,5} = 0,24 < 1$$

Bemessung der Streben (Stäbe 3 und 4):

Gewählt: 120/120 VH C 24

Die Streben werden nicht mit den Längswandriegeln verbunden, damit ist

$$\ell_{ef,y} = \ell_{ef,z} = 520 \text{ cm} \qquad \lambda_y = \lambda_z = \frac{520 \cdot \sqrt{12}}{12} = 150$$

$$\lambda_{rel,c} = \frac{\lambda_z}{\pi} \cdot \sqrt{\frac{f_{c,0,k}}{E_{0,05}}} = \frac{150}{\pi} \cdot \sqrt{\frac{21}{7\,333}} = 2,56$$

$$k = 0,5 \cdot \left[1 + \beta_c \cdot \left(\lambda_{rel,c} - 0,3\right) + \lambda_{rel,c}^2\right] = 0,5 \cdot \left[1 + 0,2 \cdot (2,56 - 0,3) + 2,56^2\right] = 4,00$$

$$k_c = \frac{1}{k + \sqrt{k^2 - \lambda_{rel,c}^2}} = \frac{1}{4,00 + \sqrt{4,00^2 - 2,56^2}} = 0,14$$

oder $k_c = 0,141$ aus Tabelle 9.1

$$\sigma_{c,0,d} = \frac{28,3 \cdot 10^3}{120^2} = 1,96 \text{ N/mm}^2$$

$$\boxed{\frac{\sigma_{c,0,d}}{k_c \cdot f_{c,0,d}} = \frac{1,96}{0,14 \cdot 14,5} = 0,97 < 1}$$

Literatur

[1] WEGENER, G. u. a.: Ökobilanzen Holz. Info Holz, 1997

[2] WEGENER, G. und ZIMMER B.: Erstellung von Ökobilanzen. Info Holz, 1997

[3] FRÜHWALD, A: Holz, Rohstoff der Zukunft. Info Holz, 2001

[4] BLAß, H. J./ GÖRLACHER, R./ STECK, G.: STEP 1, Bemessung und Baustoffe. Fachverlag Holz, 1995

[5] RADOVIC, B./ WIEGAND T.: Oberflächenqualität von Brettschichtholz. Bauen mit Holz 7/8/2005, Bruderverlag Karlsruhe, 2005

[6] Studiengemeinschaft Holzleimbau (Hrsg.): BS-Holz-Merkblatt. 2005

[7] DIBt (Hrsg.): Holzschutzmittelverzeichnis. Schriften des Deutschen Instituts für Bautechnik (DIBt), 52. Auflage , Erich Schmidt Verlag, Berlin. 2005

[8] SCHULZE, H. u. a.: Beuth-Kommentare „Holzschutz", baulich, chemisch, bekämpfend; Erläuterungen zu DIN 68 800-2, -3, -4. Beuth Verlag, Berlin, 1998

[9] LEWITZKI, W./ SCHULZE, H.: Holzschutz, Bauliche Empfehlungen. Informationsdienst HOLZ. holzbau handbuch, Reihe 3, Teil 5, Folge 1, 1997

[10] SCHULZE, H.: Baulicher Holzschutz. Informationsdienst HOLZ. holzbau handbuch, Reihe 3, Teil 5, Folge 2, 1997

[11] GOCKEL, H.: Konstruktiver Holzschutz, Bauen mit Holz ohne Chemie. Beuth Verlag, Berlin/Werner Verlag, Düsseldorf, 1996

[12] COLLING, F.: Lernen aus Schäden im Holzbau – Ursachen, Vermeidung, Beispiele, 1. Auflage, 2000

[13] Honorarordnung für Architekten und Ingenieure (HOAI), 1996

[14] FÜHRER u. a.: Der Entwurf von Tragwerken, Verlagsgesellschaft Rudolf Müller, 2. Auflage 1995

[15] KÜTTINGER, G./ NATTERER J.: Entwufsüberlegungen bei Holzbauten. Informationsdienst HOLZ. holzbau handbuch, Reihe 1, Teil 1, Folge 1, 1979

[16] SCHNEIDER, K.-J. (Hrsg.): Bautabellen für Ingenieure, 16. Auflage, Werner Verlag, 2004

[17] MILBRANDT, E.: Holzbauzeichnungen. Informationsdienst HOLZ. holzbau handbuch, Reihe 0, Teil, 2 Folge 1, 1999

[18] BRÜNINGHOFF, H./ MITTELSTEDT C.: Zum Stand der Normung bei der Modellierung und Berechnung von fachwerkartigen Strukturen in Holzbauweise mit flächenhaften Knotenverbindungen bei besonderer Berücksichtigung von Nagelplattenverbindungen. Bauen mit Holz Heft 12/2001 und Heft 1/2002, 2001/2002

[19] BRÜNINGHOFF, H.: Verbände und Abstützungen – Grundlagen, Regelnachweise. Informationsdienst HOLZ. holzbau handbuch, Reihe 2, Teil 12, Folge 1, 1988

[20] BLAß, H. J. u. a.: Erläuterungen zu DIN 1052:2004. Informationsdienst HOLZ.2. Auflage, DGfH (Hrsg.), 2005

[21] Bruderverlag (Hrsg.): Holzbau Kalender 2003. Bruderverlag, Karlsruhe, 2002

[22] BFD (Hrsg.):Moderner Holzhausbau in Fertigbauweise. WEKA, 2001

[23] GÖRLACHER, R. u. a.: Historische Holztragwerke. Sonderforschungsbereich 315, Universität Karlsruhe, 1999

[24] BLAß, H. J. u. a.: Einführung in die Bemessung nach DIN 1052:2004. Informationsdienst HOLZ. holzbau handbuch, Reihe 2, Teil 1, Folge 10, 1997

[25] JOHANSEN, K. W.: Theory of Timber Connections. International Association of Bridge and Structural Engineering, Publication 9, 1949

[26] Bruderverlag (Hrsg.): Holzbau Kalender 2004. Bruderverlag, Karlsruhe, 2003

[27] BLAß, H. J./ GÖRLACHER, R.: Querdrucknachweis nach DIN 1052. Bauen mit Holz 106, Heft 9, S. 38-44, 2004

[28] COLLING, F.: Holzbau, Grundlagen, Bemessungshilfen. Vieweg, 2004

[29] MILBRANDT, E.: Dachbauteile – Berechnungsgrundlagen, Schalung, Lattung. Informationsdienst HOLZ. holzbau handbuch, Reihe 2, Teil 3, Folge 1, 1993

[30] MILBRANDT, E.: Dachbauteile – Hausdächer. Informationsdienst HOLZ. holzbau handbuch, Reihe 2, Teil 3, Folge 1, 1993

[31] MILBRANDT, E.: Verbindungsmittel – Genauere Nachweise, Sonderbauarten. Informationsdienst HOLZ. holzbau handbuch, Reihe 2, Teil 2, Folge 2, 1991

[32] MILBRANDT, E. Vorlesungsunterlagen an der Hochschule für Technik, Stuttgart

Kanthölzer (DIN 4070-2 (Auswahl))

■ Konstruktionsvollholz (KVH) ▲ auch als KVH erhältlich

Zahlenwerte gelten zum Zeitpunkt des Einschnitts bei ca. 20 % Holzfeuchte (ausgenommen KVH mit der Holzfeuchte 15% ± 3%).

b/h mm/mm	A 10^2 mm^2	g kN/m	W_y 10^3 mm^3	I_y 10^4 mm^4	W_z 10^3 mm^3	I_z 10^4 mm^4	i_y mm	i_z mm
▲ 60/60	36	0,022	36	108	36	108	17,3	17,3
▲ 60/80	48	0,029	64	256	48	144	23,1	17,3
▲ 60/100	60	0,036	100	500	60	180	28,9	17,3
■ 60/120	72	0,043	144	864	72	216	34,6	17,3
■ 60/140	84	0,050	196	1372	84	252	40,4	17,3
■ 60/160	96	0,058	256	2048	96	288	462	173
■ 60/180	108	0,065	324	2916	108	324	52,0	17,3
■ 60/200	120	0,072	400	4000	120	360	57,7	17,3
▲ 60/220	132	0,079	484	5324	132	396	63,6	17,3
■ 60/240	144	0,086	576	6910	144	432	69,4	17,3
▲ 80/80	64	0,038	85	341	85	341	23,1	23,1
▲ 80/100	80	0,048	133	667	107	427	28,9	23,1
■ 80/120	96	0,058	192	1152	128	512	34,6	23,1
■ 80/140	112	0,067	261	1829	149	597	40,4	23,1
■ 80/160	128	0,077	341	2731	171	683	46,2	23,1
▲ 80/180	144	0,086	432	3888	192	768	52,0	23,1
■ 80/200	160	0,096	533	5333	213	853	57,7	23,1
▲ 80/220	176	0,106	645	7099	235	939	63,5	231
■ 80/240	192	0,115	768	9216	256	1024	69,4	23,1
▲ 100/100	100	0,060	167	833	167	833	28,9	28,9
■ 100/120	120	0,072	240	1440	200	1000	34,6	28,9
▲ 100/140	140	0,084	327	2287	233	1167	40,4	28,9
▲ 100/160	160	0,096	427	3413	267	1333	46,2	28,9
▲ 100/180	180	0,108	540	4860	300	1500	52,0	28,9
■ 100/200	200	0,120	667	6667	333	1667	57,7	28,9
▲ 100/220	220	0,132	807	8873	367	1833	63,5	28,9
▲ 100/240	240	0,144	960	11 520	400	2000	69,3	28,9

b/h mm/mm	A 10^2 mm^2	g kN/m	W_y 10^3 mm^3	I_y 10^4 mm^4	W_z 10^3 mm^3	I_z 10^4 mm^4	i_y mm	i_z mm
■ 120/120	144	0,086	288	1728	288	1728	34,6	34,6
120/140	168	0,101	392	2744	336	2016	40,4	34,6
▲ 120/160	192	0,115	512	4096	384	2304	46,2	34,6
■ 120/200	240	0,144	800	8000	480	2880	57,7	34,6
■ 120/240	288	0,173	1152	13 824	576	3456	69,3	34,6
▲ 140/140	196	0,118	457	3201	457	3201	40,4	40,4
140/160	224	0,134	597	4779	523	3659	46,2	40,4
▲ 140/200	280	0,168	933	9333	652	4573	57,7	40,4
▲ 140/240	336	0,202	1344	16 128	784	5488	69,3	40,4
160/160	256	0,154	683	5461	683	5461	46,2	46,2
160/180	288	0,173	864	7776	768	6144	520	46,2
160/200	320	0,192	1067	10 667	853	6827	57,7	46,2
180/180	324	0,194	972	8748	972	8748	52,0	52,0
180/220	396	0,238	1452	15 972	1188	10 692	63,5	52,0
200/200	400	0,240	1333	13 333	1333	13 333	57,7	57,7
200/240	480	0,288	1920	23 040	1600	16 000	69,3	57,7
220/220	484	0,290	1775	19 520	1775	19 520	63,5	63,5
240/240	576	0,346	2304	27 648	2304	27 648	69,3	69,3

Stichworte

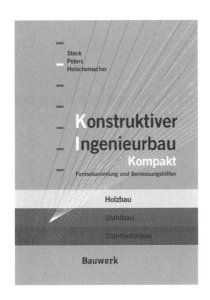